普通高等教育信息技术类系列教材

Web 前端开发技术基础

主　编　梅松青　毕志升

副主编　周风华　卢肖霞　蔡桂艳

科学出版社

北　京

内 容 简 介

随着互联网技术的飞速发展，形形色色的 Web 应用层出不穷，正在深刻影响着人们生活的方方面面。Web 前端开发技术是构建这些应用的基石，也是计算机科学与信息类相关专业的一门重要基础课程，兼具显著的工程性与实践性。

本书专为 Web 前端开发入门课程而设计，系统、循序渐进地介绍 Web 前端开发的基本概念、核心原理与技术基础。主要内容涵盖 Web 前端开发技术概述、HTML5 基础、CSS 基础、盒模型及页面布局、表格和表单、JavaScript 基础、JavaScript 事件分析、JavaScript 对象及 HTML5 高级应用。每章均精心配备大量实例，步骤详细清晰，能够深入阐述各知识点，有效帮助读者理解与掌握 Web 前端编程技能。

本书适合作为应用型本科、高职高专院校的软件开发技术、信息管理等专业的教材，也适用于大学计算机公共基础课的教学。同时，对于培训机构和广大 Web 开发爱好者而言，本书也具有较高的参考价值。

图书在版编目（CIP）数据

Web 前端开发技术基础 / 梅松青，毕志升主编. -- 北京 : 科学出版社, 2025. 6. --（普通高等教育信息技术类系列教材）. -- ISBN 978-7-03-082370-0

Ⅰ. TP393. 092. 2

中国国家版本馆 CIP 数据核字第 2025U11F05 号

责任编辑：吕燕新　杨　昕 / 责任校对：王万红

责任印制：吕春珉 / 封面设计：东方人华平面设计部

科学出版社 出版

北京东黄城根北街 16 号

邮政编码：100717

http://www.sciencep.com

三河市骏杰印刷有限公司印刷

科学出版社发行　各地新华书店经销

*

2025 年 6 月第　一　版　开本：787×1092 1/16

2025 年 6 月第一次印刷　印张：17 1/2

字数：415 000

定价：65.00 元

（如有印装质量问题，我社负责调换）

销售部电话 010-62136230　编辑部电话 010-62135397-2032

前　　言

在数字化浪潮席卷全球的今天，Web 前端开发技术已跃升为塑造互联网体验的核心驱动力。从精细的交互设计到流畅的数据可视化，Web 前端技术贯穿应用开发的各个环节。对于大学生而言，精通这些技术不仅是打开编程新世界的钥匙，更是锤炼逻辑思维、提升复杂问题解决能力的绝佳途径，为未来驰骋于互联网及技术前沿领域奠定关键竞争力。

本书以清晰的结构和循序渐进的讲解，系统呈现 Web 前端开发的核心知识体系，秉持“知行合一”理念，通过大量贴近实战的示例，引导读者从零开始扎实掌握 HTML、CSS、JavaScript 等核心技术，最终具备独立构建功能强大、体验卓越的现代化 Web 应用的能力。 以下为本书各章节内容概览。

第 1 章 Web 前端开发技术概述。本章主要介绍 Web 前端开发的背景与技术框架，帮助读者从整体上理解 Web 前端开发技术的作用，内容涵盖 Web 技术的起源、特点、相关概念及工作原理。通过本章的学习，读者可以掌握 HTML、CSS、JavaScript 三大技术的基础知识及其在 Web 开发中的应用。

第 2 章 HTML5 基础。HTML5 是构建网页内容的核心语言，本章详细讲解 HTML5 的基本结构与语法，包括文本、段落、列表、超链接、图片和多媒体等内容。通过本章的学习，读者能够熟练使用 HTML5 来构建网页的基础内容，并利用 HTML5 的新特性（如音频、视频嵌入等）提升网页的功能性。

第 3 章 CSS 基础。CSS 是控制网页外观和布局的关键技术，本章详细解析 CSS 的基本语法、选择器及 CSS 的基本属性，通过实例讲解使用 CSS 属性来修饰美化页面。通过本章的学习，读者将掌握使用 CSS 为网页设计美观大方的页面，提升用户体验的能力。

第 4 章 盒模型及页面布局。本章重点介绍 CSS 盒模型的概念及盒模型属性在网页元素中的使用，通过实例讲解 Div+CSS 页面布局中的两种浮动布局和定位布局的设计方法。通过本章的学习，读者将理解如何通过盒模型管理网页元素的尺寸、边距和边框，掌握浮动布局、定位布局等布局技术的使用方法，能够设计出美观大方的网页结构。

第 5 章 表格和表单。表格和表单是网页开发中用于展示数据和收集用户输入的重要工具。本章详细讲解 HTML5 中的表格与表单的基本用法。通过本章的学习，读者将学会构建和美化数据表格，掌握使用表单收集和验证用户输入的技术，能够为网页添加交互功能。

第 6 章 JavaScript 基础。JavaScript 是 Web 前端开发中的核心编程语言，赋予网页动态交互能力。本章主要介绍 JavaScript 的基本语法与编程结构，内容涵盖变量、函数、控制结构等内容。通过实际编程，读者将掌握如何为网页添加交互功能，实现动态内容的展示和响应用户操作。

第 7 章 JavaScript 事件分析。本章深入探讨 JavaScript 中的事件机制，读者将学会如何处理用户交互中的各种事件，如鼠标单击、鼠标移动和键盘输入等，进而为网页开发丰富的动态交互功能。

第 8 章 JavaScript 对象。JavaScript 中的对象编程是实现动态网页的核心。本章详细介绍 JavaScript 的内置对象、DOM 对象及 BOM 对象。通过本章的学习，读者将学会使用对象操作网页元素，提升代码的结构化和复用性，同时能够动态控制网页内容的展示。

第 9 章 HTML5 高级应用。本章着重讲解 HTML5 的高级功能，包括 Canvas 绘图、本地存储、离线应用。通过本章的学习，读者将掌握开发更复杂、功能更丰富的 Web 应用程序的能力，并对现代 Web 前端开发的前沿技术有更深入的理解。

本书基于广州医科大学计算机公共教学团队多年的教学实践进行编写，参与编写的人员都是具有多年计算机教学与培训经验的教师。本书由梅松青、毕志升任主编，周风华、卢肖霞、蔡桂艳任副主编，具体编写分工如下：卢肖霞编写第 1、3、4、8 章，周风华编写第 2、5 章，蔡桂艳编写第 6、7、9 章。张贵英、曾莉、张俊妍、罗一洲等负责本书的勘误修订工作。本书整体设计思路由梅松青提出，毕志升负责统稿和审稿，并提出了宝贵意见。

由于编者水平有限，书中难免有不足之处，恳请读者批评指正。

目　录

第 1 章　Web 前端开发技术概述

万维网（world wide web，Web）前端开发作为构建现代互联网应用的关键环节，其重要性日益凸显。简而言之，Web 前端是指网站或应用程序的用户界面层，Web 前端开发是运用超文本标记语言（hypertext mark language，HTML）、串联样式表（cascading style sheet，CSS）、JavaScript（一种用于增强网页交互性和动态性的编程语言）及其衍生技术和框架，创建 Web 页面或应用前端界面，实现用户界面内容展现与交互的过程。Web 前端开发技术涵盖网页设计、页面布局与实现等核心内容。其中，HTML、CSS 和 JavaScript 是开发者必须掌握的三种基础语言：HTML 构建页面结构，CSS 定义视觉样式，JavaScript 负责实现动态功能与交互逻辑。

本章将概述 Web 的起源、特点、相关核心概念、工作原理，介绍 Web 浏览器与服务器，并梳理 Web 前端开发的主要技术与常用工具。通过本章的学习，读者将对 Web 前端开发的基础知识形成系统认识，为后续实践奠定坚实基础。

1.1　Web 概述

Web 是一种基于超文本和超文本传送协议（hypertext transfer protocol，HTTP）的、全球性的、动态交互的、跨平台的分布式图形信息系统。简单来说，Web 就是全球互联网的统称；再通俗点说，Web 就是互联网。

1.1.1　Web 的起源

Web 的起源可以追溯到 20 世纪 60 年代末至 70 年代初。当时，美国的一些研究机构和大学开始探索使用计算机进行信息共享和交流的新方式。然而，这些早期的信息交流方式通常需要通过复杂的网络和专门的终端设备来实现，因此不够简便、高效。

1980 年，英国科学家蒂姆·伯纳斯·李（Tim Berners Lee）负责一个名为 Enquire 的项目，该项目致力于开发一个全球性的信息分享平台。该项目的探索为 Web 的诞生奠定了初步的基础。

1989 年，伯纳斯·李正式提出了 Web 的设想。他设想通过超文本链接的方式，将全球的信息资源连接在一起，让人们可以方便地访问和共享信息。这种超文本链接的方式使信息浏览和导航变得更加直观和便捷。因此，他将 HTML 作为 Web 的基本语言，通过超文本链接将网页之间的内容进行关联。

1990 年，伯纳斯·李开发了世界上第一个网页浏览器，并编写了第一个 Web 服务器 nxoc01.cern.ch，这标志着 Web 技术的初步实现。此后，Web 开始迅速发展，并逐渐成为人们获取信息、交流思想的主要平台。

Web 的起源不仅是一种技术的突破，更是一种革命性思维方式的创新。它打破了传统信息交流的局限，让用户可以自由地浏览、发布和共享信息。Web 的出现极大地改变了人们的生活方式和社会形态，为人们带来了前所未有的便利和机遇。

随着 Web 技术的不断发展和完善，各种 Web 前端框架和工具也应运而生。这些工具使开发者能够更高效地构建功能丰富、交互性强的 Web 应用程序。如今，Web 已经成为现代社会不可或缺的一部分，它将继续推动信息技术的进步，为人类创造更加美好的未来。

1.1.2 Web 的特点

作为互联网的核心信息空间，Web 具有一系列显著特征，这些特征是其强大功能和广泛应用的基础。其核心特点主要体现在以下几个方面：

（1）分布式架构。Web 本质上是分布式的，它通过标准化协议，如超文本传输协议（hypertext transfer protocol，HTTP），将全球范围内的数据和资源分散存储在不同节点上。用户只需接入互联网，即可实时访问和调用这些分布在世界各地的信息。

（2）超链接互联。超链接是 Web 的基石，它通过链接将彼此独立的网页和信息资源无缝连接起来，形成巨大的信息网络，使用户能够方便地从一个页面或资源导航至另一个相关页面或资源。

（3）内容动态性。Web 内容具有高度动态性，页面可以根据用户的交互请求、后台数据变化或其他条件进行实时更新和调整，提供更加丰富和个性化的体验。

（4）平台无关性。Web 基于开放的标准协议（如 HTTP）和技术规范（如 HTML、CSS、JavaScript），使 Web 应用和内容能够在各种不同的操作系统（如 Windows、macOS、Linux、iOS、Android）和设备（如个人计算机、平板电脑、手机）上无障碍地进行访问和运行。

这些特点共同构成了 Web 开放、互联、灵活和普适的核心价值。

1.1.3 Web 的相关概念

1. IP 地址

IP 地址即互联网地址，又称互联网协议地址，是 IP 提供的一种统一的地址格式。IP 地址的主要功能是为互联网上的每一个网络和每一台主机分配一个逻辑地址，以此来屏蔽物理地址的差异。每一个 IP 地址都是唯一的，这样可以确保数据在网络中的准确传输。

IP 地址就是给每个连接在 Internet 上的主机分配一个 32 位（4 字节）的地址，用二进制表示。例如，一个二进制的 IP 地址为 00001010 00000000 00000000 00000001，因为用二进制表示地址太长，用户处理起来比较麻烦，为了便于使用，IP 地址经常被写成十进制的形式，用符号“.”来分开不同字节。因此，上述地址可以表示为 10.0.0.1。这种表示法称为点分十进制表示法，比二进制表示法容易记忆。

IP 地址分为 A 类、B 类、C 类、D 类和 E 类，每类地址都有其特定的结构和用途。例如，A 类地址的第一段字节是网络地址，后三段字节是主机地址；B 类地址的前两段字节是网络地址，后两段字节是主机地址；C 类地址的前三段字节是网络地址，最后一段字节是主机地址；D 类地址和 E 类地址则用于特殊目的，如多播地址和实验性地址。

2. 域名

由于 IP 地址是数字标识，使用时难以记忆和书写，因此人们发展出一种符号化的地址表示方案，用来代替数字型的 IP 地址。每个符号化的地址都与特定的 IP 地址对应，方便访问网络资源。这个与数字型 IP 地址相对应的字符型地址，称为域名（domain name）。

域名由一串用点分隔的名字组成，用于在数据传输时对互联网上的某一台计算机或计算机组进行定位标识。域名不仅可以用于标识地理位置，还可作为互联网上每一个服务器或服务的唯一标识符。目前，域名已经成为互联网的品牌、网上商标保护必备的要素之一。

以一个常见的域名为例，广州医科大学的网址是 www.gzhmu.edu.cn，其中，gzhmu 是域名的主体；edu.cn 是该域名的扩展名，edu 代表教育类的域名，cn 代表国际域名的中国域名（顶级域名）；www 是主机名，表示这台机器运行 Web 服务。

域名系统由域名服务器（domain name server，DNS）进行管理和解析。

3. 统一资源定位符

统一资源定位符（uniform resource locator，URL），是 Internet 上标准资源的地址，用于指定网络上的资源的位置和访问方法。每个可访问的文件在互联网上都有唯一的 URL，其包含如何找到该文件及浏览器应如何处理该文件的信息。URL 作为互联网上的资源定位工具，发挥着至关重要的作用，通过 URL，用户可以方便地访问、共享和交互网络上的各种资源。

URL 的构成如下：

```
协议类型://主机域名或IP地址:端口号/路径/文件名
```

以“https://element-plus.org/zh-CN/component/button.html#”基础用法为例，URL 的地址构成说明如下。

（1）协议类型：也称为模式或方案，指定用于访问资源所使用的协议类型，如超文本传输安全协议（hypertext transfer protocol secure，HTTPS）、文件传送协议（file transfer protocol，FTP）等。

（2）域名：指示资源所在主机或服务器的名称。URL 的主机域名也可以是一个 IP 地址。

（3）端口号：位于域名后面，通过冒号与域名分隔。端口号用于标识服务器上的特定服务。

（4）虚拟目录（或路径）：从域名后的第一个“/”开始到最后一个“/”结束，指定服务器上资源的位置。

（5）文件名：指定要访问的具体资源或文件。

（6）参数：用于传递额外的信息给服务器，以实现动态内容展示或查询数据库等功能。

（7）锚：从 URL 中的“#”开始，用于指定页面内的特定位置或元素。

在实际应用中，URL 有多种用途，举例如下。

（1）浏览器访问网页：在浏览器中输入 URL，可以访问网站、页面等资源。

（2）应用程序接口（application program interface，API）调用：在 API 开发中，URL 用于指定 API 端点，实现对接口的访问和数据交互。

（3）超链接：在网页中使用超链接指向其他网页或资源时，需要使用 URL。

4. HTTP

HTTP 属于浏览器和 Web 服务器之间的通信协议，建立在传输控制协议/互联网协议（transmission control protocol/internet protocol，TCP/IP）基础之上，用于传输浏览器到服务器之间的 HTTP 请求和响应。HTTP 不仅需要保证传输网络文档的正确性，同时还应确定文档显示的先后顺序。

HTTP 从 Web 浏览器到服务器返回信息的过程可以分为四步，如图 1-1 所示。

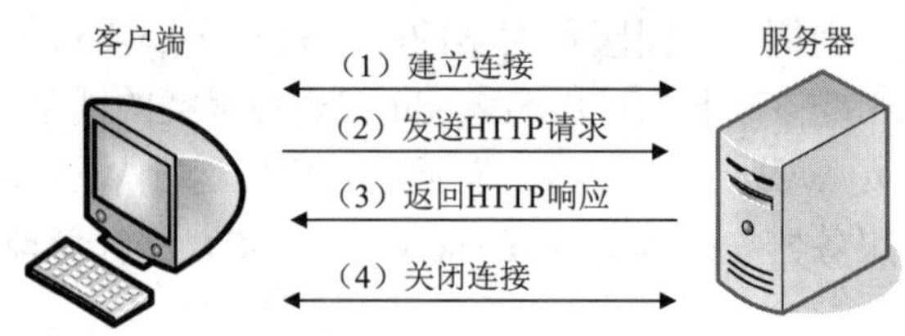

图 1-1 HTTP 的工作步骤

（1）建立连接。HTTP 的建立是通过申请套接字（socket）实现的，用户通过 socket 在服务器上申请一个端口号，在网络中通过该端口号传输数据。

（2）发送 HTTP 请求。用户和服务器之间建立连接后，可以向指定的目的主机发送请求。

（3）返回 HTTP 响应。服务器对用户提交的请求进行处理，并返回请求码（如 404）或数据。

（4）关闭连接。通信结束后，通信双方均可通过关闭 socket 来关闭连接，断开访问。

其中，HTTP 在建立连接的过程中，会通过著名的“三次握手”来建立稳定的连接，即客户机和服务器之间传递三次有效的数据来保证通信的可靠性。

在 HTTP 连接过程中，返回的常见状态码及含义如下。

（1）403：用户没有访问权限。

（2）404：访问文件不存在或访问链接（URL）错误。

（3）500：服务器错误，一般是服务器数据处理出现的问题。

1.2 Web 的工作原理

Web 的工作原理主要基于客户端/服务器（client/server，C/S）架构模型。具体到 Web，其数据传输核心依赖于 HTTP。在企业级应用中，常见的系统架构模式包括 C/S 架构和浏览器/服务器（browser/server，B/S）架构。

1. C/S 架构

（1）服务器端：通常为高性能计算机（如工作站、小型机），运行大型数据库系统（如 Oracle、SQL Server）和专用的服务器端软件，用于处理客户端请求。

（2）客户端：需要安装专用的客户端应用程序。

2. B/S 架构

（1）客户端：用户只需使用 Web 浏览器。

（2）服务器端：需要部署 Web 服务器软件（如 Microsoft IIS、Apache HTTP Server）以及可选的数据库服务器软件（如 MySQL、PostgreSQL、SQL Server）。Web 服务器接收浏览器的 HTTP 请求，根据需求与数据库服务器交互获取数据，处理后将结果（通常是 HTML 页面）返回给浏览器显示。

（3）实现逻辑：用户界面完全由浏览器呈现，部分简单逻辑（如输入验证、用户界面交互）可在浏览器端（前端）执行，而核心业务逻辑主要在服务器端（后端）实现。

B/S 架构下数据交互的工作原理如图 1-2 所示。

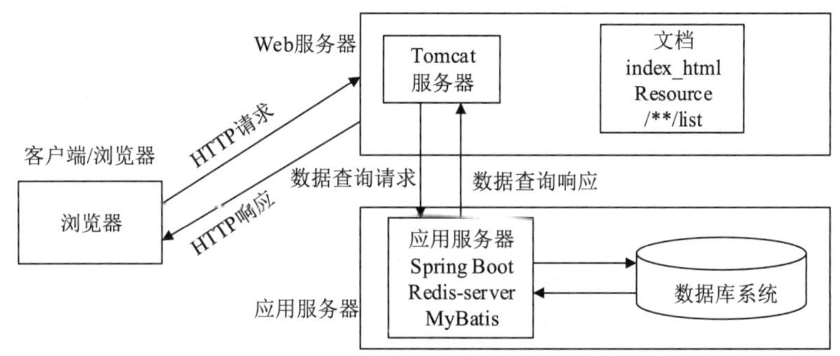

图 1-2　基于 B/S 架构的 Web 的工作原理图

（1）客户端发送请求：用户在 Web 浏览器中输入网址或执行其他操作，Web 浏览器会生成一个 HTTP 请求并发送到 Web 服务器。该请求包含用户希望获取的资源信息。

（2）Web 服务器响应请求：Web 服务器接收到客户端的请求后，会根据请求的内容和 URL 等信息处理请求，并生成相应的 HTTP 响应。该过程可能涉及从数据库中检索信息、执行计算任务或访问其他资源。

（3）数据传输：Web 服务器将生成的 HTTP 响应通过网络发送回客户端。这一过程通过 HTTP 进行传输，同时数据也可以通过 TCP/IP 在互联网上进行传输。

（4）客户端接收响应：Web 浏览器接收到 Web 服务器发送的 HTTP 响应后，会解析响应中包含的 HTML、CSS 和 JavaScript 等内容。

（5）页面渲染：Web 浏览器根据解析的内容，将网页的结构、样式和交互功能展示给用户，包括文本的显示、图片的加载以及可能存在的动态元素或交互功能的实现。

1.3　Web 浏览器与 Web 服务器

1.3.1　Web 浏览器

Web 浏览器是指运行在用户机器上，用来展现和浏览来自 Web 服务器或本地文件系统的 HTML 页面，并让用户与这些页面交互的一种客户机软件。

Web 浏览器主要通过 HTTP 与 Web 服务器交互并获得网页。这些网页由 URL 指定，文件格式通常为 HTML。图 1-3 展示了主流 Web 浏览器的图标。

图 1-3 主流 Web 浏览器图标

不同 Web 浏览器在功能上各具特色，以下列举一些主流 Web 浏览器的特点。

（1）Microsoft Edge 浏览器：基于 Chromium 内核，旨在取代传统的 Internet Explorer 浏览器；在性能方面与 Google Chrome（谷歌浏览器）相当，具备较快的网页加载速度和流畅度。

（2）Google Chrome：简洁、快速、安全，深受广大用户喜爱，性能出色，尤其在 JavaScript 执行和多线程处理方面表现卓越，能快速加载网页和应用程序，提供流畅的浏览体验。

（3）Mozilla Firefox（火狐浏览器）：开源的 Web 浏览器，由 Mozilla 基金会开发；在性能方面有不错的表现，特别是在内存管理和资源占用方面。近年来，Mozilla Firefox 的性能不断优化，以提供更好的用户体验。

（4）360 浏览器：主打安全功能，内置多重安全机制，有效拦截恶意网站和钓鱼网站，保护用户隐私；浏览体验优化，通过优化网页加载速度和渲染效率，提升用户的浏览体验。

（5）QQ 浏览器：由腾讯公司推出，内置众多实用的功能，如广告拦截等，能有效减少网页中的广告干扰，为用户提供丰富的互联网体验。

（6）搜狗浏览器：在搜索和浏览体验方面有出色的表现；通过优化网页加载速度和渲染效率，提升用户的浏览体验。

（7）UC 浏览器：由阿里巴巴集团推出，以其轻量级和强大的功能在国内外拥有一定的用户基础。

此外，还有一些其他 Web 浏览器，如 Safari、Opera 和 Internet Explorer 等，也各自具有不同的特点和功能。例如，Safari 在苹果计算机（Mac）和苹果移动操作系统（iOS）上的性能出色；Opera 内置广告拦截和虚拟专用网络（virtual private network，VPN）功能；Internet Explorer 11 利用多选项卡和并排窗口功能提升日常浏览的体验。

随着智能手机的快速发展，手机浏览器也呈快速发展趋势。手机浏览器是运行在手机上的 Web 浏览器，可以通过通用分组无线服务（general packet radio service，GPRS）或 WiFi 进行上网，浏览互联网内容。目前，手机浏览器主要有 UC 浏览器、QQ 浏览器、百度浏览器、360 浏览器、Safari 等。

1.3.2 Web 服务器

Web 服务器是指提供网上信息浏览服务的服务器。Web 服务器首先存储网页，当其他计算机中的 Web 浏览器请求某个页面文件时，Web 服务器将响应该请求，并读出指定的网页文件返回给 Web 浏览器。Web 服务器也是一台具有独立 IP 地址的高性能计算机，可以向互联网上的客户机提供各种互联网服务，如 Web、E-mail 和 FTP 等。同时，由于 Web 服务器使用 HTTP 与客户机浏览器进行信息交流，因此，其也常被称为 HTTP 服务器。

1. Web 服务器的用途

Web 服务器的主要用途具体如下。

（1）提供网页内容：根据客户端的 HTTP 请求，找到对应的网页文件或动态内容并返回。Web 服务器不仅可以返回 HTML、CSS、JavaScript 等静态网页文件，还可以执行服务器端脚本，生成动态内容并返回给客户端。

（2）处理 HTTP 请求：解析请求头（header），获取请求方法、路径、参数和请求体等信息，根据请求内容执行相应的处理逻辑，可能包括数据库查询、文件操作、业务逻辑处理等。

（3）存储和管理网站资源：保存网站所需的静态资源，如图片、CSS、JavaScript 脚本等，并提供这些资源的访问和传输，确保网站的内容正常显示和加载。

（4）实现网络通信：监听指定的网络端口，并通过该端口与客户端建立通信连接。

2. Web 服务器的分类

根据不同的分类标准，Web 服务器可以分为多种类型。例如，根据是否执行 Web 服务器端脚本，Web 服务器可以分为动态 Web 服务器和静态 Web 服务器。其中，动态 Web 服务器能够执行服务器端脚本，生成动态内容，它们通常与数据库系统配合使用；静态 Web 服务器主要用于提供静态网页内容。根据性能不同，Web 服务器还可以分为轻量级 Web 服务器和高性能 Web 服务器。其中，轻量级 Web 服务器设计简单，占用资源少，适合小型网站或作为反向代理服务器；高性能 Web 服务器能够处理大量并发连接和请求，通常用于高流量的网站和复杂的企业级应用。

3. 主流 Web 服务器

主流 Web 服务器各自有其优点和适用场景，选择哪种 Web 服务器，取决于具体的需求和场景。常见的主流 Web 服务器如下。

（1）Apache 服务器：其优势在于开源代码开放，可以运行在绝大多数的操作系统（如 UNIX、Linux、Windows）上。然而，Apache 服务器消耗的内存要比其他 Web 服务器高。

（2）Nginx 服务器：一款高性能的 HTTP 和反向代理服务器，采用高效的网络输入/输出（input/output，I/O）模型，支持高达 5 万并发连接数，内存、中央处理器（central processing unit，CPU）消耗低，运行稳定。

（3）Tomcat 服务器：Apache-Jarkarta 开源项目中的一个子项目，是一个小型、轻量级的支持 Java 服务器页面（Java server pages，JSP）和 Servlet（运行在 Web 服务器中的小型 Java 程序，即服务器端的小应用程序）技术的 Web 服务器，是初学者学习开发 JSP 应用的首选。

（4）IIS 服务器：微软公司旗下的 Web 服务组件，支持在公共内联网（Intranet）和互联网（Internet）上发布信息，适用于 Windows 系统。

（5）WebLogic 服务器：BEA 公司的产品[现在已经被甲骨文（Oracle）公司收购]，其系列包括 WebLogic Server、WebLogic Enterprise 和 WebLogic Portal 等。其中，WebLogic Server 的功能非常强大，支持企业级的、多层次的和完全分布式的 Web 应用。

1.4 Web 前端开发技术

Web 前端开发的过程包括网站页面设计和制作、网站交互逻辑设计和实现、网站前端优化和性能优化以及网站用户体验优化。在开发过程中，开发人员需要使用 HTML 来搭建网页；使用 CSS 来控制网页的样式，包括字体、颜色、边距和布局等；使用 JavaScript 来实现网页的交互效果。Web 前端开发还涉及各种技术、框架、解决方案，如 React、Vue 等前端框架，以及 Webpack 等自动化构建工具。

下面简要介绍 Web 前端开发的基础技术。

1.4.1 HTML

HTML 是一种标记语言，不是编程语言。HTML 的主要功能是定义 Web 页面的结构，使用标记来描述网页。标准通用标记语言（standard general markup language，SGML）是一种定义电子文档结构和描述其内容的国际标准语言，是所有文档标记语言的起源。HTML 是其下的一个应用实例，其通过标记符号来标记要显示的网页中的各个部分。

HTML 文档是用来描述网页、由 HTML 标记和纯文本构成的文本文件。Web 浏览器可以读取 HTML 文档，将其以网页的形式显示。例如，在浏览器的 URL 中输入网址：https://www.gzhmu.edu.cn，所看到的网页就是浏览器对 HTML 文档进行解释的结果，如图 1-4 所示。

图 1-4 广州医科大学首页

1.4.2 CSS

由于网景（Netscape）和微软两家公司在自己的浏览器软件中不断地将新的 HTML 标记和属性（如字体标记和颜色属性）添加到 HTML 规范中，创建具有清晰的文档内容并独立于文档表现层的站点变得越来越困难。为了解决这个问题，哈肯·维姆·莱（Hakon Wium Lie）和伯特·波斯（Bert Bos）于 1994 年提出了 CSS 的概念并决定合作开发统一的标准。

1. CSS 的作用

在设计 Web 网页时采用 CSS 技术，可以有效地对页面的布局、字体、颜色、背景和其他效果实现更加精确的控制。只要对相应的代码进行简单的修改，就可以改变同一页面的不同部分，或者同一个网站的不同页面的外观和格式。采用 CSS 技术，可以解决网页内容与表现分离的问题。

CSS 语言是一种标记语言，不需要编辑，属于浏览器解释型语言，可以直接由浏览器解释和执行。CSS 标准由万维网联盟（world wide web consortium，W3C）的 CSS 工作组制定和维护。

2. CSS 的发展历史

（1）CSS1：1996 年 12 月 17 日发布，W3C 推荐标准。

（2）CSS2：1999 年 1 月 11 日发布，W3C 推荐标准，CSS2 添加了对媒介（打印机和听觉设备）、可下载字体的支持。

（3）CSS3：将 CSS 划分为更小的模块，这些模块包括盒子模型、列表模块、超链接方式、语言模块、背景和边框、文字特效、多栏布局等。

1.4.3 JavaScript

在 HTML 的基础上，使用 JavaScript 可以开发交互式 Web 页面。JavaScript 的出现改变了网页和用户之间的交互方式，使网页能够实现实时性、动态性、交互性，网页中包含了更多活跃元素和更加精彩的内容。这也是 JavaScript 与 HTML DOM[文档对象模型（document object model，DOM），是 HTML 和可扩展标记语言（extensible markup language，XML）文档的编程接口]共同构成 Web 网页的行为。

1. JavaScript 的由来

JavaScript 是一种基于对象（object）和事件驱动并具有相对安全性的客户端脚本语言，同时也是一种广泛应用于各种客户端 Web 开发的脚本语言，常用来给 HTML 网页添加动态功能，如响应用户的各种操作。JavaScript 最初由 Netscape 公司的布兰登·艾奇（Brendan Eich）设计，是一种由 Netscape 公司的 Live Script（一种动态编程语言）发展而来、原型化继承面向对象动态类型的客户端脚本语言，主要目的是为服务器端脚本语言提供数据验证的基本功能。在 Netscape 公司与太阳微系统（Sun Microsystems）

公司合作之后，Live Script 更名为 JavaScript，同时 JavaScript 也成为原 Sun Microsystems 公司的注册商标。欧洲计算机制作商协会（European Computer Manufacturers Association，ECMA）以 JavaScript 为基础，制定了 ECMAScript 标准。

2. JavaScript 的组成

一个完整的 JavaScript 实现由以下三个部分组成：核心（ECMAScript）、DOM 和浏览器对象模型（browser object model，BOM）。

1.4.4 AJAX

异步 JavaScript 和 XML 技术（asynchronous JavaScript and XML，AJAX）在 Web 2.0 的热潮中，是人们谈论的核心焦点。AJAX 是多种技术的综合，其使用可扩展超文本标记语言（extensible hypertext markup language，XHTML）和 CSS 标准化呈现，使用 DOM 实现动态显示和交互，使用 XML 和可扩展样式表语言（extensible stylesheet language，XSL）转换进行数据交换与处理，使用 XMLHttpRequest（一组 API 函数集，可被 JavaScript、JScript、VBScript 及其他 Web 浏览器内嵌的脚本语言调用，通过 HTTP 在浏览器和 Web 服务器之间收发 XML 或其他数据）对象进行异步数据读取，使用 JavaScript 绑定和处理所有数据。更重要的是，AJAX 打破了使用页面重载的惯例技术组合，可以说，AJAX 已成为 Web 开发的重要工具。

不使用 AJAX 的传统网页，如果需要更新内容，必须重载整个网页页面，而使用 AJAX 则可以实现部分更新网页内容。目前，有很多使用 AJAX 的应用程序案例，如新浪微博、Google 地图等。

通过 AJAX，可以使用 JavaScript 的 XMLHttpRequest 对象直接与服务器进行通信，不再需要通过重载页面与 Web 服务器交换数据。

AJAX 在浏览器与 Web 服务器之间使用异步数据传输（HTTP 请求），可使网页从服务器请求少量的信息，而不是整个页面。

1.4.5 jQuery

jQuery 是一套跨浏览器的 JavaScript 库，简化了 HTML 与 JavaScript 之间的操作。约翰•瑞森（John Resig）在 2006 年 1 月的 BarCamp NYC（一个全球性的研讨会平台）上发布了 jQuery 的第一个版本。jQuery 是继 Prototype JS（一个开源 JavaScript 库）框架之后又一个优秀的 JavaScript 框架，其宗旨是 Write Less, Do More，即“写更少的代码，做更多的事情”。

1.5 Web 前端开发工具

1.5.1 Visual Studio Code

Visual Studio Code（简称 VS Code）是一款由微软公司开发且跨平台的免费源代码

编辑器。这款编辑器支持调试，内置 Git（一个开源的分布式版本控制系统）和强大的终端，可用于 Windows、Linux 和 macOS 操作系统。VS Code 支持几十种语言的开发，包括 Python、Java、C#、PHP、Go、PowerShell、Bash、SQL 等。VS Code 提供了丰富的功能集，并允许用户通过安装扩展来增强编辑器的功能，这些扩展可以从 VS Code 的市场（place）获得。图 1-5 所示是 VS Code 运行项目后的程序界面。

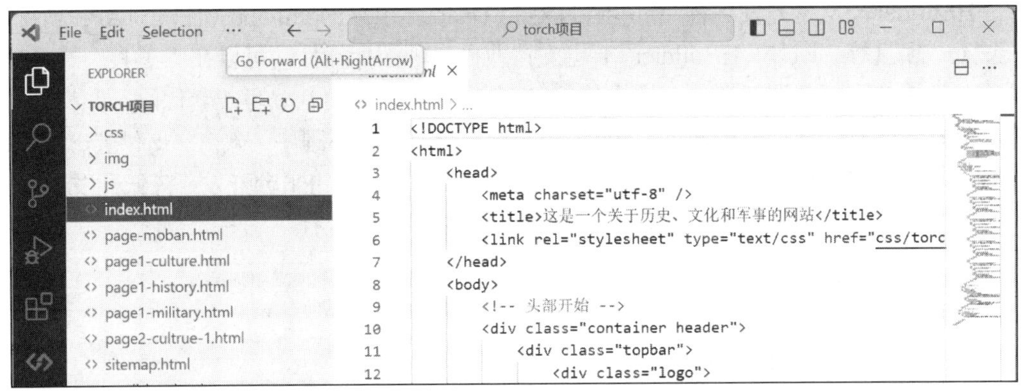

图 1-5　VS Code 运行项目后的程序界面

VS Code 的主要特点如下。

（1）轻量级且快速：VS Code 启动速度快，资源占用少，适合日常编程和开发任务。

（2）强大的编辑功能：提供语法高亮、代码片段、智能代码补全、参数提示、代码重构、代码跳转、代码定义预览、Emmet（一个能提高前端开发效率的编辑器插件）支持、Git 集成等功能。

（3）集成调试器：内置调试器支持多种语言，可以方便地设置断点、查看变量、单步执行等。

（4）丰富的扩展生态：通过安装扩展，可以添加对更多语言、框架、工具的支持，如添加 Linting 工具、格式化、测试等功能。

（5）强大的 Git 集成：支持在编辑器中直接查看 Git 状态、提交代码、管理分支等。

（6）集成终端：内置终端允许用户在编辑器中直接运行命令行工具，无须切换窗口。

（7）跨平台：支持 Windows、Linux 和 macOS 操作系统，用户可以在不同操作系统上获得一致的开发体验。

（8）定制化：用户可以自定义 VS Code 的外观、快捷键、设置等，以满足个人的工作习惯。

1.5.2　HBuilder X

HBuilder X 是一款基于 Electron（使用 JavaScript、HTML 和 CSS 构建跨平台的桌面应用程序框架）开发的跨平台集成开发环境（integrated development environment，IDE），专门用于 Web 前端开发。HBuilder X 由数字天堂（DCloud）公司推出，其集成了多种开发工具和语言，包括 HTML、CSS、JavaScript、TypeScript、Vue.js、React 等，可以帮助开发者更高效地进行 Web 前端开发。

HBuilder X 的特点之一是它的智能提示功能，该功能有助于提高开发效率和代码质量。除了前端开发，HBuildler X 还支持后端开发，可以集成 Node.js（一个 JavaScript 运行环境）和 MongoDB（一个基于分布式文件存储的数据库）等工具，方便开发者进行全栈开发。此外，HBuilder X 还拥有丰富的插件市场和高度可定制的界面，开发者可以根据自己的需求选择安装各种插件，调整界面布局，从而拓展功能和优化开发环境。

HBuilder X 支持开发各种 Web 项目，包括 DCloud 出品的 uni-app 项目、5+APP 项目、wap2app 项目等。同时，HBuildler X 也支持业内多种图标插件，可以在“工具”→“插件安装”中找到更多图标插件。结合使用 uni-app 框架，开发者编写一套代码，并将其发布到 iOS、Android、Web（响应式）等多个平台，以及各种小程序（微信、支付宝、百度、头条、飞书、QQ、快手、钉钉、淘宝等），甚至快应用，实现跨平台开发，降低开发成本。

安装并创建项目后，HBuilder X 的程序界面如图 1-6 所示。

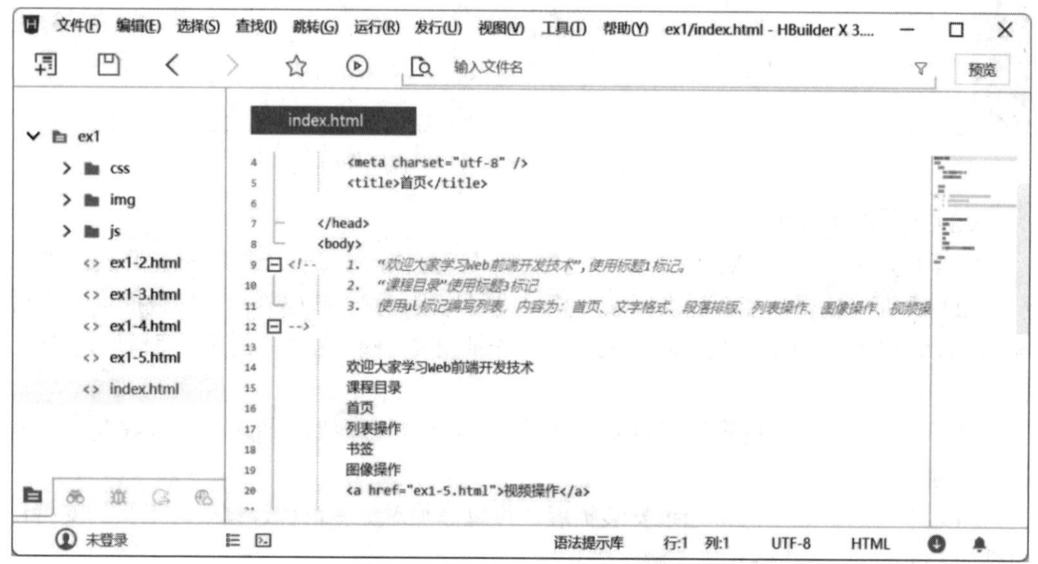

图 1-6 Hbuilder X 的程序界面

本章小结

本章从 Web 的起源和特点出发，简要介绍了 Web 的相关概念、Web 的工作原理、Web 浏览器与 Web 服务器、Web 前端开发的工作，以及 Web 前端开发技术。

Web 前端开发是指通过 HTML、CSS、JavaScript 及衍生出来的各种技术和框架来创建 Web 页面或 APP 等前端界面，实现互联网产品用户界面内容的展现和交互过程。其中，HTML、CSS 和 JavaScript 是 Web 前端开发必须掌握的三种设计语言，它们分别负责网站页面的结构、样式和交互功能。HTML 负责构建网页的结构，CSS 用于定义网页样式，而 JavaScript 赋予网页动态和交互功能。

在 Web 前端开发工具中，Visual Stadio Code 和 HBuilder X 是常用的开发工具，具有强大的编辑功能和丰富的扩展生态。

第 2 章　HTML5 基础

HTML 主要用于构建和设计网页的结构和内容，通过不同的标签（tag）来定义网页上的文本、超链接、图片等元素。目前，大多数网页是采用 HTML 编写的，或者将其他程序（脚本）语言嵌入 HTML，以实现更复杂的功能。HTML5 是 HTML 的新版本，但它已经不再仅仅是一种标记语言，而是被称为广泛应用于 Web 前端开发的下一代 Web 语言。HTML5 为 Web 应用开发提供了全新的框架和平台，既包括免插件的音频、视频支持，也包括由画布（Canvas）API 提供的图形编程接口，还包括本地存储、离线应用和多线程等功能。

本章将详细介绍 HTML5 的基础知识。

2.1　HTML5 概述

HTML5 是互联网的新一代标准，是构建及呈现互联网内容的一种语言方式，被认为是互联网的核心技术之一。HTML5 在 HTML4 的基础上进行了一定的改进和扩展，引入了更多的新特性和功能，以更好地满足现代网页设计和开发的需求。

2.1.1　HTML5 的发展历程

HTML 的设计初衷是连接不同计算机上的文本、图像和多媒体内容，构建统一的网络世界，促进信息共享、交互性和连通性。HTML 旨在确保信息的普遍可访问性和一致性，无论用户环境如何，都能接收到相同的信息。为达成这一目标，HTML 实现了标准化，使所有网络生态参与者遵循同一规范。

HTML 由欧洲原子核研究委员会的蒂姆 • 伯纳斯 • 李发明，后成为 Mosaic 浏览器的网页解释语言，并逐渐成为标准。W3C 负责 HTML 标准的开发和制定，包括草案制定、公开讨论和形成推荐标准。

在 HTML4.01 后，HTML 规范的发展一度停滞，W3C 转向开发 XHTML。当 XHTML 2 版本开发完成时，由于该标准过于复杂，未被各浏览器厂商广泛接受。与此同时，W3C 继续开发 HTML 的后续版本，即 HTML5。HTML5 强化了网页表现性能，增加了 Web 应用功能，是 HTML4.01 和 XHTML1.0 的替代版本。

2012 年 12 月，W3C 宣布 HTML5 规范正式定稿，并称其为开放的 Web 网络平台的奠基石。这标志着 HTML5 的功能特性已完全确定，为企业和开发者提供了明确的技术实现方向和规划目标。

支持 HTML5 的浏览器包括 Firefox、IE 9 及以上版本、Chrome、Safari、Opera 等主流浏览器，以及国内的遨游、360、搜狗、QQ 等基于 IE 或 Chromium 内核的浏览器。

2.1.2 HTML5 的特性

HTML5 在保持与旧版本兼容的基础上，引入了多项新特性，成为下一代 Web 开发框架。以下为 HTML5 的主要特性。

（1）语义特性：新增结构元素，如 section（用于定义文档中的节，通常包含标题和段落内容）、article（代表文档、页面或应用程序中独立的、完整的、可以独自被外部引用的内容）、nav（用于定义导航链接的部分）和 aside（用于承载非正文的内容，通常与页面的主要内容分开），提升网页意义和结构。

（2）绘图功能：通过 Canvas 和可缩放矢量图形（scalable vector graphics，SVG），实现动态图形和矢量图形的绘制。

（3）音视频控制：新增音频（audio）和视频（video）元素，无须插件即可播放音视频，并具备强大的播放控制功能。

（4）数据存储与处理：支持离线应用、跨域通信、本地存储及轻量级数据库，增强客户端处理能力。

（5）地理位置信息：新增地理定位（geolocation）API，方便获取用户地理位置。

（6）多线程：引入 Web Workers（一个运行在后台的 JavaScript 线程，不会影响页面的响应），实现多线程功能，提高页面响应效率。

（7）文件 API：FileReader（Java 中用于读取文本文件内容的类，继承自 Reader 类）和文件系统（file system）API 共同简化文件的处理流程。

此外，HTML5 还包括管理浏览器历史记录的 History API 功能。

2.1.3 HTML5 的应用

HTML5 的应用领域非常广泛，其几乎涵盖了现代网页设计和开发的各个方面。

1. 响应式网站设计

HTML5 可以使网站轻松实现响应式设计，使网站能够自动适应不同设备的屏幕尺寸和分辨率，为用户提供更加流畅和一致的浏览体验。

响应式网站设计采用多种技术，如弹性网格和布局、图片优化和 CSS media query（媒体查询）等来实现其目标。这些技术使页面能够实现自动切换分辨率、图片尺寸及相关脚本等功能，以适应不同设备，确保无论用户是使用笔记本式计算机、平板电脑还是手机，都能获得一致的浏览体验。

2. 游戏开发

HTML5 因其跨平台、易用、低成本而在游戏开发中大受欢迎。其中，HTML5 的跨平台特性让游戏能在 PC、手机、平板电脑等多设备上运行，节省开发时间和成本，扩大覆盖面；易用性体现在只需文本编辑器和浏览器即可开发，降低学习门槛；开发成本低，无须昂贵设备和工具，开发者可专注游戏内容。同时，HTML5 支持丰富的图形动画，通过 Canvas 和 Web 图形库（Web graphics library，WebGL）技术，可以打造逼真场景和流畅体验。HTML5 还支持实时更新和离线使用，保持游戏新鲜便捷。

3. 移动应用开发

HTML5 不仅可以用于构建网页应用，还可以通过 PhoneGap（一款开源的开发框架）等框架将网页应用打包成原生应用，实现跨平台的应用开发。这种开发方式降低了开发成本，提高了开发效率。

4. 企业级应用

HTML5 网站可以应用于企业级应用的开发，如客户关系管理（customer relationship management，CRM）、企业资源计划（enterprise resource planning，ERP）等系统。通过使用 HTML5，企业可以构建出功能强大、易于维护的 Web 应用，提高员工的工作效率。

5. 教育和培训

HTML5 在教育和培训领域也有广泛的应用。通过 HTML5 技术，开发者可以创建富有交互性的在线课程和教学资源，提高学生的学习兴趣和学习效果。

6. Web 虚拟现实开发

HTML5 使虚拟现实（virtual reality，VR）大众化成为可能。通过 Web VR 技术，用户可以在浏览器中直接体验虚拟现实内容，无须安装额外的软件或设备。

7. 动漫产业

HTML5 可以支持更丰富的动画效果和交互设计，使动漫等产业能够创作出更加引人入胜的作品。

此外，HTML5 还提供了本地存储功能，使网页能够在用户浏览器中存储数据，实现离线访问等功能。同时，HTML5 还加强了表单的验证和输入类型，使表单处理更加便捷和安全。

总的来说，HTML5 以其强大的功能和广泛的应用领域，已经成为现代网页设计和开发的重要基石。无论是个人开发者还是大型企业，都可以利用 HTML5 构建出功能丰富、交互性强的网页应用。

2.2 HTML 基础

2.2.1 HTML 文档结构

HTML 文档是一种纯文本格式的文件，包括头部（head）和主体（body）两个部分。HTML 文档的基本语法结构如下：

```
<!DOCTYPE html>
<html>
```

```
    <head>
        <meta charset="utf-8"/>
        <title>这是我的第一个网页</title>
    </head>
    <body>
        <p>广州欢迎你！</p>
    </body>
</html>
```

浏览器根据 HTML 文档类型和内容解释整个网页，通过浏览器将内容呈现给用户，上述程序的运行结果如图 2-1 所示。

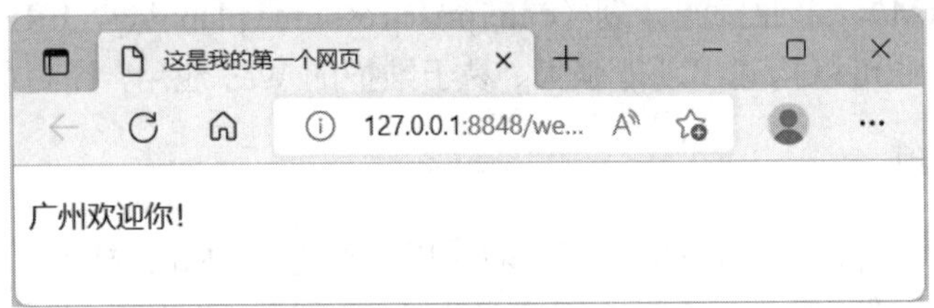

图 2-1 网页效果

1. 文档类型标签<DOCTYPE>

在编写 HTML 文档时，要求指定文档类型，用于向浏览器说明当前文档使用的是哪种 HTML 标准。HTML 的文档类型的声明格式如下：

```
<!DOCTYPE html>
```

这行代码称为 DOCTYPE，即文档类型声明（document type declaration，DTD），其位于文档的最顶部，用于告诉浏览器当前文档使用的 HTML 版本。

2. HTML 文档标签<html>

HTML 文档以<html>标签开始，</html>标签结束。所有的网页内容都位于这两个标签之间。

3. 文档头部标签<head>

HTM 文档由<head>和<body>两个部分组成。<head>标签用于定义文档的头部信息，其内容不会直接显示在网页中，但对文档的显示和功能有重要作用。<head>标签的作用范围是整篇文档，通常包含以下元素：<title>、<meta>、<script>、<style>、<link>。HTML 头部信息以<head>标签开始，以</head>标签结束。

1）<title>标签

<title>标签用于定义网页的标题，概要表示网页的主题，并能吸引读者有兴趣继续阅读其余内容。图 2-1 所示的网页标题“这是我的第一个网页”对应的代码如下：

```
<title>这是我的第一个网页</title>
```

<title>标签不仅用于概括网页的主要内容，对于搜索引擎而言，其同样是一个至关

重要的元素。用户主要通过搜索引擎的搜索结果来访问网站。因此，将网页内容中若干重要的关键词精心筛选并放置在<title>标签中，对于提高网页在搜索引擎中的排名和可见性至关重要。

2）<meta>标签

<meta>标签用于描述一个 HTML 网页文档的属性，其作用是提供有关页面的元数据，包括提供与浏览器或搜索引擎相关的信息，如作者、日期和时间、网页描述、关键词、页面刷新等。<meta>标签是单个标签，其采用“名称/值”对的方式描述文档的摘要信息。

例如，在文档中说明文档的内容类型、字符编码信息，可以使用如下标签内容：

```
<meta charset="utf-8"/>
```

说明：charset 表示字符集编码。常用的字符集编码有以下几种。

（1）UTF-8：国际通用字符编码，一般用于包含中文和英文页面。

（2）ISO-88591：纯英文，一般用于只包含英文的页面。

（3）Big5：繁体，一般用于带有繁体字的页面。

（4）GB2312：简体中文，同样适用于中文和英文的页面。与 UTF-8 编码相比，GB2312 通用性稍差，但字符压缩比稍高。

在浏览网页时，偶尔会遇到乱码现象，这往往是因为网页没有正确设置<meta>标签中的字符编码。因此，在开发网页的过程中，务必确保为网页指定合适的字符编码（如 UTF-8），通过<meta charset="utf-8">这样的标签来避免乱码问题，以提升用户体验。

另外，为了增强网页在搜索引擎中的可见性和用户搜索的命中率，建议在页面文档的<head>部分加入搜索关键词（keyword）和内容描述信息（description）。这些信息不仅有助于搜索引擎更好地理解网页内容，还能在搜索结果中展示给用户，引导用户更准确地找到所需信息，从而有效提高用户的搜索效率和满意度。

例如，淘宝网网站设置了如下关键字和描述：

```
<meta name="keywords" content="淘宝, 掏宝,网上购物,C2C,在线交易,交易市场,
    网上交易,交易市场,网上买,网上卖,购物网站,团购,网上贸易,安全购物,电子商务,
    放心买,供应,买卖信息,网店,一口价,拍卖,网上开店,网络购物,打折,免费开店,网
    购,频道,店铺">
<meta name="description" content="淘宝网-亚洲较大的网上交易平台，提供
    各类服饰、美容、家居、数码、话费/点卡充值…数亿优质商品，同时提供担保交易
    (先收货后付款)等安全交易保障服务，并由商家提供退货承诺、破损补寄等消费者保
    障服务，让你安心享受网上购物乐趣！"/>
```

说明：<meta>标签的实现方式为“名称/值”对，其中，keywords 表示搜索关键词，description 表示对网站内容的具体描述。通过提供搜索关键词和内容描述信息，可以方便搜索引擎的搜索。

3）<script>标签

<script>标签是定义客户端脚本（如 JavaScript）的关键 HTML 元素，其为网页增添了丰富的动态功能。尽管<script>标签在 HTML 文档中可以灵活放置，但是为了代码的组织清晰和页面性能优化，通常推荐两种做法：一是将其置于<head>部分，用于全局

脚本的定义，但需要注意可能引起的页面渲染阻塞；二是将其放置在<body>标签的底部，紧邻关闭标签</body>，以确保脚本执行时页面的 DOM 元素已完全加载，从而避免渲染阻塞，提升页面加载速度和用户体验。<script>标签的基本语法格式如下：

```
<script type="text/javascript">
    /*脚本代码*/
</script>
```

4）<style>标签

<style>标签专门用于在 HTML 文档内部定义样式规则，其允许开发者通过编写 CSS 代码来控制当前文档的外观和布局。这些样式规则仅对当前文档生效，确保了页面样式的私有性和针对性。通常，<style>标签会被放置在<head>部分，这样的布局不仅有助于代码的整洁和组织，还确保了样式信息在文档内容渲染之前就被浏览器加载和应用，从而优化了用户的浏览体验，避免了页面在加载过程中可能出现的样式缺失或不一致问题。<style>标签的基本语法格式如下：

```
<style type="text/css">
    /*样式代码*/
</style>
```

5）<link>标签

<link>标签为关联标签，用来链接 CSS 文件，将 CSS 文件里的样式应用到当前文档中。<link>标签的基本语法格式如下：

```
<link rel="stylesheet" href="外部样式表文件名.css"  type="text/css"/>
```

4. 主体标签<body>

在 HTML 架构中，<head>标签扮演着至关重要的角色，其作为页面的“头部”，主要用于包含文档的元数据（metadata），如文档的标题、字符编码声明、链接到外部样式表和脚本文件等。这些信息虽然不直接展示给用户，但是对于页面的渲染、搜索引擎优化（search engine optimization，SEO）及用户体验都至关重要。

相比之下，<body>标签则是 HTML 文档的“核心舞台”，即网页的“身体”。<body>标签包裹了所有用户能够直接看到的网页内容，包括但不限于文本、图像、表格、视频、超链接、表单等丰富多样的元素。这些元素共同构成了网页的视觉呈现，向用户传达信息，提供互动功能，是网页与用户之间的直接交流界面。

在深入学习 HTML 的过程中，将会遇到大量的标签，它们大多在<body>标签内部放置，以构建丰富多彩、功能强大的网页。这些标签各司其职，从简单的文本排版到复杂的交互式表单，无一不展示了 HTML 作为网页开发基石的强大能力。因此，熟练掌握<body>标签及其内部元素的用法，对于成为一名优秀的网页开发者来说至关重要。

<body>标签的基本语法格式如下：

```
<body>
    网页内容
</body>
```

【例 2-1】 <body>标签应用。参考代码如下：

```
<!DOCTYPE html>
<html>
    <head>
        <meta charset="utf-8">
        <title>医学生誓言</title>
        <style type="text/css">
            h2 { text-align: center; }
            p { text-indent: 2em; line-height: 1.5em; }
        </style>
    </head>
    <body >
        <h2>医学生誓言</h2><!--此处为二级标题-->
        <p>我志愿献身医学，热爱祖国，忠于人民，恪守医德，尊师守纪，刻苦钻研，
           孜孜不倦，精益求精，全面发展。</p>
        <p>我决心竭尽全力除人类之病痛，助健康之完美，维护医术的圣洁和荣誉，救死
           扶伤。不辞艰辛，执着追求，为祖国医药卫生事业的发展和人类身心健康奋斗
           终生。</p>
        <p><a href="index.html">返回主页</a></p>
    </body>
</html>
```

程序运行结果如图 2-2 所示。

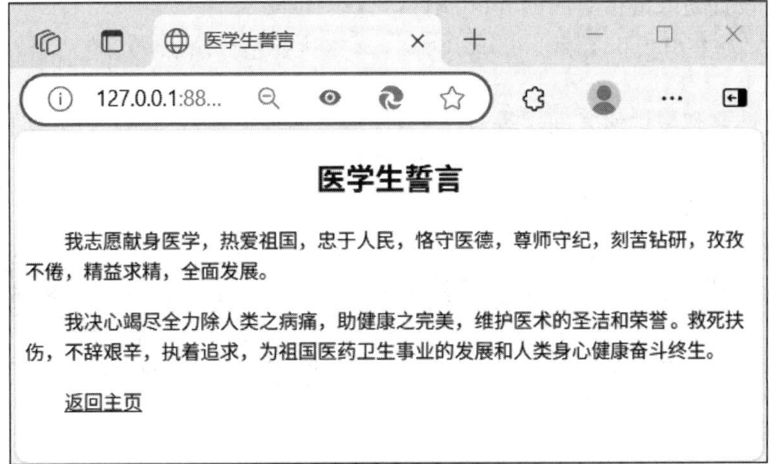

图 2-2　<body>标签应用

例 2-1 中<head>部分的<title>标签中定义了文档的标题“医学生誓言”，<style>标签中定义了标题<h2>标签的样式（水平居中）和段落标签<p>对应格式（首行缩进 2 个字符，行高 1.5 字符）。在<body>标签中插入了二级标题<h2>标签和段落标签<p>，在浏览器中预览时，这些元素自动应用了在<head>标签中添加的<style>样式。

2.2.2 HTML 标签语法

1. 标签

HTML 文档由标签和受标签影响的内容组成。标签用一对尖括号括起来，分为双标签和单标签两种。

双标签有开始标签和结束标签，在标签名前加上“/”即为结束标签，其语法格式如下：

```
<标签>内容</标签>
```

例如，一级标题表示为<h1> Web 网页设计</h1>，这说明文本“Web 网页设计”将会被浏览器渲染为标题 1 的样式。

单标签只有开始标签，如
<hr>为单标签。

2. 属性

HTML 标签的属性是附加在 HTML 标签上的键值对，用于为标签提供额外的信息，从而定义标签的具体行为、样式或其他特性。这些属性为开发者提供了对网页元素进行细致控制的强大工具。通过设置属性，开发者可以精确控制网页上每个元素的行为、样式和与其他元素的交互方式，从而创建出美观、功能强大的网页。

属性通常包含在标签的开始标签中，并且总是以“名称/值”对的形式出现，其代码如下：

```
<标签  属性名="属性值"  属性名="属性值"  …>内容</标签>
```

例如，设置超级链接对应的 href 属性，代码如下：

```
<a  href="https://www.example.com">访问示例网站</a>
```

说明如下。

（1）属性名和属性值之间用等号（=）连接，属性值被双引号（""）包围。

（2）多个属性用空格隔开，不区分排列顺序。

下面是一些 HTML 标签属性的常见例子：

```
<img src="image.jpg" alt="描述性文本">
<p style="color: red;">这是一段红色的文本。</p>
<div class="container">内容</div>
```

说明：src 是<img>标签的属性，style 是常见的样式属性，class 是常见的类样式属性。

3. 元素

HTML 元素是指包含标签和标签内容的整体。开始标签与结束标签之间的内容就是元素内容，没有内容的元素是空元素，单标签可以看作空元素。例如：

```
<p>牧童骑黄牛，歌声振林樾。</p>
<br>
```

说明：p 为有内容的元素，br 为空元素。

2.2.3　注释

在 Web 开发中，注释是开发者在 HTML、CSS、JavaScript 等代码中添加的说明性文字，这些文字不会被浏览器渲染或执行，主要用于提高代码的可读性和可维护性。

Web 页面的注释有三种，分别是 HTML 注释、CSS 注释和 JavaScript 注释。通过合理使用注释，开发者之间可以更好地协作，代码也会更加易于理解和维护。

1. HTML 注释

HTML 注释用于解释 HTML 文档的部分内容，通常被包含在<!--和-->之间。例如：

```
<body>
    <h1>Hello, World!</h1>
    <!--下面的段落将显示一个欢迎信息-->
    <p>Welcome to my website.</p>
</body>
```

HTML 注释的用途如下。

（1）解释代码：为复杂的代码块提供解释，帮助其他开发者理解代码的意图。

（2）调试：临时禁用部分代码以进行测试或调试。

（3）文档化：记录网页的特定部分或整体结构，便于后期维护。

2. CSS 注释

CSS 注释用于解释 CSS 中的规则，通常被包含在 /* 和 */ 之间。例如：

```
/*为标题添加样式*/
h1 { color: #333;
     text-align: center;
     margin: 20px 0; }
```

CSS 注释的用途如下。

（1）解释样式规则：说明某个样式规则的用途和原因。

（2）组织代码：将 CSS 分成不同的部分，并通过注释标记提高可读性。

（3）临时禁用样式规则：在调试过程中临时禁用某些样式规则。

3. JavaScript 注释

JavaScript 注释有两种形式：单行注释和多行注释。

（1）单行注释以//开头，注释内容从//开始到该行末尾。例如：

```
// 这是一个单行注释
```

（2）多行注释被包含在 /* 和 */ 之间，可以跨越多行。例如：

```
/*
    这是一个多行注释，用于解释下面的函数
*/
function greet(name) {
    console.log("Hello, " + name + "!");
}
```

JavaScript 注释的用途如下。

（1）解释代码逻辑：说明复杂的算法或逻辑。

（2）文档化：为函数、类和模块提供详细的说明，便于其他开发者使用。

（3）调试：临时禁用部分代码以进行测试。

说明：在 HBuilder X 中，按 Ctrl+/组合键，可以快速产生注释符号。选中代码后，按 Ctrl+/组合键，可以注释选中的代码。

2.2.4 HTML 编码规范

HTML 编码规范是确保 HTML 代码易于阅读、维护及符合行业标准的一套指导原则。下面列举一些关键的 HTML 编码规范。

（1）缩进与换行。使用四个空格作为一个缩进层级，不允许使用两个空格或 Tab 字符，这有助于保持代码的一致性和可读性。

（2）命名。class 属性的命名应遵循小写字母、单词间用连字符（-）分隔的原则，这有助于保持代码的一致性和可读性。class 必须代表相应模块或部件的内容或功能，不应以样式信息进行命名。元素 id 必须保证在页面内唯一，以确保正确标识和引用元素。

（3）标签。所有的 HTML 标签必须正确闭合，无论是使用单独的闭合标签还是自闭合标签。避免使用已废弃的标签和属性，确保代码符合最新的 HTML 标准。

（4）属性。属性的值必须用双引号括起来，只包含对元素功能或样式有影响的属性，避免使用不必要的属性。

（5）DOCTYPE。在 HTML 文档的最顶部使用<!DOCTYPE html>声明，以告知浏览器文档使用的是 HTML5 版本。

（6）编码。确保文档使用 UTF-8 编码，这是目前最广泛支持的字符编码方式，能够支持多语言字符。

遵循以上规范，可以使 HTML 代码更加整洁、易于理解和维护，同时也有助于提高网站的性能和用户体验。然而，随着 Web 技术的发展和标准的更新，编码规范也可能会有所变化，因此建议定期查阅最新的 HTML 标准和最佳实践的更新。

2.3 格式化文本与段落

网页排版涵盖文本格式化、段落格式化及整个页面的布局设计。文本格式化标签分为字体标签和文字修饰标签；段落格式化标签分为段落标签、换行标签和水平线标签。

2.3.1 文本格式化

HTML 提供了多个文字修饰标签格式化文本，如文字加粗、斜体、下划线、上标、下标等。常用的文字修饰标签有以下几种。

（1）粗体标签：< strong >和<b>。<b>标签的作用是呈现粗体效果，但这种粗体效果仅限于外观上。<strong>标签中的内容在外观上与<b>标签中的内容显示的效果一样，都是粗体效果，但<strong>标签还具有强调的作用，强调文本是重要的，所以要加粗显示。

（2）斜体标签：<i>和<em>。<i>标签的作用是显示文本斜体效果。<i>标签使浏览器中包含的文本以斜体字（italic）或者倾斜（oblique）字体显示。<em>标签中的内容在外观上与<i>标签中的内容显示的效果一样，都是斜体效果，但<em>标签还具有强调的作用。<em>与<strong>标签相比，<strong>标签强调的程度更强。

（3）上标标签：<sup>。<sup>标签用于定义上标文本。<sup>标签将<sup>元素中的内容以当前文本字符高度的一半进行显示并靠上，但与当前文本流中文字的字体和字号相同。

（4）下标标签：<sub>。<sub>标签用于定义下标文本。<sub>标签中的文本显示大小和<sup>标签一样，都是当前文本流字符高度的一半，但是显示时是底端对齐。

【例 2-2】 文本修饰标签应用。参考代码如下：

```
<!DOCTYPE html>
<html>
    <head>
        <meta charset="utf-8">
        <title>文字修饰标签应用</title>
    </head>
    <body>
        <p>普通文本<br>
             <b>粗体文字</b>  <br>
             <i>斜体文字</i>  </p>
        上标的应用：x<sup>2</sup>+y<sup>2</sup>=z<sup>2</sup><br>
        下标的应用：水的分子式 H<sub>2</sub>O
    </body>
</html>
```

上述代码定义了不同的文字修饰标签，程序运行结果如图 2-3 所示。

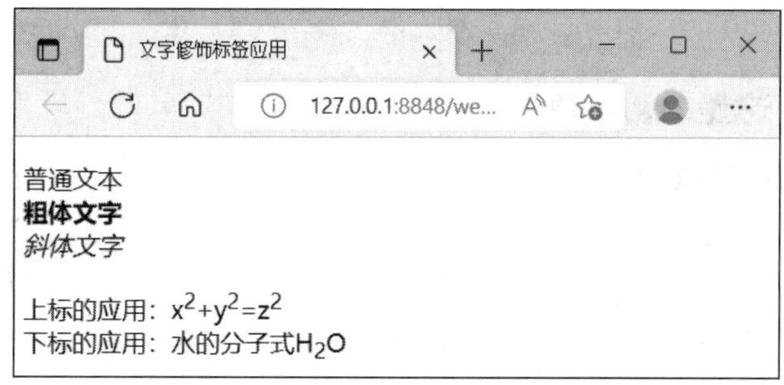

图 2-3　文字修饰标签应用

2.3.2　段落格式化

1. 标题标签

标题标签在 HTML 中扮演着重要的角色，主要用于定义文档中的标题和子标题，帮助创建内容结构，使搜索引擎和读者更好地理解文档的重要性和层次结构。

HTML 提供了六个级别的标题标签，包括<h1>～<h6>，其中，<h1>表示最高级别的标题，而<h6>表示最低级别的标题。

在一个 HTML 文档中，通常只使用一个<h1>标签作为页面的主标题；按照逻辑层次结构使用<h2>～<h6>标签，避免跳过标题级别，以保持内容的逻辑流动。

注意：不要为了文本的样式而使用标题标签，而应该基于内容的结构使用它们。

另外，搜索引擎使用标题标签来确定页面内容的主题和结构，因此，正确使用标题标签对于提高页面在搜索结果中的排名非常重要。

【例 2-3】 使用标签设置各级标题。参考代码如下：

```
<!DOCTYPE html>
<html>
    <head>
        <meta charset="utf-8">
        <title>标题标签</title>
    </head>
    <body>
        <h1>这是 1 级标题</h1>
        <h2>这是 2 级标题</h2>
        <h3>这是 3 级标题</h3>
        <h4>这是 4 级标题</h4>
        <h5>这是 5 级标题</h5>
        <h6>这是 6 级标题</h6>
    </body>
</html>
```

程序运行结果如图 2-4 所示。

图 2-4　标题标签效果

从图 2-4 可以看出，标签的级别越大，字号也越大。

2. 段落标签和换行标签

网页的排版是否美观，离不开段落标签的使用。对页面中出现的大量文字，通常采用分段进行规划，同时对换行也有极其严格的划分。

1）段落标签<p>

在 HTML 网页中，段落是通过<p></p>标签元素进行定义的。网页中的段落与 Word 文章中的自然段类似，也可以认为，HTML 网页中的段落就是为了实现文章中自然段样式效果而设计的。因此，HTML 网页中的段落在文档、新闻、产品展示等场景中的应用非常重要。

使用段落标签后，浏览器会自动在段落的前后添加空行。如果没有对<p>标签设置 CSS 样式，一个<p>标签的执行效果等于使用两个
标签的换行效果。若出现重复的空<p>标签，在浏览器中显示时，则只有一次换行效果。

【例 2-4】 段落标签的使用。参考代码如下：

```
<!DOCTYPE html>
<html>
    <head>
        <meta charset="utf-8">
        <title>段落标签的使用</title>
    </head>
    <body>
        <h1>静夜思</h1>
        <h4>作者：李白</h4>
        <p>床前明月光，疑是地上霜。</p>
        <p>举头望明月，低头思故乡。</p>
    </body>
</html>
```

例 2-4 使用<h1>标签来表示标题，使用<h4>标签表示作者信息，使用<p>标签表示一个段落。需要注意的是，虽然在代码中一个段落包含两句诗词，但是文字内容并没有分两行显示，而是根据浏览器的窗口大小来决定是否自动换行。程序运行结果如图 2-5 所示。

图 2-5　段落标签效果

2）换行标签

标签表示强制换行。
标签是单标签，没有结束标签，是英文单词 break 的缩写。一个
标签表示一个换行，连续多个
标签可以实现多次换行。使用

标签时，在需要的位置添加
标签即可。若希望例 2-4 中的诗句紧凑显示，且每句都要求换行，则可以在需要换行的地方使用
标签。

【例 2-5】 换行标签的使用。参考代码如下：

```
<!DOCTYPE html>
<html>
    <head>
        <meta charset="utf-8">
        <title>换行标签的使用</title>
    </head>
    <body>
        <h1>静夜思</h1>
        <h4>作者：李白</h4>
        <p>床前明月光，<br/>
        疑是地上霜。<br/>
        举头望明月，<br/>
        低头思故乡。</p>
    </body>
</html>
```

程序运行结果如图 2-6 所示。

图 2-6　换行标签效果

3. 水平线标签<hr/>

<hr/>标签可以在页面创建一条水平线，表示段落级元素之间的主题转换。例如，一个故事中场景的改变，或一个章节中主题的改变。在外观上将文档分隔成若干部分。<hr/>标签是单标签，没有结束标签。

【例 2-6】 水平线标签使用示例。参考代码如下：

```
<html>
    <head>
            <meta charset="utf-8">
            <title>水平线标签示例</title>
    </head>
    <body>
```

```
        <h3>内科</h3>
        <p>提供心血管、呼吸系统等疾病的诊断与治疗...</p>
        <hr> <!--分隔科室-->
        <h3>外科</h3>
        <p>擅长微创手术、骨科手术及术后康复管理...</p>
    </body>
</html>
```

程序运行结果如图 2-7 所示。

图 2-7　水平线标签效果

图 2-7 中，用水平线分隔不同科室的简介，提升内容清晰度。若要调整水平线的宽度、高度和对齐方式，则可以通过 CSS 来实现。

2.3.3　预格式化标签

HTML 网页在浏览器中的显示效果由网页标签和 CSS 样式决定，而与源代码中编写的格式不同。如果想保留源文件中所定义的格式（包括空格、换行、缩进及其他特殊格式），可以利用<pre></pre>标签对网页中的文字和段落进行预格式化。

【例 2-7】 预格式化标签的应用。参考代码如下：

```
<!DOCTYPE html>
<html>
    <head>
        <meta charset="utf-8">
    </head>
    <body>
        <p>
            <pre>
            Pre 标签很适合显示计算机代码
            for i=1 to 10
                print(i)
            next i
            </pre>
```

```
        </p>
    </body>
</html>
```

程序运行结果如图 2-8 所示，文字部分采用预格式化标签，在浏览器中显示时保留了原有的空格、空行格式。若去掉预格式化标签，则运行结果如图 2-9 所示，<p>标签中的文字源代码在浏览器中显示时，多个空格只显示一个空格，换行符也不显示。

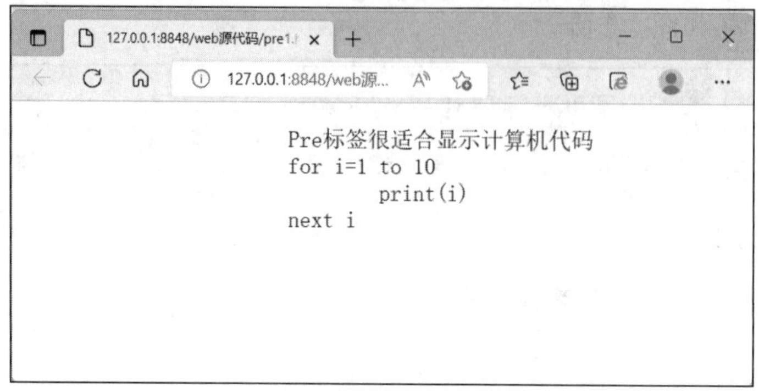

图 2-8　使用预格式化标签显示效果

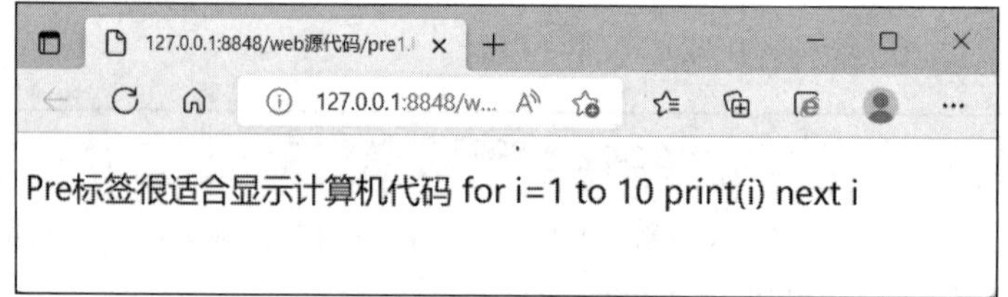

图 2-9　无预格式化标签显示效果

2.3.4　特殊符号

在当今数字化时代，网络已成为各行各业信息传递的主要平台。大多数行业会因其独特性而拥有专属的特殊符号，如数学、物理和化学领域所广泛使用的符号。本节详细介绍如何在网页上有效地展示这些特殊符号，以确保信息的准确传达和专业的展现。

在 HTML 中，特殊符号以“&”开头，以“;”结尾，中间为相关符号编码。例如，小于号和大于号被用于声明标记，因此，如果在 HTML 代码中出现“<”和“>”，不能直接输入，需要将其作为特殊符号处理；再如空格，如果要让每个段落首行缩进两个字符的空格，按两次 Space 键是无效的，需要使用特殊符号代码“ ”来实现，一般一个汉字约等于 3 个“ ”。例如，在 HTML 中要表达“a<b”，可用“a<b”表示。常用特殊符号如表 2-1 所示。

表 2-1　常用特殊符号

特殊符号	字符代码	说明
<	<	小于号
>	>	大于号

续表

特殊符号	字符代码	说明
		不换行空格
		全角空格
&	&	符号“&”
“	"	双引号
©	©	版权符
®	®	注册符

【例 2-8】 特殊符号的使用。参考代码如下：

```
<!DOCTYPE html>
<html>
    <head>
        <meta charset="utf-8">
        <title>特殊符号</title>
    </head>
    <body>
        <p>var score=80;<br>
            if (score&gt; =60)<br>
                  alert("考试成绩"+score+"
              分,及格! ");<br>
            版权所有&copy;: 广州**大学
        </p>
    </body>
</html>
```

程序运行结果如图 2-10 所示。

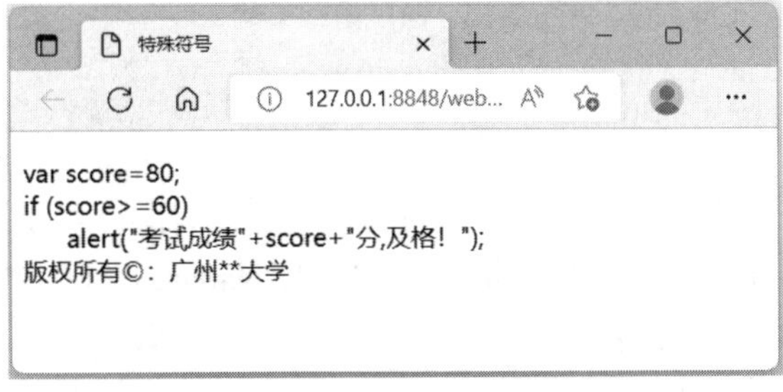

图 2-10 特殊符号使用

图 2-10 中，为了在 alert 前面缩进一段距离，代码中采用了 6 个“ ”，相当于约 2 个汉字位置，其也可以用 2 个“ ”实现；大于号采用特殊符号“>”实现。

2.4 列 表

网页中经常使用列表组织内容，以使文档结构条理清晰，层次分明，传达信息更加清晰明确。在制作网页时，列表一般用于制作导航、目录和提纲。

HTML 提供了三种常用列表：无序列表、有序列表和自定义列表。例如，新闻网站常用无序列表展示新闻信息，如图 2-11 所示；医院网站使用无序列表展示科室组织架构，如图 2-12 所示。

最新消息

飞机牵引车 没了它可没法倒机?

了不起的中国制造 9个月前 677

跨年寒潮，“电冻汽车”电池怎样克服“体虚畏寒”？

了不起的中国制造 9个月前 381

时速几百公里，刹车盘怎样刹住几百吨的飞机?

了不起的中国制造 9个月前 147

图 2-11　新闻信息

图 2-12　医院组织架构

2.4.1　无序列表

无序列表在网页设计中比较常用，各列表项之间没有顺序级别之分，通常是并列关系。一般采用圆圈（circle）、圆点（disc）和方块（square）作为前导符号。在 HTML 中，创建无序列表的语法格式如下：

```
<ul>
    <li>列表项 1</li>
    <li>列表项 2</li>
    <li>…</li>
</ul>
```

其中，<ul>标签用于定义无序列表，嵌套的<li>标签表示具体的列表项，每对<ul>标签中至少应包含一对<li>标签。如果有更多的列表项，可在<ul>标签中继续添加<li>标签。无序列表的前导符号默认是圆圈，可以用 CSS 的 list-style-type 属性修改前导符号。

【例 2-9】 无序列表应用示例。参考代码如下：

```
<html>
    <head>
        <meta charset="utf-8">
        <title></title>
    </head>
    <body>
        <h3>门诊服务</h3>
            <hr>
            <ul>
                <li>在线预约挂号</li>
                <li>电子病历查询</li>
                <li>检查结果推送</li>
            </ul>
    </body>
</html>
```

程序运行结果如图 2-13 所示。

图 2-13　无序列表

例 2-9 中，以无序列表的形式展示了医院门诊服务相关功能，方便用户浏览和操作。

注意：<ul></ul>标签中只能嵌套<li></li>标签，不能在<ul></ul>标签中直接输入文字。<li></li>标签是无序列表中的列表项容器，可以容纳所有合法的 HTML 元素。

2.4.2　有序列表

有序列表中各列表项按一定顺序排列，有先后顺序之分，列表项之间用编号标记。在 HTML 中，使用<ol></ol>标签定义有序列表，列表项与无序列表一样，使用<li></li>标签标记列表项。创建有序列表的基本语法格式如下：

```
<ol type="符号类型"  start="起始编号" reversed>
    <li>列表项 1</li>
    <li>列表项 2</li>
    <li>列表项 3</li>
</ol>
```

有序列表除了具有 type 属性外，还为<ol>标签定义了 start 属性，为<li>标签定义了

value 属性。有序列表相关属性如表 2-2 所示。

表 2-2 有序列表相关属性

属性	属性值	含义
type	1（默认）	项目符号为阿拉伯数字 1、2、3
	A 或 a	项目符号为英文字母 A、B、C 或 a、b、c
	I 或 i	项目符号为罗马数字 I、II、III 或 i、ii、iii
start	数字	规定列表符号起始值，取值为正整数，默认取值为 1，即编号从 1 开始
reversed	reversed	是否对列表项反向排序，取值为 reversed 时为反向排序
value	数字	用于<li>标签，规定该列表项在有序列表中显示的数字

【例 2-10】 有序列表应用示例。参考代码如下：

```
<html>
    <head>
        <meta charset="utf-8">
        <title>有序列表</title>
    </head>
    <body>
        <h3>医科院校专业列表</h3>
        <ol>
            <li>临床医学</li>
            <li>医学影像</li>
            <li>医学检验</li>
            ...
            <li value="20">应用心理学</li>
            <li>法学</li>
            <li>医学技术</li>
        </ol>
        <h3>临床医学专业课程</h3>
        <ol type="A" reversed>
            <li>临床诊断学</li>
            <li>内科学</li>
            <li>医学免疫学</li>
        </ol>
    </body>
</html>
```

程序运行结果如图 2-14 所示。专业列表没有设置 type 属性，列表样式为默认值数字，列表项序号从 1 开始递增；后面通过设置列表项<li>的 value 属性值为 20，使最后三个专业序号从 20 开始递增。专业列表的 type 属性值为大写字母"A"，列表样式为大写字母；reversed 属性值为"reversed"，自动逆序排序。

图 2-14　有序列表

2.4.3　自定义列表

自定义列表不仅是一列项目，而是项目及其注释的组合，通常用于定义术语或者对名词进行解释。在显示效果上，自定义列表项没有任何项目符号。创建自定义列表的语法格式如下：

```
<dl>
    <dt>名词 1</dt>
    <dd>对名词 1 的解释</dd>
    <dd>对名词 1 的解释</dd>
    ...
    <dt>名词 2</dt>
    <dd>对名词 2 的解释</dd>
    <dd>对名词 2 的解释</dd>
</dl>
```

自定义列表以<dl>标签开始，每个自定义列表项以<dt>开始，每个自定义列表项的定义以<dd>开始。自定义列表项内部可以使用段落、换行符、图片、超链接及其他列表等。

【例 2-11】 自定义列表，显示注册信息。参考代码如下：

```
<html>
    <head>
        <meta charset="utf-8">
        <title>自定义列表</title>
    </head>
    <body>
        <h3>注册信息</h3>
        <dl>
            <dt>个人信息</dt>
            <dd>姓名：张勇</dd>
            <dd>性别：男</dd>
```

```
            <dd>电话：020-12345678</dd>
            <dt>住址：</dt>
            <dd>广州市番禺区新造路 1 号</dd>
        </dl>
    </body>
</html>
```

程序运行结果如图 2-15 所示。

图 2-15 自定义列表

2.4.4 列表综合应用

【例 2-12】 列表综合应用，临床医学专业介绍。参考代码如下：

```
<html>
    <head>
        <meta charset="utf-8">
        <title>专业介绍列表</title>
    </head>
    <body>
        <h3>临床医学专业介绍</h3>
        <hr>
        <ol>
            <li>主干课程
                <ul>
                    <li>基础医学</li>
                    <li>基础医学</li>
                </ul>
            </li>
            <li>核心课程
                <ul>
                    <li>系统解剖学</li>
                    <li>组织学与胚胎学</li>
                    <li>生理学</li>
                    ...
                </ul>
            </li>
            <li>就业前景：从事临床医疗、预防保健、医学研究、全人群全生命周期健
                康管理等相关工作。</li>
        </ol>
```

```
        <hr>
        <dl>
            <dt>联系电话：</dt>
            <dd>张老师：020-31201233</dd>
            <dd>阳老师：020-31201236</dd>
        </dl>
    </body>
</html>
```

上述代码定义了嵌套列表，在有序列表中嵌套无序列表，运行结果如图2-16所示。

图2-16　列表综合应用

2.5　超链接与浮动框架

2.5.1　超链接

超链接是指从一个网页指向一个目标的链接关系，该目标可以是另一个网页，也可以是相同网页上的不同位置，还可以是一张图片、一个电子邮箱地址、一个文件，甚至是一个应用程序。通过超链接，可以将各个独立的网页有机链接在一起，从而构成一个网站。在浏览器中，通过超链接可以从一个网页跳转到另一个网页或者页面的其他位置。例如，如图2-17所示的腾讯网首页，单击“新闻”超链接，就会跳转到腾讯新闻网页；单击邮箱图标，就会进入邮件设置页面。

图2-17　腾讯网导航

1. 超链接概述

一个完整的超链接包括两部分：链接源和链接目标。其中，链接源可以是文字或图像；链接目标是单击超链接后显示的内容，可以是网页、图像、多媒体、电子邮件地址、可下载的文件和应用程序等。

在 HTML 中，超链接标签是<a></a>，其基本语法格式如下：

```
<a href="url" target="目标窗口打开方式">文本或图像</a>
```

其中，<a></a>标签用于定义超链接，href 和 target 为其常用属性。

（1）href 属性：指定链接目标的 URL 地址。<a>标签指定了 href 属性后，才具有超链接功能。需要创建空链接时，用“#”代替 URL。

（2）target 属性：指定目标文件打开方式，属性值有_blank 和_self。其中，_self 为默认值，表示在原窗口中打开；_blank 表示在新窗口中打开。

【例 2-13】 超链接应用。参考代码如下：

```
<html>
    <head>
        <meta charset="utf-8">
        <title></title>
    </head>
    <body>
        <h3>超链接示例</h3>
        <a href="https://www.baidu.com">百度</a><br>
        <a href="https://www.qq.com" target="_blank">腾讯</a><br>
        <a href="https://www.163.com" target="_self">网易</a>
    </body>
</html>
```

程序运行结果如图 2-18 所示。链接文本“百度”“腾讯”“网易”显示为蓝色且带下划线。当鼠标指针移到链接文本“百度”时，鼠标指针形状变成手形，同时在页面左下方显示百度链接地址。单击链接文本“百度”，在当前窗口打开百度网页（target 默认为_self）；单击链接文本“腾讯”，则在新窗口中打开腾讯网页。

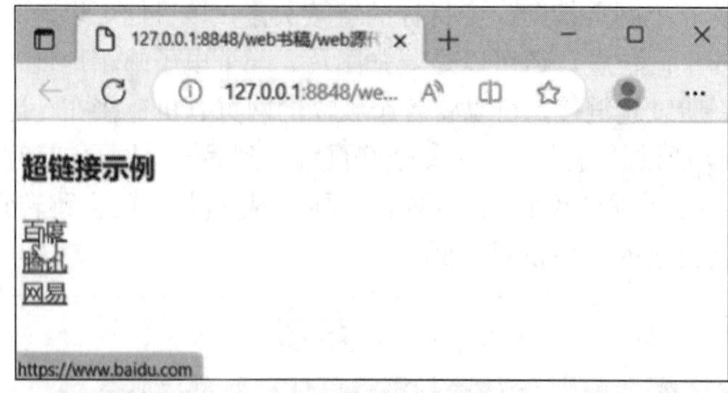

图 2-18 超链接应用

2. 超链接路径

在网页设计中，通过<a>标签的 href 属性定义超链接所访问的目标地址，也称访问路径。每一个网页都有一个相对固定的存放地址，即 URL，通过 URL 可以访问不同网站上的不同页面。超链接中的常用路径有两种形式：即绝对路径和相对路径。

1）绝对路径

绝对路径是指文件的完整路径，包括盘符或文件传输的协议 HTTP、FTP 等，一般用于网站的外部链接。如下代码是在网页中添加了一个“HTML 教程”的超链接：

```
<a href="https://www.w3cschool.com.cn/html/index.asp">HTML 教程</a>
```

本地站点发布域名空间 https://www.w3cschool.com.cn，该域名空间的根目录下建立了子目录 html，并在 html 目录下存放了 index.asp 文件。

注意：尽量不要在网页中出现本地路径表示的绝对路径，如<a href= “D:\web\index.html”>。因为服务器中的本地路径并不等同于网络上其他计算机的本地路径，通过其他客户机来浏览网页时会产生无法打开链接的错误。

2）相对路径

相对路径是相对于当前文件的路径，从当前文件所在位置指向目的文件的路径。相对路径一般用于网站内部链接，主要有四种输入方法，如表 2-3 所示。

表 2-3 相对路径输入方法

相对路径类型	格式
同一目录文件	<a href="目标文件名.html">链接源</a>
下一级目录文件	<a href="子目录名/目标文件名.html">链接源</a>
上一级目录文件	<a href="../目标文件名.html">链接源</a>
同级目录文件	<a href="../子目录名/目标文件名.html">链接源</a>

其中，../表示退到上一级目录。

3. 超链接应用

通过超链接，能访问网站和网络上不同的网页和资源。超链接对象多种多样，包括 URL 链接、本地链接、书签链接、下载文件链接、电子邮件链接、多媒体链接及图像链接等。

1）URL 链接

URL 链接一般是指本地站点以外文档的链接。创建 URL 链接时，需要给出完整的 URL 链接网址。例如，链接到“百度”网址的超链接的语法格式如下：

```
<a href="https://www.baidu.com">百度</a>
```

URL 链接通常使用绝对路径，即带域名的文件的完整路径。例如，本地站点发布的域名空间为“https://www.w3cschool.cn/”，该域名空间根目录下建立了子目录 html，在该子目录下存放了 html-intro.html 文件，其绝对路径访问方式如下：

```
<a href='https://www.w3cschool.cn/html/html-intro.html'>HTML 简介</a>
```

注意：尽量不要在网页中出现本地绝对路径的超链接。

例如：

```
<a href='D:/html/html-intro.html'>HTML 简介</a>
```

因为服务器中的本地路径一般并不等同于其他计算机的本地路径，所以通过客户机浏览这些网页时会产生无法打开超链接的错误。

2）本地链接

同一网站下的各文件通过超链接实现相互间的访问，这种链接方式称为本地链接。为了方便网站的管理及维护，用户应将站点下所有的链接目标分类放到站点指定的目录下，访问链接目标文件时，通常使用相对路径。

根据目标文件和当前文件的目录关系，本地链接的相对路径有以下四种表示形式。

（1）超链接到同一目录下的文件，语法格式如下：

```
<a href='目标文件名.html'>链接文字</a>
```

（2）超链接到下一级目录中的文件，语法格式如下：

```
<a href='子目录名/目标文件名.html'>链接文字</a>
```

（3）超链接到上一级目录中的文件，语法格式如下：

```
<a href='../目标文件名.html'>链接文字</a>
```

其中，“../”表示返回上一级目录。

（4）超链接到同级目录中的文件，语法格式如下：

```
<a href='../ 子目录名/目标文件名.html'>链接文字</a>
```

3）书签链接

当浏览网页时，如果页面的内容过多，浏览者需要翻屏来查看，此时可以使用书签链接，以方便浏览阅读，提高信息的检索速度。通过单击书签链接，可快速定位到目标内容，提高浏览效率。

实现书签链接的具体步骤如下。

（1）定义书签名称。通过设置<a>标签的 id 属性来定义书签，语法格式如下：

```
<a id ="书签名称">书签内容</a>
```

定义书签名称的目的是在浏览器中保存网页链接的标识符，以便用户能够方便地管理和快速访问这些网页。在浏览网页时，书签本身并不会在页面上以标签的形式直接显示，而是存储在浏览器的书签管理器或书签栏中。

（2）链接到书签。创建书签后，在</a>标签的 href 属性中指定书签名称，同时在书签名称前添加符号“#”，即可链接到标签，其语法格式如下：

```
<a href="#书签名称">链接文本</a>
```

（3）空链接。空链接对应的 href 属性值比普通书签少了书签名称，一般用于网站建设初期。链接目标还没有命名或建立时，可定义空链接，以便对超链接的样式外观进行观察和定义，其语法格式如下：

```
<a href="#">链接文本</a>
```

【例 2-14】 书签链接应用。创建唐诗赏析页面，通过单击页面首部目录的唐诗名称超链接，即可快速跳转到相应的唐诗内容页面；单击“返回”超链接，跳转到页面首部。参考代码如下：

```
<!DOCTYPE html><html><head>
    <meta charset="utf-8">
```

```
    <title>唐诗赏鉴</title>
    <style>
        ul { list-style-type: square; }
        h3, p { text-align: center; }
        p.return-link { text-align: right; }
        hr { border: 1px solid #ccc; }      /* 可以根据需要调整样式 */
    </style></head><body>
    <h3><a id="top">唐诗赏鉴</a></h3>
    <ul>
        <li><a href="#jys">静夜思</a></li>
        <li><a href="#jj">绝句</a></li>
        <li><a href="#cx">春晓</a></li>
        <li><a href="#yl">咏柳</a></li>
        <li><a href="#dgql">登鹳雀楼</a></li>
    </ul>
    <hr>
    <h3><a id="jys">静夜思</a></h3>
    <p>李白</p>
    <p>床前明月光，疑是地上霜。<br>
    举头望明月，低头思故乡。</p>
    <p class="return-link"><a href="#top">返回</a></p>
    <hr>
    <h3><a id="jj">绝句</a></h3>
    <p>杜甫</p>
    <p>两个黄鹂鸣翠柳，一行白鹭上青天。<br>
    窗含西岭千秋雪，门泊东吴万里船。</p>
    <p class="return-link"><a href="#top">返回</a></p>
    <hr>
    <h3><a id="cx">春晓</a></h3>
    <p>孟浩然</p>
    <p>春眠不觉晓，处处闻啼鸟。<br>
    夜来风雨声，花落知多少。</p>
    <p class="return-link"><a href="#top">返回</a></p>
    <hr>
    <h3><a id="yl">咏柳</a></h3>
    <p>贺知章</p>
    <p>碧玉妆成一树高，万条垂下绿丝绦。<br>
    不知细叶谁裁出，二月春风似剪刀。</p>
    <p class="return-link"><a href="#top">返回</a></p>
    <hr>
    <h3><a id="dgql">登鹳雀楼</a></h3>
    <p>王之涣</p>
    <p>白日依山尽，黄河入海流。<br>
    欲穷千里目，更上一层楼。</p>
    <p class="return-link"><a href="#top">返回</a></p>
</body>
</html>
```

上述代码中，“<a id="cx">春晓</a>”定义了书签名称“cx”，在浏览器中不会显示该标签，其用来指定要跳转的位置。“<a href="#cx">春晓</a>”设置了 href 属性值为“#cx”，用于指定链接目标的位置，即单击超链接“春晓”，网页会跳转到书签“cx”位置。程序运行结果如图 2-19 和图 2-20 所示。

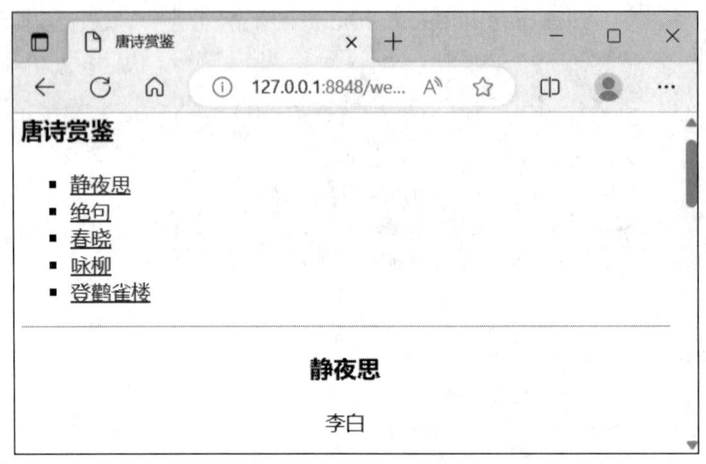

图 2-19 创建书签链接

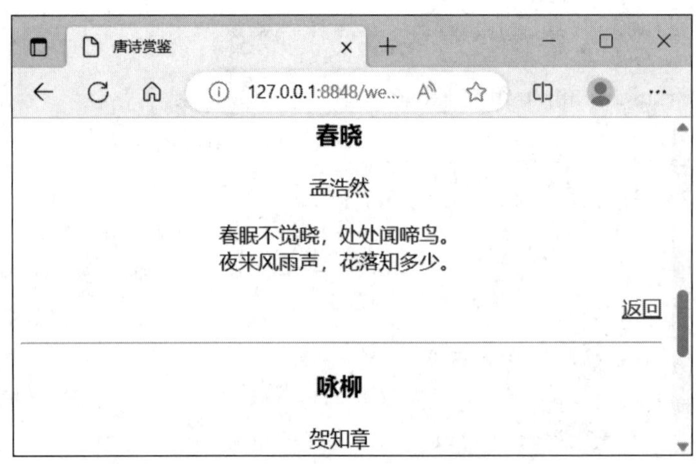

图 2-20 页面跳转到书签位置

4）下载文件链接

当需要在网站上提供文档、图片或其他资源下载时，可以为其创建对应的文件下载链接。文件下载链接指向文件所在的相对路径或绝对路径，文件类型为*.doc、*.xlsx、*.pdf、*.exe、*.rar 等，其语法格式如下：

```
<a href="目标文件路径\下载文件名">链接文本</a>
```

例如，单击超链接“资料下载”，开始下载文件，代码如下：

```
<a href="data/会议资料.rar">资料下载</a>
```

注意：只有当 data 文件夹中有“会议资料.rar”文件时，才能单击超链接下载文件。

5）电子邮件链接

网站一般会设置“联系我们”超链接，方便用户与网站管理员进行沟通联系，这就是电子邮件链接，其基本语法格式如下：

```
<a href="mailto:E-mail 地址[?subject=邮件主题]">链接内容</a>
```

例如，E-mail 地址是 abc@163.com，邮件主题是“我的建议”，则可建立如下超链接：

```
<a href="mailto:abc@163.com?subject=我的建议">联系我们</a>
```

6）多媒体链接

超链接除了链接到文字网页外，还可以打开一个多媒体文件，如视频文件或音频文件。当浏览者单击多媒体超链接时，浏览器会将该多媒体文件先下载到浏览者的计算机硬盘上，再调用相应的播放程序播放音乐、视频或者动画，其基本语法格式如下：

```
<a href="多媒体文件地址">链接文本</a>
```

例如，单击“同一首歌”超文本，将打开并播放此歌曲，代码如下：

```
<a href="img/同一首歌.mp3">同一首歌</a>
```

7）图像链接

当浏览网页内容时，若将鼠标指针移到图像上，鼠标指针变成手形，单击图像会打开一个网页，这样的超链接就是图像链接。

使用<a>标签为图像添加超链接，基本语法格式如下：

```
<a href="目标文件名.html"><img src="图片地址"></a>
```

例如，将超链接中的“首页”超文本用图片进行替换，代码如下：

```
<a href="index.html"><img src="images/nav1.gif"></a>
```

在低版本的 IE 浏览器中，超链接图像默认会有边框效果，若要删除超链接图像的边框，需要将边框宽度定义为 0。

【例 2-15】 超链接应用。创建四个超链接，分别为文件下载链接、多媒体链接、图像链接和电子邮件链接。参考代码如下：

```
<html>
    <head>
        <meta charset="utf-8">
        <title>超链接应用</title>
    </head>
    <body>
        <h3>文件下载链接：</h3>
                <p><a href="img/第 1 讲 HTML 基础.pptx">第 1 讲 课件下载
                  </a><br></p>
        <h3>音乐欣赏--多媒体文件链接：</h3>
                <p><a href="img/同一首歌.mp3">同一首歌</a><br></p>
        <h3>友情链接：</h3>
                <p><a href="https://www.baidu.com"><img src="./img/baidu.jpg">
                  </a></p>
        <h3>电子邮件链接：</h3>
                <p><a href="mailto:abc123@163.com">联系我们</a></p>
    </body>
</html>
```

程序运行结果如图 2-21 所示。单击超链接“第 1 讲 课件下载”，弹出文件下载提示窗口，如图 2-22 所示；单击多媒体链接“同一首歌”，弹出媒体播放窗口，如图 2-23 所示；单击百度图像链接，进入百度搜索页面，如图 2-24 所示；单击电子邮件链接“联系我们”，进入邮件发送页面，如图 2-25 所示。

图 2-21 超链接应用

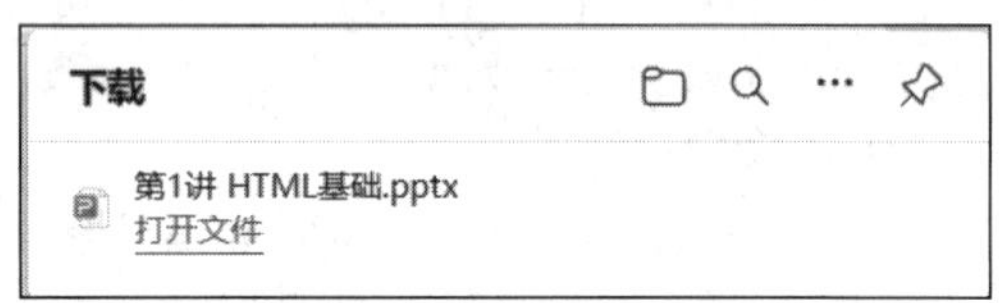

图 2-22 文件下载链接

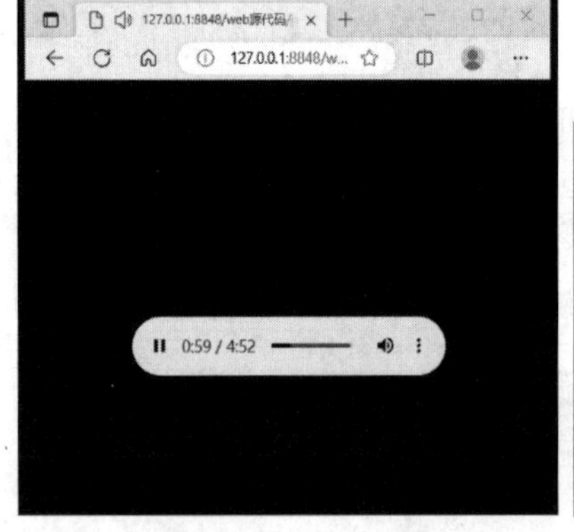

图 2-23 多媒体链接

图 2-24 图像链接

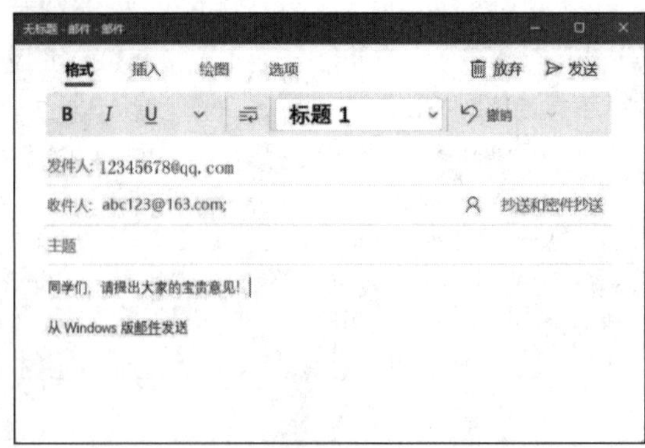

图 2-25 电子邮件链接

2.5.2 浮动框架

HTML5 已经不支持 frameset 框架集，但其仍然支持 iframe 浮动框架的使用。浮动框架可以自由控制窗口的大小，还可以配合表格将小窗口插入网页中的任何位置，即在大窗口中插入一个小窗口。

创建浮动框架的语法格式如下：

```
<iframe src="URL">  </iframe>
```

或者：

```
<iframe src="URL" width="x" height="y">  </iframe>
```

属性说明如下。

（1）src：文件路径，既可以是 HTML 文件，也可以是文本、动态服务器页面（active server pages，ASP）等。

（2）width 和 height：窗口区域的宽度和高度。

【例 2-16】 浮动框架应用。在网页中插入两个宽度为 600px，高度为 500px 的浮动框架，框架内分别显示北京大学和清华大学的主页。参考代码如下：

```
<html>
    <head>
        <meta charset="utf-8">
        <title>浮动框架应用</title>
        <style type="text/css">
            div { margin: 0 auto; text-align: center; }
        </style>
    </head>
    <body>
        <div id="">
            <h3>浮动框架的应用</h3>
            <iframe src="https://www.pku.edu.cn/" width="600"  height= "500">
            </iframe>
            <iframe src="https://www.gzhmu.edu.cn/" width="600"  height= "500">
            </iframe>
        </div>
    </body>
</html>
```

程序运行结果如图 2-26 所示。

图 2-26　浮动框架中显示指定的网页

例 2-16 中，网页中嵌入了两个浮动框架，并设置了框架的宽度和高度，也可以使用 CSS 样式设置浮动框架的尺寸。另外，当网页内容超出窗口大小时，自动显示滚动条。

2.6 图像与多媒体

在构建优秀的网站时，除了精心编排的文字内容外，融入多媒体元素如图像、声音、视频及动画等，也是提升用户体验、增强页面吸引力并促进网站访问量的重要手段。多媒体元素能够打破纯文本的单调性，使网页内容更加丰富多彩，易于理解和记忆。

2.6.1 图像

1. 图像的基本格式

网页中常用的图像格式有三种：图形交互格式（graphics interchange format，GIF）、联合摄影专家组（joint photographic experts group，JPEG）格式和便携式网络图形（portable network graphics，PNG）格式。

1）GIF

GIF 是康普顿（CompuServe）公司提出的与设备无关的图像存储标准，也是 Web 中使用最早、应用最广泛的图像格式。GIF 通过减少组成图像的每个像素的存储位数和采用 LZH 压缩存储技术来减少图像文件的大小。GIF 最多只能存储 256 色，适合显示色调不连续或具有大面积单一颜色的图像，如 logo、小图标及其他色彩相对单一的图像。

GIF 图像文件小，下载速度快，颜色数目少，比 JPG 格式图像载入更快。GIF 最突出的特点是支持动画，而且支持透明背景，使图像具有非常好的显示效果。

2）JPEG 格式

JPEG 格式是一种常用的图像文件格式，文件扩展名为“.jpg”或“jpeg”。JPEG 格式通过有损压缩方式去除冗余的图像和彩色数据，在获得极高压缩率的同时能展现丰富多彩的图像，对色彩信息的保留程度较好，普遍应用于需要连续色调的图像中，如广告 banner 图、产品图像、照片等；不适用于所含颜色很少且具有大块颜色相近的区域或亮度差异明显的较简单的图像。

3）PNG 格式

PNG 格式是一种无损压缩的图像文件格式，广泛应用于互联网上的图像文件。PNG 格式通过压缩来减少图像文件的体积，但不会牺牲图像质量。这使得 PNG 格式文件在网络上传输时，大幅减少了传输时间，同时又不会失去图像的准确性，从而节约了网络流量和带宽。

PNG 格式支持彩色及透明图像，这也是其比 GIF 更具有优势的原因之一。同时，PNG 格式具有更高的压缩比，其可以把图像文件压缩到原来的一半大小，甚至更小，而这种压缩过程却不会牺牲图像质量。除此之外，PNG 格式还支持非均匀压缩，该特性使其可以有选择地压缩图像中的某些特定区域，而不影响其他区域的图像质量，使用更加灵活。

2. 插入图像

在 HTML 中插入图像时，需要使用图像标签<img>。<img>标签是单标签，其具有众多属性，可以控制图像的路径、大小替换文字和提示文字等。<img>标签的基本语法格式如下：

```
<img src="img/baidu.jpg" width="宽度" height="高度" alt="图像替换文字"
  title="图像提示文字">
```

<img>标签的属性及描述如表 2-4 所示。

表 2-4　<img>标签的属性及描述

属性	值	描述
src	URL	要显示图像的 URL
alt	text	定义图像未加载完成时的替代文本
title	text	图片标题，通常显示为鼠标悬停时的提示文字
width	Pixels、%	设置图像宽度
height	Pixels、%	设置图像高度

【例 2-17】 网页中插入图像。参考代码如下：

```
<html>
    <head>
        <meta charset="utf-8">
        <style type="text/css">
            p { text-indent: 2em; }
        </style>
    </head>
    <body>
        <h3>医学生誓言</h3>
        <p>健康所系、性命相托！</p>
        <p>当我步入神圣医学学府的时刻，谨庄严宣誓：我志愿献身医学，热爱祖国，忠于
            人民，恪守医德，尊师守纪，刻苦钻研，孜孜不倦，精益求精，全面发展。我
            决心竭尽全力除人类之病痛，助健康之完美，维护医术的圣洁和荣誉。救死扶
            伤，不辞艰辛，执着追求，为祖国医药卫生事业的发展和人类身心健康奋斗终
            生。</p>
        <img src="img/doctor.jpg" alt="医学生宣誓">
    </body>
</html>
```

程序运行结果如图 2-27 所示。

图 2-27 网页中插入图像

除了插入本地图像以外，还可以在网页中插入网络资源上的图像，如插入百度图库中的图像，参考代码如下：

```
<img src="https://www.baidu.com/img/文件名.jpg">
```

3. 编辑图像

插入图像后，可以设置图像的大小、边框、间距、对齐方式、替换文字等，以美化图像。

1）设置图像的大小

在 HTML 文档中，可以设置插入图像的大小，一般默认按原始尺寸显示，但也可以通过设置 width（宽度）和 height（高度）属性来指定图像的任意显示尺寸。如果只设置了 width 或 height 中的一个属性，另一个属性将保持其原始尺寸，这可能导致图像不按原始比例显示；如果同时设置了 width 和 height 属性，且这两个值所指定的缩放比例与图像的原始宽高比不一致，那么图像将按照这两个设置值进行显示，可能会导致图像变形。

【例 2-18】 设置图像大小。参考代码如下：

```
<html>
    <head>
        <meta charset="utf-8">
        <title>设置图像的大小和边框</title>
    </head>
    <body>
        <h3>拾贝壳的小姑娘</h3>
```

```
        <p>朝霞映红的大海边,有一位拾贝壳的小姑娘,轻盈飞舞的浪花花哟,打湿了她的花衣
           裳。</p>
           <img src="img/girl.jpg">
           <img src="img/girl.jpg" width="200">
           <img src="img/girl.jpg" width="150" height="100">
        </body>
    </html>
```

程序运行结果如图 2-28 所示。

图 2-28　设置图像大小

在图 2-28 中，第一张图像没有设置大小，按原始大小显示；第二张图像指定宽度为 200px，高度按比例显示；第三张图像指定宽度为 150px、高度为 100px，图像按指定大小显示，图像有变形。

2）设置图像的替换文字和提示文字

由于网络或其他因素，某些图像可能无法正常显示，如图片丢失、浏览器版本过低、网络繁忙等，此时用户无法正常浏览网页中的图像。当无法显示图像时，可以设置图像的 alt 属性，指定替换文字，告诉用户图像相关信息。title 提示文字是指浏览网页时，当鼠标指针悬停在图像上时出现的提示文字，如图 2-29 所示。

【例 2-19】 设置图像的提示文字和替换文字，预览效果如图 2-29 和图 2-30 所示。参考代码如下：

```
    <body>
        <h3>拾贝壳的小姑娘</h3>
        <img src="img/girl.jpg" width=200 title="小姑娘" alt="拾贝壳的小
         姑娘">
      </body>
```

图 2-29 提示文字效果

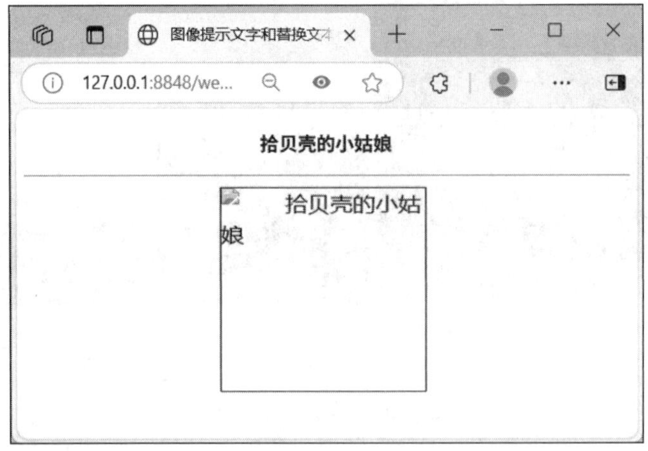

图 2-30 替换文字效果

2.6.2 多媒体

在网页中，除了文字和图片外，还可以根据需要插入视频和音频等多媒体元素，以丰富网站效果，吸引用户注意，突出重点。

1. <video>标签及其属性

HTML5 规定了一种通过<video>标签包含视频的标准方法。<video>标签支持三种视频格式，分别是 MPEG-4、WebM、Ogg，其具体说明如下。

（1）MPEG4：带有 H.264 视频编码和 AAC 音频编码的 MPEG4 文件。

（2）WebM：带有 VP8 视频编码和 Vorbis 音频编码的 WebM 文件。

（3）Ogg：带有 Theora 视频编码和 Vorbis 音频编码的 Ogg 文件。

<video>标签的基本语法格式如下：

```
<video src="url" width="320" height="240" controls autoplay
    loop preload>替换文字</video>
```

属性说明如下。

（1）width、height 属性：控制视频的尺寸。使用<video>标签时，需要设置视频的宽度和高度，便于视频播放。如果不设置视频的宽度和高度，页面会根据原始视频的大小而改变。

（2）src 属性：规定要播放的视频的 URL。

（3）controls 属性：设置该属性，页面上会显示播放控件。浏览器控件包括播放、暂停、定位、音量、全屏切换、字母、音轨。

（4）autoplay 属性：设置该属性，视频就绪后马上播放。设置方法为 autoplay="autoplay"。

（5）loop 属性：当多媒体文件完成播放后再次开始播放。

（6）preload 属性：视频在页面加载时进行加载，并预备播放。如果使用 autoplay 属性，则忽略该属性。该属性有三个值：auto（一旦页面加载，则开始加载音频/视频）、metadata（当页面加载后，仅加载音频/视频的元数据）、none（页面加载后，不加载音频/视频）。语法格式如下：

```
<video preload="auto|metadata|none">
```

如果浏览器不支持<video>标签，会在<video> </video>标签之间插入相关提示信息。<video>标签支持多个<source>标签。可以用<source>标签为<video>标签和<audio>标签提供多个不同的音频、视频文件，以解决浏览器支持问题。如果浏览器支持<video>标签，将使用第一个可识别的格式。IE 8 或者更早的 IE 版本不支持<video>标签。

语法格式如下：

```
<video width="320" height="240" controls>
    <source src="movie.ogg"  type="video/ogg">
    <source src="movie.mp4"  type="video/mp4">
       您的浏览器不支持<video>标签
</video>
```

【例 2-20】 <video>标签应用。参考代码如下：

```
<!DOCTYPE html>
<html>
   <head>
   <meta charset="utf-8">
      <title>视频标记的应用</title>
   </head>
   <body>
      <fieldset style="text-align: center; float: left;">
         <legend>src 属性提供视频文件</legend>
         <video width="320" height="240" controls>
            <source src="movie.mp4"  type="video/mp4">
               您的浏览器不支持<video>标签
         </video>
      </fieldset>
   </body>
</html>
```

程序运行结果如图 2-31 所示。

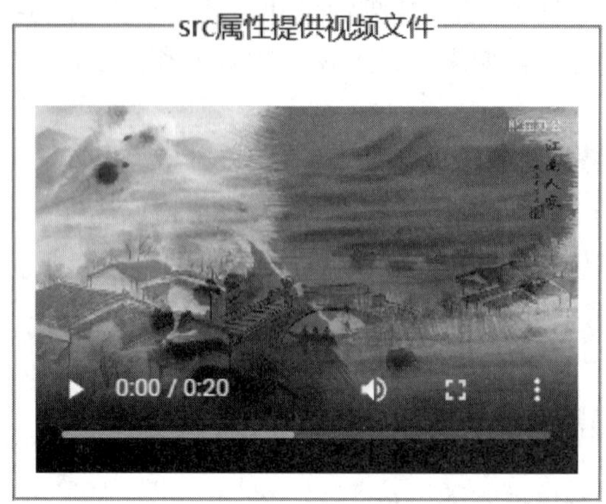

图 2-31 HTML5 视频播放页面

2. <audio>标签及其属性

HTML5 规定了一种通过<audio>标签包含音频的标准方法。<audio>标签能够播放声音文件或者音频流。同样，可以使用<source>标签给<audio>标签提供不同格式的音频文件，浏览器将使用第一个支持的音频文件。<audio>标签的部分属性与<video>标签相同，如果浏览器不支持<audio>标签，则显示<audio>标签之间的提示信息。IE 8 或者更早的 IE 版本不支持<audio>标签。

【例 2-21】 <audio>标签应用。参考代码如下：

```
<!DOCTYPE html>
<html>
    <head>
        <meta charset="utf-8">
        <title><audio>标签的应用</title>
        <script type="text/javascript" src="HTML5shiv.js"></script>
    </head>
    <body>
        <fieldset style="text-align: center; float: left;">
            <legend>src 属性提供音频文件</legend>
            <audio controls>
                <source src="minzu.mp3"  type="audio/mpeg">
                您的浏览器不支持 audio 标记（元素）
            </audio>
        </fieldset>
    </body>
</html>
```

程序运行结果如图 2-32 所示。

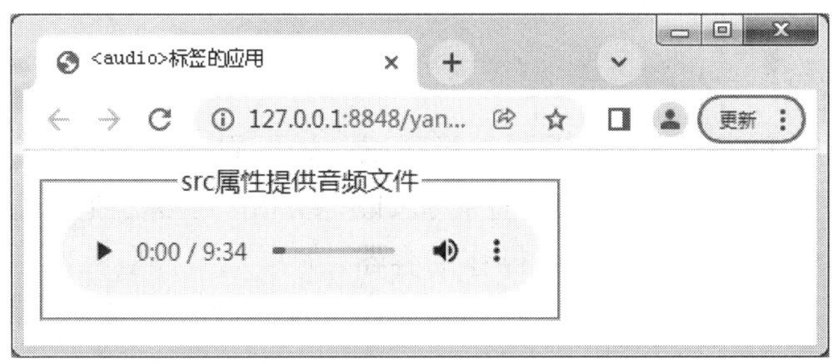

图 2-32 HTML5 音频播放页面

2.7 div 块元素与其他元素

<div> 标签是 HTML 中一个非常重要的元素，表示一个“分区”或一个“容器”，用于组合其他 HTML 元素。<div>标签是一个块级元素，通常用来布局和分隔网页的不同部分。

2.7.1 <div> 标签的功能

1. 基本用法

<div>标签没有特定含义，表示一个盒子或区域，用来放置其他 HTML 元素。将其他 HTML 元素放在<div>标签内部。例如：

```
<div>
    <!--其他 HTML 元素可以放在这里-->
    <p>这是一个段落。</p>
    <a href="#">这是一个超链接。</a>
</div>
```

2. 属性

<div>标签的属性说明如下。

（1）id: 为<div>标签指定一个唯一的标识符，常用于 CSS 选择和 JavaScript 操作。例如：

```
<div id="uniqueID">内容</div>
```

（2）class: 为<div>标签指定一个或多个类名，可以与 CSS 和 JavaScript 配合使用。例如：

```
<div class="className">内容</div>
```

（3）style: 直接在<div>标签中定义内联 CSS。例如：

```
<div style="color: red;">红色文本</div>
```

（4）title: 提供一个关于<div>标签的简短描述，当用户将鼠标指针悬停在元素上时显示。例如：

```
<div title="这是一个提示">悬停查看提示</div>
```

3. 用途

<div>标签常用于创建网页的不同布局区域，如页眉、页脚、文章内容区域、侧边栏等。在样式应用上，通过为<div>标签添加 class 或 id，可以方便地使用 CSS 控制其外观。<div>元素还可以用作 JavaScript 操作的容器，如添加事件监听器、动态修改内容等。因此，<div>标签是 HTML 中非常灵活和强大的工具，适用于网页布局、样式应用和动态内容处理等多种场景。

【例 2-22】 <div>标签应用。参考代码如下：

```
<!DOCTYPE html>
<html>
    <head>
        <meta charset="utf-8">
        <title><div>标签</title>
    </head>
    <body>
        <h1>医学名句摘选</h1><hr>
        <div><!--医学名句 1-->
            <h3>医宗金鉴凡例</h3><p>医者，书不熟则理不明，理不明则识不精。</p>
            <p>临证游移，漫无定见，药证不合，难以奏效。</p>
        </div><hr>
        <div><!--医学名句 2-->
            <h3>杨泉《物理论</h3>
            <p>夫医者，非仁爱之士不可托也；</p>
            <p>非聪明理达不可任也；</p><p>非廉洁纯良不可信也。</p>
        </div>
    </body>
</html>
```

程序运行结果如图 2-33 所示。

图 2-33 <div>标签应用

2.7.2　其他元素

在 HTML 中，元素被分为块元素（block elements）和行内元素（inline elements）。块级元素如<div><p><hr><h1>等，在浏览器的渲染中通常占一整行，即它们的宽度默认为其父元素的 100%。另外，默认情况下，后续元素会出现在这些块级元素之后的新行上。这并不意味着这些元素在 HTML 源代码中必须独占一行，而是指它们在视觉呈现上独占一行。相反，行内元素如<span><strong><em>等，则不会开启新行，它们的内容会与其前后的文本或行内元素处于同一行，直到遇到块级元素或容器边界才会换行。因此，理解这两种元素的差异对于控制网页布局和样式至关重要。

本书中的标签也称元素，两者意思相同，如<p>标签又称<p>元素。

1. 块元素

常见块元素如表 2-5 所示。

表 2-5　常见块元素

块元素	说明
h1～h6	标题元素
p	段落元素
div	文档分区
hr	水平线
ol	有序列表
ul	无序列表
table	表格
form	表单
img	图像元素

块元素的特点如下。

（1）块元素独占一行或多行，排斥其他元素（包括块元素和行内元素）与其位于同一行。

（2）块元素内部可以容纳其他块元素和行内元素。

（3）块元素的高度、行高、外边距和内边距都可以单独设置。

（4）块元素的宽度默认是容器的 100%。

2. 行内元素

常见行内元素如表 2-6 所示。

表 2-6　常见行内元素

行内元素	说明
strong	粗体元素
em	斜体元素

续表

行内元素	说明
a	超链接
span	常用行内元素，结合 CSS 定义样式

行内元素的特点如下。

（1）行内元素可以与其他行内元素位于同一行。

（2）行内元素内部可以容纳其他行内元素，但不可以容纳块元素。

（3）行内元素的默认宽度就是其本身内容的宽度。

（4）行内元素的高度、行高、内边距和外边距都可以设置。

3. 行内元素显示模式的转换（后续 CSS 中会讲到）

（1）块元素转行内元素：display-inline。

（2）行内元素转块元素：display：block。

（3）块元素、行内元素转换为行内块：display：inline-block。

【例 2-23】 块元素和行内元素应用。参考代码如下：

```
<!DOCTYPE html>
<html>
    <head>
        <meta charset="utf-8">
        <title>块元素和行内元素</title>
    </head>
    <body>
        <div>
            <h3>脉经序</h3><p>夫医药为用，性命所系。</p>
            <strong>脉经序</strong><em>夫医药为用，性命所系。</em>
        </div>
    </body>
</html>
```

程序运行结果如图 2-34 所示。

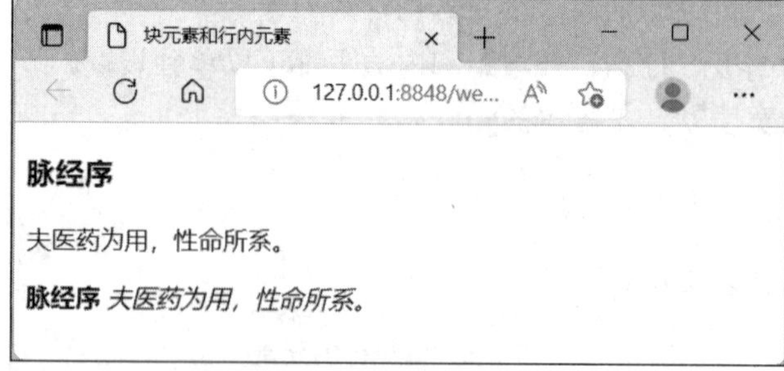

图 2-34 块元素和行内元素

从图 2-34 可知，h3 和 p 都是块元素，它们的显示效果是独占一行，并且排斥其他元素与其处于同一行；strong 和 em 是行内元素，即使代码不在同一行，它们在浏览器中的显示效果也位于同一行。

另外，h3、p、strong 和 em 元素都在 div 元素内部，即块元素内部可以容纳其他块元素和行内元素。

2.8　HTML5 新增结构元素

在 HTML5 中采用页眉、页脚、导航、文章内容等结构元素进行页眉布局，新增以下与结构相关的元素。

1）header 元素

header 元素定义文档和区域的页眉，通常包含标题、logo、导航等信息。置于页面顶部或区块的标题区。

2）nav 元素

nav 元素定义页面导航链接集合，用于主要导航菜单（如顶部导航、侧边栏目录）。配置相应的 CSS 代码可以实现水平导航。

3）article 元素

article 元素代表一个独立、完整的相关内容块，脱离上下文后仍有意义，如博客文章、新闻、评论等。一般 article 会有标题部分，通常包含在 header 内，有时也会包含 footer。

4）section 元素

section 元素定义文档中的一个独立区块或章节，通常包含标题<h1><h6>，用于逻辑分组相关内容。

5）footer 元素

footer 元素定义页面或区块的页脚，包含作者信息、版权声明、相关链接等。

【例 2-24】 HTML5 结构元素的应用。第一个 header 元素中包含了标题和导航，article 元素中包含了 1 个 header 元素和 2 个 section 区块。footer 元素内包含了医院版权和相关电话信息。参考代码如下：

```
<html>
    <head>
       <title>仁心医院-心脏病诊疗中心</title>
  </head>
  <body>
       <header>
            <h1>仁心医院心脏病诊疗中心</h1>
            <nav>
                <a href="#diagnosis">诊断技术</a> |
                <a href="#treatment">治疗方案</a> |
                <a href="#experts">专家团队</a>
            </nav>
       </header>
       <article>
            <header>
                <h2>冠心病介入治疗指南</h2>
```

```
                <p>更新日期：2025-06-15 | 作者：王心心</p>
            </header>
            <section>
                <h3>适应症</h3>
                <p>适用于稳定性心绞痛、急性心肌梗死患者...</p>
            </section>
            <section>
                <h3>手术流程</h3>
                <p>1. 冠状动脉造影 2. 支架植入 3. 术后监护...</p>
            </section>
        </article>
        <footer>
            <p>© 2025 仁心医院 | 医疗许可证号：广卫医 2025001</p>
            <p>24 小时急救热线：020-12000000</p>
        </footer>
    </body>
</html>
```

程序运行结果如图 2-35 所示。

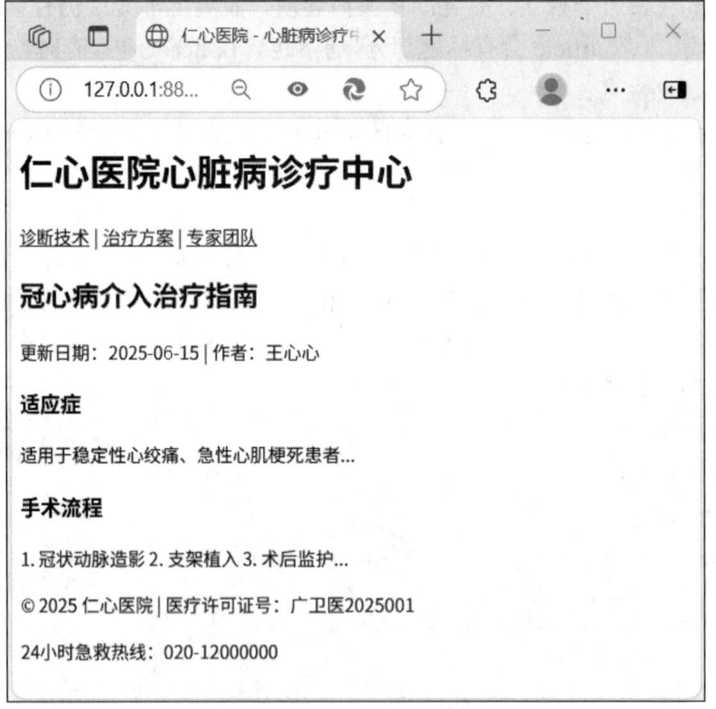

图 2-35　HTML5 结构元素应用

本章小结

本章详细阐述了 HTML5 的发展脉络、核心特性及其广泛应用，并深入讲解了 HTML

文档的基础架构，包括如何格式化文本和段落，具体涉及字体样式、段落分隔、水平线的添加及预格式化文本的展示等技巧。此外，本章还详细介绍了无序列表、有序列表和自定义列表的属性及其使用方法，这些方法有助于将数据组织得井然有序，使信息呈现更加直观易懂。通过超链接标签，本章展示了如何在网页间实现便捷跳转，构建出相互链接的网页网络。同时，针对如何使网页内容更加丰富多彩，本章详细讲解了图像和视频标签的使用方法，包括如何插入图像和视频、调整其大小、设置对齐方式以及如何通过这些元素美化网页界面等实用技巧。

第 3 章　CSS 基础

CSS 是继 HTML 之后需要学习的第二项前端技术。HTML 用于定义网页内容的结构和语义，CSS 专注于设计网页的风格和布局。例如，通过 CSS 可以更改内容的字体、颜色、大小和间距，将内容分列显示，或添加动画及其他装饰效果。利用 CSS 同时控制多个网页的样式和布局，能够显著提升网页开发的效率。本章将详细阐述 CSS 的基本概念及其使用方法。

3.1　CSS 概述

3.1.1　CSS 的概念

一份网页文档通常是由 HTML 结构化编排的文本文件，通过浏览器打开后，可以看到网页的内容。然而，网页文档的默认外观较为朴素，这是因为 HTML 本身提供的样式属性较少，功能有限。即使通过 HTML 设置字体颜色、大小、背景颜色和图片，效果仍显简陋，且会使 HTML 代码变得冗余，不易维护。如今，许多网页之所以外观精美，主要归功于 CSS 的应用。

CSS 是一种专门用于设计网页外观风格和布局的语言。它通过定义样式规则（如字体、颜色、位置等）并应用于网页元素，从而实现网页的信息格式化和显示方式。CSS 提供了丰富的文档样式外观，以及设置文本、背景属性的功能，允许为网页元素设置边框和内外边距，随意调整文本大小和修饰，并支持动态页面效果。

CSS 样式规则由一个或多个样式属性及其属性值组成。例如，若希望标题 1 显示为 36px 大小的红色字体，可以定义如下样式：

```
h1 {
    color: red;
    font-size: 36px;
}
```

该文档中所有的<h1>标签内容均显示为红色字体，字号为 36px。通过这组规则，无须为每个标题 1 单独设置相同的样式。

此外，这些样式规则可以独立编写在一个样式文件中，该文件可导入或链接至多个网页，从而使这些网页具备一致的外观，提升网页开发效率。

CSS 名称中的 cascading（层叠）是指样式规则应用于 HTML 文档元素的方式。具体而言，CSS 中的样式构成一个层次结构，更具体的样式会覆盖通用样式。样式规则的优先级由 CSS 根据这一层次结构确定，从而实现级联效果。

3.1.2 CSS的特点

CSS为HTML提供了一种网页元素的显示方式，在Web设计领域是一个突破，利用它可以实现修改一个样式的同时更新与该样式相关的所有页面元素。总体来说，CSS具有以下特点。

1. 丰富的样式定义

CSS样式属性包括文本、背景、超链接、列表、表格、表单元素等，允许为任何元素创建边框，可以设置元素边框与其他元素之间的距离，以及元素边框与元素内容之间的距离，允许随意改变文本的修饰方式及其他页面效果，大幅增强了网页的表现力。

2. 易于使用和修改

CSS可以将样式定义在HTML元素的style属性中，也可以将样式定义在HTML文档的header部分，或者将样式声明在一个专门的CSS样式文件中，以供HTML页面引用。

另外，可以将相同样式的元素进行归类，使用同一个样式进行定义，也可以重定义HTML标签的格式，使所有同名的标签具有相同的样式外观，还可以为特定的页面元素定义一个样式。如果修改样式，只需在样式列表中找到相应的样式声明进行修改，即可自动更新与之相关联的页面元素的外观。总之，CSS可以将所有的样式声明统一进行存放和管理，大幅提高网页开发和维护效率。

3. 多页面应用

CSS可以单独存放在一个CSS文件中，这样就可以在多个页面中使用同一个CSS。理论上CSS不属于任何页面文件，在任何页面文件中都可以引用CSS，因此可以实现多个页面的风格统一。

4. 层叠

简单地说，层叠就是对一个元素多次设置同一个样式，使用最后一次设置的属性值。CSS规则的顺序很重要，当两条同级别的规则应用到一个元素时，写在后面的规则就是实际使用的规则。例如，对一个站点中的多个页面使用同一套CSS，若某些页面中的某些元素想使用其他CSS，就可以针对这些样式单独定义一个样式表应用到页面中。这些后来定义的样式将对前面的样式设置进行重写，在浏览器中看到的将是最后设置的样式效果。

5. 页面压缩

若只使用HTML自带的格式属性定义网页的外观，会产生大量的HTML标签，从而增加页面文件的大小。将样式声明单独放到CSS中，不仅可以减小页面的体积，而且可以减小加载页面的时间。

3.1.3 CSS 规范

20 世纪 90 年代，蒂姆·伯纳斯·李发明了 Web，创造了 HTML，不同的浏览器用自己的样式语言来控制网页的页面效果。随着 HTML 的不断发展，其功能逐渐增加，代码越来越复杂，维护也越来越困难。为了更好地分离内容和样式，提高代码的可维护性，CSS 规范应运而生。

所有的 Web 技术标准（如 HTML、CSS、JavaScript 等）的定义和工作原理都详细记录在规范（specifications，简称为 specs）中。这些规范是由标准化组织（如 W3C、ECMA International 等）发布的。

CSS 规范由 W3C 的 CSS 工作组负责制定与维护。该工作组成员由浏览器厂商（如 Chrome、Firefox 团队）及其他技术公司的 CSS 领域专家代表组成，致力于推动 CSS 标准的发展与落地。

1996 年 12 月，W3C 推出了 CSS 规范的第 1 个版本。

1998 年，W3C 发布了 CSS2 规范，目前的主流浏览器仍支持其核心功能。

CSS3 是升级版本，于 1999 年开始制定。2001 年 5 月 23 日，W3C 完成了 CSS3 的工作草案，主要包括盒子模型、列表模块、超链接方式、语言模块、背景和边框、文字特效、多栏布局等模块。

CSS3 不仅对已有功能进行扩展和延伸，而且是对 Web 用户界面（user interface，UI）设计理念和方法的革新。CSS3 和 HTML5 标准的结合，对 Web 应用产生深远的影响。

CSS 始终在发展，并伴随着新的特性，但其有一点始终不会改变，就是向后兼容，即不让新的改变破坏旧的网站。

3.2 CSS 语法基础

3.2.1 CSS 样式规则定义

CSS 通过定义一系列样式规则来控制网页的外观。每条样式规则由选择器（selector）和声明（declaration）两部分构成。选择器用于确定哪些网页元素将受该规则影响，其类型和组合形式多样，不同的类型和组合形式决定了其作用范围的不同。声明包含样式属性及其对应的属性值。

定义样式规则的语法格式如下：

```
selector { 属性: 属性值; 属性: 属性值; … }
```

例如：

```
h1 { color: red; font-size: 36px; }
```

上述样式规则重新定义了 h1 的格式，说明如下：

（1）h1 为选择器，选择器后面是一对大括号“{}”，其中包含一条或多条声明。选择器的类型有很多种，其中，h1 为标签选择器，其他类型详见后面章节叙述。

（2）“color:red;”表示一条声明，由属性 color 和属性值 red 组成，二者之间用冒号

“:”隔开。声明用分号“;”结尾。CSS为网页元素设置了各种属性，这些属性创造了网页丰富多彩的风格。

3.2.2 CSS样式规则的使用方法

CSS样式规则通常在页面文档中的三个位置进行定义，因此其分为三种类型，即行内样式、内部样式和外部样式表。下面分别来介绍这三种CSS样式规则的使用方法及作用范围。

1. 行内样式

网页元素提供了一个style属性，在网页元素的开始标签内，用style属性列出样式声明。该样式效果只对所定义的标签起作用，不会影响其他同名标签，这种样式规则称为行内样式，也称为内联样式。定义行内样式的语法格式如下：

```
<标签 style="属性: 属性值; 属性: 属性值; …">
```

说明：绝大部分HTML可以使用style属性；style的值用双引号引起来，其中书写的各条声明用分号隔开。

例如：

```
<h3 style="font-size: 36px; color: #007AFF;">中国历代画牛名作</h3>
```

行内样式定义后，在浏览器运行后可直接看到效果。

需要说明的是，行内样式将内容和表现（样式声明）混在一起，致使整个页面代码变得冗余，产生重复性代码，即使两个元素的样式效果一样，也要分别单独书写。这种方式并不符合Web标准，因此不建议日常使用，只在需要单独设置某种要求时采用行内样式。

2. 内部样式

内部样式是指定义在HTML文档头部<head>内部的<style>标签中的CSS样式规则。内部样式可以将整个页面的内容和表现分开，使HTML代码更整洁。但内部样式仅作用在当前文档，相对于整个网站页面，内部样式可以说是根据当前文档应用特定需要而制作的外观样式。定义内部样式的语法格式如下：

```
<head>
    <style type="text/css">
        选择器1 { 属性: 属性值; 属性: 属性值; … }
        选择器2 { 属性: 属性值; … }
    </style>
</head>
```

说明如下。

（1）<style>标签放在<head>标签中，样式规则在其中定义。需要通过语句type="text/css"将type的属性值指定为CSS语法，这是不可或缺的标签声明。

（2）在<style>标签内可以声明很多CSS样式规则；也可以使用注释，注释用“/*”开头，以“*/”结尾。在CSS样式文件或内部样式中，存在很多自定义的样式规则，为了阅读方便，常用注释来说明选择器的用途等。

3. 外部样式表

外部样式表是指在一个独立的文件(扩展名为.css)中书写 CSS 样式规则，通过<link>标签或@import 命令把外部样式导入页面文档中，外部样式表定义的样式就可以作用于该文档的网页元素上。

外部样式表可以在多个网页文件中使用。外部样式表定义了整个网站的外观显示和布局设计，修改外部样式表，整个网站相关联的页面会随之自动更新，充分体现了表现和内容分离的特点，也大幅提高了网站开发和维护效率。

1）外部样式表的格式

外部样式表可以用文本编辑器编辑（如记事本或其他智能化编辑工具）。外部样式表的内容不能包含 HTML 标签，只可以是 CSS 样式规则和注释。外部样式表的保存类型是“.css”，一般存储在站点的 style 文件夹中。

2）用<link>标签链接外部样式表

外部样式表创建好后，就可以使用<link>标签将其导入页面文档中。与<style>标签一样，<link>标签必须放在页面的<head>和</head>标签内部，语法格式如下：

```
<head>
    …
    <link rel="stylesheet"  type="text/css"  href="外部样式表.css"/>
    …
</head>
```

说明如下。

（1）rel="stylesheet"属性表示当前文档链接的文档是外部样式表。

（2）type="text/css"属性用来告诉浏览器该文件的类型是“.css”。

（3）href="外部样式表.css"属性用来指定该样式文件的 URL 超链接。

3）使用@import 命令导入外部样式表

@import 命令在<style>标签内部使用，语法格式如下：

```
<style type="text/css">
     @import url("外部样式表.css");
</style>
```

说明如下。

（1）可以使用@import 命令导入多个外部样式表，每个语句以分号结尾。

（2）@import 语句必须放在<style>标签内部的开头。

4）<link>标签和@import 命令的区别

@import 命令的导入方式是在浏览器下载 HTML 文件时，将样式文件的全部内容复制到 import 的位置，并替换该关键字；<link>标签的引用方式是只在 HTML 文件需要引用该文件的某个样式时，浏览器才链接该样式文件，读取需要的内容但不替换<link>标签的位置。

【例 3-1】 使用链接外部样式表的方法制作如图 3-1 所示的页面。

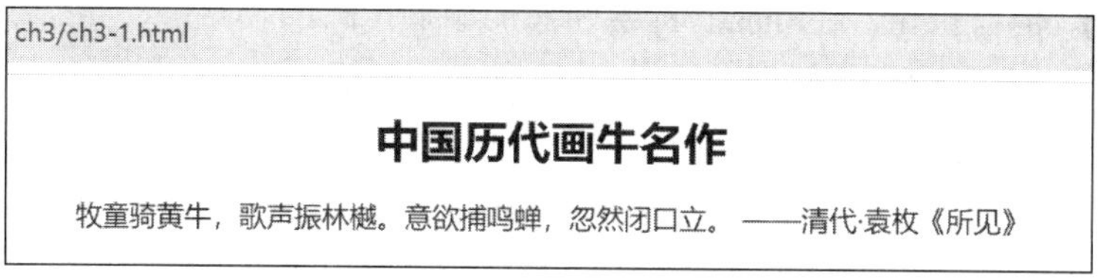

ch3/ch3-1.html

中国历代画牛名作

牧童骑黄牛，歌声振林樾。意欲捕鸣蝉，忽然闭口立。——清代·袁枚《所见》

图 3-1 外部链接样式

（1）创建外部样式表。在项目的 css 文件夹中新建一个名为 content.css 的文件，输入如下代码：

```
h1 { text-align: center; color: #00007f; }
p { color: blue; font-size: 20px; text-align: center; }
```

（2）新建一个 HTML 文档，名为“ch3-1.html”，创建如下代码：

```
<!DOCTYPE html>
<html>
    <head>
        <meta charset="utf-8">
        <title>中国历代画牛名作</title>
        <link rel="stylesheet" type="text/css" href="css/content.css"/>
    </head>
    <body>
        <h1>中国历代画牛名作</h1>
        <p>牧童骑黄牛，歌声振林樾。意欲捕鸣蝉，忽然闭口立。——清代·袁枚《所见》</p>
    </body>
</html>
```

在上述代码中，在<style>标签内增加<link>标签，引入 content.css 样式文件。程序运行结果如图 3-1 所示。

3.2.3 CSS 样式的优先级

如果同一个页面使用了多种引用 CSS 样式的方法，如行内样式、内部样式、外部样式表，当不同位置的样式共同作用于同一元素的属性时，就会出现优先级的问题。例如，对于相同元素，内部样式设置为字体红色三号，链接样式设置为字体红色二号，那么究竟是哪个生效呢？下面通过例 3-2 进行说明。

【例 3-2】 通过设置链接样式和导入样式、内部样式和行内样式对<h1>标签进行样式比较，说明四种样式的作用范围和优先级。

（1）在项目的 css 文件夹中新建 import.css，设置 h1 的颜色为 blue，代码如下：

```
/*import.css*/
h1 { color: blue; }
p { font-size: 20px; }
```

（2）在项目的 css 文件夹中新建 link.css，设置 h1 居中，颜色为 purple，代码如下：

```
/*link.css*/
h1 { text-align: center; color: purple; }
p { font-size: 20px; }
```

（3）新建 ch3-2.html，在<head>标签中添加如下代码：

```
<title>样式优先级比较</title>
<link rel="stylesheet" type="text/css" href="css/link.css"/>
  <!--链接样式-->
<style type="text/css">
    @import url(css/import.css);     /*导入样式*/
    /*内部样式*/
    h1 { text-align: center; color:green; }
    p { font-size: 20px; }
</style>
```

（4）在<body>标签的<h1>标签中增加 style 属性，设置行内样式，代码如下：

```
<body>
    <!--增加行内样式-->
    <h1 style="color: red;">中国历代画牛名作</h1>
    <div style="text-align: center;">
        <p>牧童骑黄牛，歌声振林樾。意欲捕鸣蝉，忽然闭口立。—清代·袁枚《所见》</p>
    </div>
</body>
```

分别用<h1>标签的颜色变化来说明行内样式、内部样式、导入样式和链接样式对其的影响。首先，运行 ch3-2.html，页面显示 h1 标题的颜色为红色。在四种样式中，行内样式将 h1 设置为红色，故在四种样式中，行内样式优先级最高。然后，比较剩余三种样式，操作如下。

（1）删除<h1>标签的 style 属性，运行页面，此时 h1 标题显示绿色，说明此时内部样式的优先级高于导入样式和链接样式。

（2）将内部样式 h1 注释，运行页面，此时 h1 标题显示蓝色，说明导入样式的优先级高于链接样式。

（3）将@import 命令注释，运行页面，此时 h1 标题显示紫色。

由此可见，在样式冲突的情况下，不同位置的 CSS 样式优先级由高到低的顺序如下：行内样式>内部样式>导入样式>链接样式。

3.2.4 属性值

CSS 的每个属性都对应一个或一组值，这些值被称为属性值。属性值的类型包括数字、长度、百分比、字符串、颜色、图像、位置和函数等。例如，使用数字和像素来表示字体大小或长度，通过颜色关键字来表示颜色，借助 url()函数来指定图片的位置等。以下将列举一些常见的属性值及其单位类型。

1. 长度

长度是常见的数字类型，如 10px 或 30em。CSS 中有两种类型的长度——相对长度和绝对长度。读者要了解两者之间的区别，以便理解它们控制的元素大小。

1）绝对长度单位

绝对长度单位是指在物理世界中具有固定尺寸的单位，它们的大小不依赖其他任何因素。绝对长度单位有厘米（cm）、毫米（mm）、英寸（in）、pt（点），这些值多用在打印中。

2）相对长度单位

相对长度单位根据与其他事物的关系来确定，实际长度可能会因为其他因素的变动而变动，如屏幕分辨率、父元素的宽度等。相对长度单位有 px、%、em、ex、rem。

（1）px：相对于屏幕分辨率而言，不同分辨率下所包含的像素点不同。

（2）%：一般参考父元素相同属性的值，如父元素宽度为 100px，子元素宽度为 50%，则子元素的实际宽度为 50px。

（3）em：相对于当前对象内的文本尺寸，如果当前行内文本的字体尺寸未被人为设置，则相对于浏览器的默认字体尺寸。

（4）ex：是 CSS 中的相对长度单位，表示当前字体的小写字母 x 的高度。

（5）rem：CSS3 新增的一个相对长度单位，表示根元素的字体大小，一般浏览器中 16px=1rem。通过 rem，可以实现只修改根元素就成比例地调整所有字体大小。

2. 颜色

颜色属性有三种表示形式，如表 3-1 所示。

表 3-1 颜色属性的表示形式

表示形式	说明
#RRGGBB	三个两位十六进制正整数，取值范围为 00～FF
rgb(R,G,B)	表示红、绿、蓝的正整数或百分数数值
Color Name	颜色名称。不同的浏览器会有不同的预定义颜色名称，如红色（red）、绿色（green）、蓝色（blue）、黑色（black）等

3. 数字

有些属性值接受数字，不添加任何单位。例如，不透明度（opacity）属性，它控制元素的不透明度，此属性接受 0（完全透明）和 1（完全不透明）之间的数字，如 opacity:0.6。

4. 图像

图像数据类型用于表示视觉资源，它可以通过两种主要方式定义：url()函数指向的实际图像文件；渐变函数产生的渐变颜色。例如：

```
background-image: url(star.png);
background-image: linear-gradient(90deg, rgba(119, 0, 255, 1) 39%,
                  rgba(0, 212, 255, 1) 100%);
```

5. 位置

位置类型是一个坐标，用来定位元素。坐标一般有两个值，其中的左坐标表示元素到顶端的垂直偏移值，右坐标表示元素与左侧的水平偏移值。可以使用关键字 top、left、right、center 来表示偏移位置。

此外，背景图像可以通过位置坐标来定位图像在 2D 框中的位置，如“background-position: center left;”。如果位置只指定一个值，则另一个值默认为 center。

6. 函数

在编程中，函数是一段可重用的代码，可以多次运行，以完成重复的任务。前面已经使用了部分函数，如 rgb()函数用于生成颜色，url()函数用于从文件返回图像的值等。另外，通过 calc()函数可以进行简单的运算，如果不能事先知道父类容器的大小，可以使用 calc()函数在浏览器运行后再进行计算。calc()函数在 CSS 代码和 HTML 代码中的应用分别表示如下。

CSS 代码如下：

```
.wrapper { width: 400px;  height: 200px }
.box { width: calc(20%+100px); }   /*box 类的宽度通过 calc()函数来确定*/
```

HTML 代码如下：

```
<div class="wrapper">
    <div class="box">My width is calculated.</div>
</div>
```

3.3 选择器类型

CSS 样式规则由选择器和声明两部分组成。选择器是一个重要的概念，所有 HTML 的标记样式都可以通过 CSS 选择器进行控制，并赋予各种声明来实现页面效果。每个 CSS 样式规则都以一个或一组选择器开始，告诉浏览器这些样式规则应该应用到哪些元素上。

CSS 的选择器包括基本选择器、复合选择器、伪类选择器、伪元素选择器、属性选择器、通配符选择器等。

3.3.1 基本选择器

CSS 的基本选择器包括标签选择器、类选择器和 ID 选择器三种。

1. 标签选择器

标签选择器也称元素选择器，其直接使用 HTML 元素的名称作为自己的名称，可以直接修改所有 HTML 元素的默认样式，修改后，页面自动应用该样式。前面所举选择器均为标签选择器。

定义标签选择器的语法格式如下：

```
E {
    属性：属性值;
    …
}
```

说明：E 为 HTML 元素的名称，表示文档中所有的 E 元素共同遵守该样式规则。例如，在内部样式<style>标签中设置 h1 和 p 的 CSS 样式规则，代码如下：

```
<style type="text/css">
    /*标签选择器*/
```

```
    h1 { text-align: center; font-size: 24px; color: #00007f; }
    p { color: brown; font-size: 20px; }
</style>
```

2. 类选择器

一组 HTML 元素都会用到相同的样式规则，故可以为一组样式规则自定义一个名称，称为类（class）。类定义好之后，可以通过元素的 class 属性应用到多个 HTML 元素上。另外，修改该类的样式，所有与之关联的 HTML 元素的样式将自动更新。定义类选择器的语法格式如下：

```
.类名 {
        属性: 属性值;  /*声明*/
        属性: 属性值;
        …
      }
```

说明如下。

（1）在定义类选择器时，类名以小圆点“.”开头；后面是自定义名称，一般以字符开头，可带下划线、数字等合法字符。类名一般具有特定含义，方便使用。

（2）在元素的开始标记中使用属性“class="类名"”来标记应用类。需要注意的是，此时类名无须带小圆点。

（3）一个 HTML 标记可以使用多个类，类名之间用空格隔开，即“class="类名 1　类名 2　类名 3"”。

例如，首先在内部样式中设置类选择器 content 的样式，代码如下：

```
<style type="text/css">
     …
     /*类选择器 content*/
    .content { width: 800px; margin: 0 auto; text-align: center; }
</style>
```

然后在 body 中增加<div>标签，使用 class 属性应用 content 类的样式，代码如下：

```
<div class="content">
    <h1>唐诗——王维</h1>
    <p>王维是唐代著名的诗人，他的作品以山水田园诗著称。</p>
    <p>《山居秋暝》</p>
</div>
```

运行程序后显示标题 1 和 p 段落的内容位于居中位置，如图 3-2 所示。

127.0.0.1:8848/ch3/ch3-3-1.html

唐诗——王维

王维是唐代著名的诗人，他的作品以山水田园诗著称。

《山居秋暝》

图 3-2　居中显示

3. ID 选择器

ID 选择器针对一个元素来定义样式，只能使用一次。定义 ID 选择器后，在 HTML 元素的开始标签内使用 id 属性来应用 id 样式。定义 ID 选择器的语法格式如下：

```
#名称 {
        属性: 属性值;  /*声明*/
        属性: 属性值;
        …
        }
```

说明如下。

（1）定义 ID 选择器时，要以符号“#”开头；其余是自定义名称，一般以字符开头，可带下划线、数字等合法字符。

（2）在元素的开始标记里使用属性 id="id 名称"来应用 id，此时名称无须带“#”。

例如，首先在内部样式中增加 ID 选择器，代码如下：

```
<style type="text/css">
  …
    /*ID 选择器*/
    #p1 { font-size: 1.5rem }
    #p2 { color: darkorange; }
</style>
```

然后在<body>标签内的两处 p 元素应用 p1 和 p2 样式，代码如下：

```
<div class="content">
    <p id="p1">王维是唐代著名的诗人，他的作品以山水田园诗著称。</p>
    <p id="p2">《山居秋暝》</p>
</div>
```

ID 和类的区别如下。

（1）类可以为任意数量的 HTML 元素定义样式，但 ID 在页面标记中只能使用一次。在上述代码中，若第 2 个 p 元素应用 p1 选择器，也会正常显示 p1 的效果，但会标记页面错误。因为 id 属性不仅可以被 CSS 调用，也可以被 JavaScript 调用，如果同一个页面出现两个 id，那么 JavaScript 在查找 id 时将会出错。因此，在编写 HTML 代码时应该记住：一个 id 只能赋予一个 HTML 标记。

（2）ID 选择器比类选择器的优先级更高，在同样的属性设置冲突时，优先使用 ID 选择器设置的样式。例如，“<p id="p2" class="bg">《山居秋暝》”中，类样式为.bg{color: blue}，但“山居秋暝”的颜色显示为 darkorange，说明 ID 选择器的优先级比类选择器的样式高。

（3）在行内样式、ID 选择器、类选择器和标签选择器中，样式优先级从大到小的顺序如下：行内样式>ID 选择器>类选择器>标签选择器。

3.3.2 复合选择器

每个选择器都有其作用范围，3.3.1 小节介绍的三种基本选择器的作用范围都是一个单独的集合。例如，标签选择器的作用范围是文档中所有同名标记的集合，类选择器的作用范围是使用了该类的所有元素的集合，ID 选择器的作用范围是使用了该 id 的标记。复合选择器是由两个或多个基本选择器通过不同方式组合而成，可以实现更强、更方便或更大范围的样式控制功能。复合选择器主要包括并集选择器（集体声明）、后代选择器、子代选择器、相邻兄弟选择器等。

1. 并集选择器

并集选择器对风格相同的选择器同时声明相同的样式，用逗号“,”隔开多个选择器。并集选择器中，每个选择器的类型是任意的。例如：

```
h1, h2, h3, h4, h5, p { color: purple; font-size: 16px; }
```

说明：h1～h5，以及 p 段落元素都共享相同的样式，即字体为 purple，大小为 16px。

注意：各选择器之间用逗号隔开，最后一个选择器后面没有逗号。

2. 后代选择器

后代选择器用空格来隔开两个或多个选择器，这些选择器具有嵌套包含关系，从左到右排列，样式效果应用在最右边的选择器上，格式如下：

```
selector1  selector2 {
    /*样式声明*/
}
```

说明如下。

（1）两个选择器之间用空格隔开，且 selector1 对象包含 selector2 对象，样式效果体现在与 selector2 匹配的网页元素上。下面是一个后代选择器的示例代码：

```
<style type="text/css">
      ...
      /*后代选择器*/
    .content img { width: 60%; height: auto; }
</style>
```

上述后代选择器应用于 content 类包含的<img>标签中。

（2）后代选择器的选择器类型不限，标签选择器、类选择器和 ID 选择器都可以根据嵌套关系进行组合，而且可以嵌套多层。

【例 3-3】 新建 ch3-3.html，在<style>标签中包含后代选择器。参考代码如下：

```
<!DOCTYPE html>
<html>
    <head>
        <meta charset="utf-8">
        <title>后代选择器</title>
        <style type="text/css">
            .sideNav { width: 300px; background-color: #E6D9E1; }
            .sideNav ul { font-size: 24px; }              /*后代选择器 1*/
            .sideNav li li { list-style-type: square; } /*后代选择器 2*/
```

```
            .sideNav a { text-decoration: none; }       /*后代选择器 3*/
        </style>
    </head>
    <body>
        <div class="sideNav">
            <ul>
                <li>
                    <div>冬奥</div>
                    <ul>
                        <li><a href="#">项目</a></li>
                        <li><a href="#">赛程</a></li>
                        <li><a href="#">奖牌榜</a></li>
                    </ul>
                </li>
                <li>
                    <div>音乐</div>
                    <ul>
                        <li><a href="#">民谣</a></li>
                        <li><a href="#">电子</a></li>
                        <li><a href="#">爵士</a></li>
                    </ul>
                </li>
            </ul>
        </div>
    </body>
</html>
```

程序运行结果如图 3-3 所示。

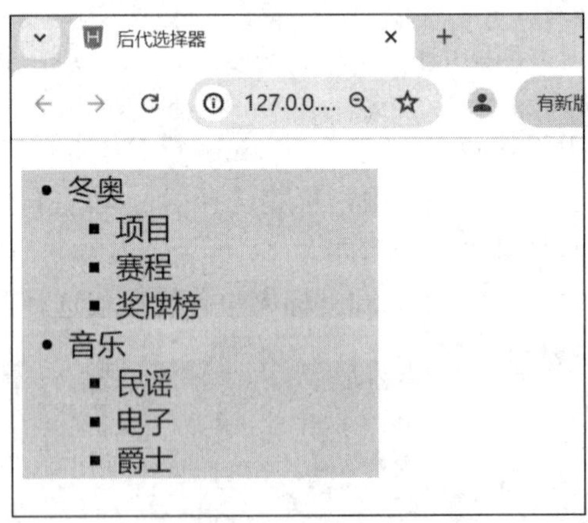

图 3-3　后代选择器的效果

上述代码对选择器进行了注释，说明如下。

（1）注释“后代选择器 1”：两个选择器是直接父子关系，表示 sideNav 类下的所有 ul 都要应用的样式。

（2）注释“后代选择器 2”：三个选择器都是嵌套包含关系，但不是直接关系。该样式的效果是最右边的 li 的项目符号设置为 square（方块）。

（3）注释“后代选择器 3“：两个选择器是包含关系，也属于间接的祖先关系，表示 sideNav 类中所有 a 超链接标签都取消下划线。

总之，后代选择器的使用非常广泛，其中第一层选择器表示最大的范围，最里层选择器才是执行样式效果的最终匹配目标。后代选择器指明了样式效果应用的范围，为特定元素设定特殊效果提供了灵活有效的手段。

3. 子代选择器

子代选择器使用选择符“>”分隔两个元素。定义子代选择器的语法格式如下：

```
元素 1>元素 2 {
    /*声明*/
}
```

说明：元素 2 是元素 1 的直接后代，是父子关系。

例如：

```
/*子代选择器*/
div > h1 { font-size: 36px; color: red; }
```

与后代选择器相比，当两个元素使用子代选择器相连时，元素 1 是元素 2 的祖先元素，而元素 2 可以是元素 1 的子代或隔代元素，即可以在 DOM 中跳跃多次。

4. 相邻兄弟选择器

相邻兄弟选择器使用符号“+”来连接两个选择器，用于选择紧随第一个元素之后的第二个元素，且两者必须具有相同的父元素，则第二个元素被选择，即样式效果应用在第二个元素上。

【例 3-4】 新建 ch3-4.html，应用子代选择器和相邻兄弟选择器。参考代码如下：

```
<!DOCTYPE html>
<html>
    <head>
        <meta charset="utf-8">
        <style type="text/css">
            /*类选择器*/
            .content { width: 800px; margin: 0 auto; text-align: center; }
            div>h1 { font-size: 36px;  color: red; }  /*子代选择器*/
            img+p { font-weight: bold; }              /*相邻兄弟选择器*/
        </style>
    </head>
    <body>
        <div class="content">
            <h1>中国历代画牛名作</h1>
            <p>牧童骑黄牛，歌声振林樾。意欲捕鸣蝉，忽然闭口立。</p>
```

```
            </div>
            <div class="content">
                <h1>唐诗-王维</h1>
                <p id="p1">王维是唐代著名的诗人，他的作品以山水田园诗著称。</p>
            </div>
        </body>
    </html>
```

在本例的标签中，h1 是 div 的后代，img 和 p 是相邻的兄弟。对于所有的 div>p 和所有的 img+p，它们都可以应用相同的样式，但 img 和 p 的顺序不能反。如果 p 在前面，img 在后面，则不能应用它们的样式。

程序运行结果如图 3-4 所示。

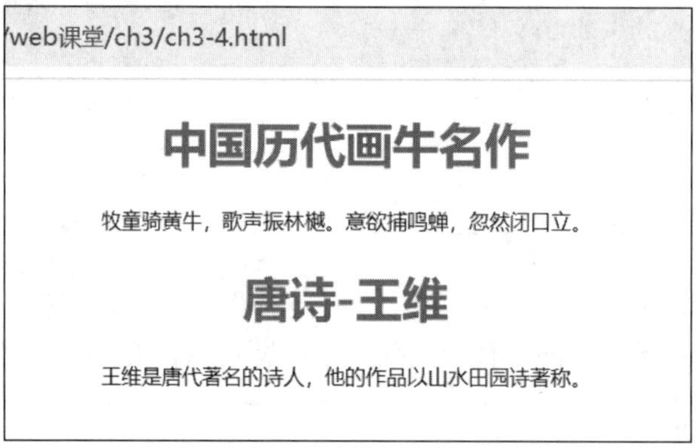

图 3-4　子代选择器和相邻兄弟选择器的效果

3.3.3　伪类选择器

CSS 伪类是系统已定义好的关键字，需要添加到选择器中，表示所选择元素的特殊状态。例如：

```
/*伪类选择器*/
button:hover { color: blue; }
```

说明："':hover" 是伪类，添加到 button 元素上，表示鼠标指针悬停在 button 时的状态。该伪类选择器表示所有用户的鼠标指针停留在按钮上时颜色均变为蓝色。

定义伪类选择器的语法格式如下：

```
E:伪类名 {
        /*样式声明*/
  }
```

常见的伪类选择器如表 3-2 所示。

表 3-2　常见的伪类选择器

伪类选择器	说明
E:link	设置<a>标签未访问前的样式
E:visited	设置<a>标签被访问后的样式

续表

伪类选择器	说明
E:hover	设置鼠标指针悬停在元素 E 上时的样式
E:active	设置 E 元素被用户激活（在单击和释放之间）的样式
E:root	匹配 E 元素在文档中的根元素
E:first-child	设置 E 元素的第一个子标签的样式
E:checked	匹配用户界面上处于被选中状态的 E 元素（用于 input type 为 radio 与 checkbox 时）
E:enabled	匹配用户界面上处于可用状态的 E 元素
E:disabled	匹配用户界面上处于禁用状态的 E 元素

说明如下。

（1）根据表 3-2，<a>标签有四个状态，可分别由:link、:visited、:hover、:active 四个伪类来表示。

（2）可以在定义 a 样式之后单独设计其中的伪类，其中:hover 是比较常用的。若四个伪类都要设计，则应按:link、:visited、:hover、:active 的顺序定义样式。

（3）:hover 伪类可以用在很多 HTML 标签中。例如，img:hover、tr:hover，表示鼠标指针悬停时可以定义某种样式，形成一种动态效果。

例如，下面的代码定义了鼠标指针经过 a、img、tr 和 input 元素的:hover 效果：

```
a { text-decoration: none; color: black; } /*定义 a 样式:无下划线，黑色*/
a:hover { color: darksalmon; }          /*鼠标指针悬停时颜色变为 darksalmon*/
img:hover { transform: scale(1.2); } /*鼠标指针悬停在图片上时，放大 1.2 倍*/
tr:hover { background-color: #faf6ef; }    /*鼠标指针经过表格行时的效果*/
input:hover { border-color: white; }       /*鼠标指针经过文本框时的效果*/
```

3.3.4 伪元素选择器

伪元素是虚拟元素，不存在于 DOM 文档中，只是逻辑上创建的元素，代表某个元素的子元素。因为伪元素不存在于 DOM 文档树中，所以无法使用 JavaScript 获取改变它。伪元素可以用单冒号“:”和双冒号“::”标识，HTML5 建议用双冒号，以便区分于伪类选择器。

在 CSS 中，伪元素选择器如表 3-3 所示。

表 3-3 伪元素选择器

伪元素选择器	说明
E::first-letter	设置 E 元素第一个字符的样式，E 元素为块元素
E::first-line	设置 E 元素第一行的样式，E 元素为块元素
E::before	设置在 E 元素前发生的内容，与 content 属性一起使用
E::after	设置在 E 元素后发生的内容，与 content 属性一起使用
E::placeholder	设置 E 元素文字占位符的样式
E::selection	设置 E 元素被选择时的颜色

3.3.5 属性选择器

属性选择器通过已经存在的属性名或属性值来匹配元素。属性选择器可以将样式与具有某种属性的元素绑定，实现各种复杂的选择，减少样式编写的工作量，也有利于样式表的简洁清晰。低版本浏览器不支持属性选择器。

定义属性选择器的语法格式如下：

```
[属性名称] { ...... }
```

说明如下。

（1）属性选择器用方括号“[]”来表示，将属性名称包住，表示根据属性名称匹配文档中所有相同属性的元素。例如，[title]{color:red} 表示为带有 title 属性的所有元素设置前景色 red。

（2）属性选择器也可以同时指定属性名和属性值。例如，为[class="first"]的所有段落设置下划线，代码如下：

```
[class="first"] { text-decoration: underline; }
```

（3）指定某个元素的属性和属性值。例如，给网页表单中 input 元素的“text”类型设置蓝色边框，可以通过如下代码进行绑定：

```
input[type="text"] { border: 1px dotted blue; }
```

3.3.6 通配符选择器

通配符选择器是一种特殊的选择器，用“*”表示，可以定义所有元素的样式。定义通配符选择器的语法格式如下：

```
* { /*样式声明*/ }
```

例如，在制作网页时，通常将页面所有元素的外边距 margin、内边距 padding 和边框 border 设置为 0，代码如下：

```
* { margin: 0; padding: 0; border: 0; }
```

通配符选择器的效率比较低，一般不建议使用。当需要重置 HTML 样式时，可以采用集体声明的形式列举需要重置为 0 的元素。例如：

```
body, p, ul, table, form {
    margin: 0; padding: 0; border: 0;
}
```

3.4 CSS 的基本属性

CSS 提供了丰富多样的属性，用于设置网页元素的外观，具备强大的网页排版和布局功能。通过使用 CSS，可以灵活配置字体、文本、背景、列表、表格等元素。此外，CSS 还涵盖了布局、盒模型等关键属性。本节重点介绍 CSS 的基础属性，其他属性将在第 4 章中结合网页布局设计进行深入探讨。

3.4.1 字体属性

CSS 的字体属性包括字体大小、颜色、粗细、类型、风格、复合属性等。

1. 设置字体大小

设置字体大小的语法格式如下：

```
font-size: 绝对大小 | 相对大小 | length;
```

参数说明如下。

（1）绝对大小：包含关键字 xx-small | x-small | small | medium | large | x-large | xx-large，根据对象字体进行调节。

（2）相对大小：包含关键字 larger 和 smaller，基于父对象中的字体尺寸进行相对调节。

（3）length：具体的长度，可以使用 in、cm、pt 等绝对单位的值，也可以使用 em、ex、rem、px、%等相对单位的值，相对单位的值基于父对象中的字体尺寸。length 的值不可为负值。

例如：

```
div { font-size: large; }
div { font-size: 24px; }
div { font-size: 30%; }
```

2. 设置字体颜色

设置字体颜色的语法格式如下：

```
color: 颜色名称 | RGB()函数 | 十六进制数;
```

颜色值有三种表示，说明如下。

（1）颜色名称：使用 red、blue、yellow 等 CSS 预定义的表示颜色的参数。

（2）RGB()函数：使用 rgb（RRR, GGG, BBB）或 rgb（r%, g%, b%），前者参数的取值范围为 0～255，后者参数的取值范围为 0～100。

（3）十六进制数：使用“#RRGGBB”或者“#RGB”的形式，其中每个十六进制数的取值范围的 0～F。例如，#FFC0CB 表示 pink。

例如：

```
div { color: red; }
div { color: rgb(100, 14, 200); }
div { color: #345456; }
```

3. 设置字体粗细

设置字体粗细的语法格式如下：

```
font-weight: normal | bold | bolder | lighter | number;
```

参数说明如下。

（1）normal：正常字体，相当于 number 为 400。声明此值，将取消之前的任何设置。

（2）bold：粗体，相当于 number 为 700，也相当于<b>标签的作用。

（3）bolder：特粗体（适用于 IE 5.0 以上）。

（4）lighter：细体（适用于 IE 5.0 以上）。

（5）number：100 | 200 | 300 | 400 | 500 | 600 | 700 | 800 | 900（适用于 IE 5.0 以上）。

例如：

```
h1 { font-weight: 800; }
```

4. 设置字体类型

设置字体类型的语法格式如下：

```
font-family: 字体名称;
```

参数说明：字体名称可以有多个，用逗号隔开。如果字体名称包含空格，则使用引号括起来。

例如：

```
span { font-family: 幼圆; }
span { font-family: Courier, "Courier New", Verdana; }
```

5. 设置字体风格

设置字体风格的语法格式如下：

```
font-style: normal | italic | oblique;
```

参数说明如下。

（1）normal：正常字体。

（2）italic：斜体。对于没有斜体变量的特殊字体，将应用 oblique。

（3）oblique：倾斜的字体。

例如：

```
p { font-style: normal; }
p { font-style: italic; }
```

6. 设置字体复合属性

font 属性可以用来作为 font-style、font-variant、font-weight、font-size、line-height 和 font-family 属性的简写，或将元素的字体设置为系统字体。合理使用 font 属性可以简化代码，但需严格遵循语法规则。

font 语法格式如下：

```
font: [<'font-style'> || <font-variant-css21> || <'font-weight'>
||<'font-stretch'>]?<'font-size'>[/<'line-height'>]?<'font-family'>
| caption | icon | menu | message-box | small-caption | status-bar
```

例如：

```
font: italic small-caps bold 12px/1.5 "Arial", sans-serif; /*完整写法*/
font: 16px  "Segoe UI", sans-serif;  /*默认样式、粗细、变体*/
```

参数说明如下。

（1）|| 表示顺序任意；? 表示整体可选。

（2）[<'font-style'> || <'font-variant-css21'> || <'font-weight'> || <'font-stretch'>]? 表示可选的字体子属性，顺序任意；? 表示此部分可选。

（3）<'font-size'>[/<'line-height'>]? 表示<font-size>b 必须有，如果加上行高

line-height，则用斜杠隔开，放在大小后面；？表示此部分可选。

（4）<'font-family'>，字体名称必须有。

（5）前面部分和后面的 caption | icon | menu | message-box | small-caption | status-bar 是任意选。例如，选择了 caption，则前面的设置无效。

需要注意如下几点。

（1）必须包含 font-size 和 font-family，如果省略其中任意一个，整个 font 声明会失效。例如：

```
font: bold 14px; /*错误：缺少 font-family*/
```

（2）若需设置行高，必须用 / 分隔，且不可单独使用。例如：

```
font: 14px/1.5 "Arial";                /*正确*/
font: 14px "Arial" line-height: 1.5;  /*错误：行高未与 font-size 结合*/
```

（3）使用系统关键字时，其他子属性（如 font-weight）会被重置为系统默认值。例如：

```
font: bold 14px "Arial";    /*自定义属性*/
font: caption;              /*覆盖为系统字体，bold 和 14px 失效*/
```

3.4.2 文本属性

CSS 的文本属性包含水平对齐方式、首行缩进、文本修饰、行高和字间距等，用于文本段落的排版。

1. 设置水平对齐方式

设置水平对齐方式的语法格式如下：

```
text-align: left | right | center | justify;
```

参数说明：left 为左对齐，right 为右对齐，center 为水平居中，justify 为两端对齐。

2. 设置首行缩进

设置首行缩进的语法格式如下：

```
text-indent: length;
```

参数说明：length 可以为长度数值或百分比，当 length 为负数时，可视为文档排版中的悬挂缩进。

例如：

```
div { text-indent: -40px; }       /*悬挂缩进 40px*/
p { text-indent: 20px; }          /*首行缩进 20px*/
```

3. 设置文本修饰

设置文本修饰的语法格式如下：

```
text-decoration: none | underline | overline | line-through;
```

参数说明如下。

（1）none：无任何修饰，常用于设置超链接。

（2）underline：文本有下划线。

（3）overline：有上划线。

（4）line-through：有贯穿线。

例如：

```
a { text-decoration: none; }                    /*设 a 标记的文本无装饰*/
div { text-decoration: underline overline; }   /*设文本具有上划线和下划线 */
```

4. 设置行高

设置行高的语法格式如下：

```
line-height: normal | length;
```

参数说明如下。

（1）normal：正常。

（2）length：具体大小，如 50px。

（3）line-height：用于设置一行文本的高度。行高是一个很有用的参数，设置行高后，可使文本垂直居中在一行内。

例如：

```
p { line-height: 50px; background-color: #E6D9E1; }
```

上例设置了 p 元素的行高和背景色，可以清楚地看到一行文本在垂直方向的居中情况。在用列表设置水平导航栏时，通常会用到这一属性。

5. 设置字间距

设置字间距的语法格式如下：

```
word-spacing: normal | length;
```

参数说明如下。

（1）normal：正常。

（2）length：由浮点数字和单位标识符组成的长度值，允许为负值。

（3）word-spacing：用来设置字与字之间的间距。

例如：

```
div { word-spacing: 10px; }
```

【例 3-5】 新建 ch3-5.html，在文档内完成下列要求。

（1）定义 body 字体大小为 18px。

（2）设置 h3 标题的文本：蓝色，28px，水平居中。

（3）设置 p 段落的文本：首行缩进 36px，字符间距 5px，行高 36px，两端对齐。

参考代码如下：

```
<!DOCTYPE html>
<html>
    <head>
        <meta charset="utf-8">
        <title>文本属性设置</title>
        <style type="text/css">
            body { font-size: 18px; }
```

```
            h3 { color: blue; font-size: 28px; text-align: center; }
            p { text-indent: 36px; word-spacing: 5px; line-height: 36px;
                  text-align: justify; }
        </style>
    </head>
    <body>
        <h3>中国历代画牛名作</h3>
        <p>牧童骑黄牛，歌声振林樾。意欲捕鸣蝉，忽然闭口立。—清代·袁枚《所见》
           </p>
        <p>唐代画家韩滉的《五牛图》（现存北京故宫博物院），无疑是历代画牛作品中
           最闻名的。韩滉为唐德宗时宰相，博才多艺，擅画人物、牛马动物，与韩幹画
           马并称"牛马二韩"。</p>
    </body>
</html>
```

程序运行结果如图3-5所示。

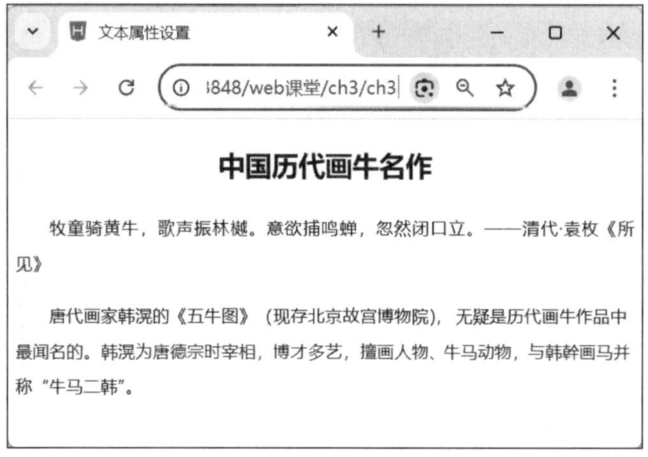

图3-5　文本属性设置效果

3.4.3　背景属性

CSS的背景属性包括背景颜色、背景图像、背景重复、背景附着、背景位置、背景复合和背景图像大小，可以将对象背景设为颜色或图像，对背景图像的位置、大小、是否重复和固定等进行设置。

1. 背景颜色

无论段落文字还是块元素，都可以设置背景颜色。设置背景颜色的语法格式如下：

```
    background-color: transparent | 颜色值;
```

参数说明如下。

（1）transparent：背景色透明。

（2）颜色值：有三种形式，即颜色关键字、十六进制数和颜色函数，详见color属性的说明。

例如：

```
body { background-color: #98AB6F }
p { background-color: silver }
div { background-color: rgb(223, 71, 177) }
```

2. 背景图像

background-image 属性用来设置元素的背景图像，与 img 元素表示的图像不同，background-image 只是元素的一个 CSS 属性，而 img 元素要占据 HTML 空间。定义背景图像的语法格式如下：

```
background-image: none | url(url);
```

参数说明如下。

（1）none：没有背景图像。

（2）url(url)：使用绝对地址或相对地址指定背景图像。

例如：

```
code { background-image: url("comet.jpg"); }
body { background-image: none;}
.bg { background-image: url(http://Fred.com/ImageFile/Q.gif); }
```

3. 背景重复

background-repeat 用来设置背景图像是否重复或重复的方向，先设置背景图像，再设置是否重复。设置背景重复的语法格式如下：

```
background-repeat: repeat | no-repeat | repeat-x | repeat-y;
```

参数说明如下。

（1）repeat：背景图像在纵向和横向平铺。

（2）no-repeat：背景图像不平铺。

（3）repeat-x：背景图像在横向平铺。

（4）repeat-y：背景图像在纵向平铺。

例如：

```
background-image: url(img/bg2.jpg);
background-repeat: repeat;
```

4. 背景附着

background-attachment 用来设置背景随内容是滚动还是固定。设置背景附着的语法格式如下：

```
background-attachment: scroll | fixed;
```

参数说明如下。

（1）scroll：背景图像随内容滚动而滚动。

（2）fixed：背景图像不随内容滚动而滚动，固定背景。

（3）先设置背景图像，才能设置背景附着。

5. 背景位置

background-position 提供水平和垂直两个方向的参数，以定位背景图像在元素的背景位置。设置背景位置的语法格式如下：

```
background-position: 参数1  参数2;
```

参数说明如下。

（1）参数 1：水平位置，取值有 left、center、right 或者百分比、长度单位。

（2）参数 2：垂直位置，取值有 top、center、bottom 或者百分比、长度单位。

例如：

```
div { background-image: url("images/bg1.gif");
      background-position: 35% 80%; }
body { background-image: url("images/bg2.gif");
       background-position: top right; }
```

6. 背景复合

background 是背景复合属性，使用 background，可以一次性完成背景颜色或图像、重复、位置和附着的设置。设置背景复合的语法格式如下：

```
background: background-color | background-image || background-
  repeat || background-attachment || background-position;
```

参数说明如下：其中的值参考各属性的说明进行设置。背景颜色和图像二选一，其余各值用空格隔开。

例如：

```
div { background: red  no-repeat scroll  5% 60%; }
body { background: url("images/bg3.gif") repeat-y; }
```

7. 背景图像大小

background-size 是 CSS3 的属性，可以用来设置背景图像大小。设置背景图像大小的语法格式如下：

```
background-size: length | percentage | cover | contain;
```

参数说明如下。

（1）length：设置背景图像的高度和宽度。其第一个值设置宽度，第二个值设置高度。如果只设置一个值，则第二个值会被设置为 auto。例如：

```
background-size: 300px;            /*宽度 300px，高度按比例自适应*/
background-size: 200px  100px;     /*强制拉伸为 200×100（可能变形）*/
```

（2）percentage：以父元素的百分比来设置背景图像的宽度和高度。其第一个值设置宽度，第二个值设置高度。如果只设置一个值，则第二个值会被设置为 auto。例如：

```
background-size: 50%;              /*宽度占容器 50%，高度自适应*/
background-size: 80%  60%;         /*宽度 80%，高度 60%（可能变形）*/
```

（3）cover：把背景图像扩展至足够大，以使背景图像完全覆盖背景区域。背景图像的某些部分可能无法显示在背景定位区域中。例如：

```
background-size: cover;
```

（4）contain：缩放图片以完整显示在容器内，保持宽高比。例如：

```
background-size: contain;
```

在 ch3-5.html 的基础上，在<style>标签中增加 body 的样式，即字体大小、颜色和背景图像，并使背景图像完全覆盖浏览器窗口。参考代码如下：

```
body { font-size: 18px; color: #aa0000;
       background-image: url(img/bg2.jpg);
       background-size: cover;
     }
```

程序运行结果如图 3-6 所示。

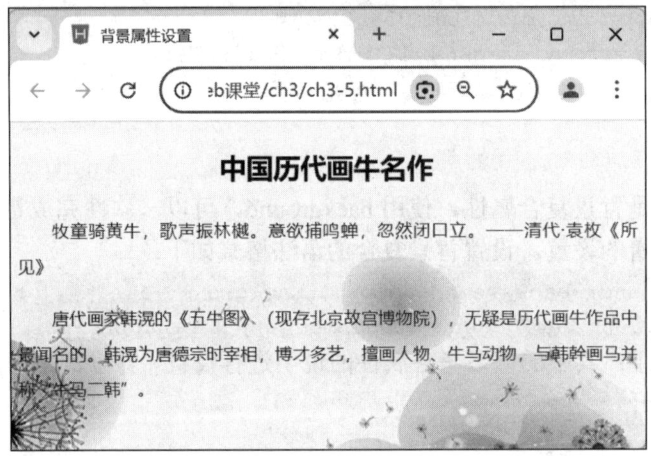

图 3-6　背景图像效果

3.4.4　尺寸属性

尺寸属性包括宽、高、最小/最大宽度和高度，如表 3-4 所示。

表 3-4　尺寸属性

属性名称	语法	说明
width	width: auto | length	设置对象的宽度
height	height: auto | length	设置对象的高度
min-width	min-width: none | length	设置对象的最小宽度
max-width	max-width: none | length	设置对象的最大宽度
min-height	min-height: none | length	设置对象的最小高度
max-height	max-height: none | length	设置对象的最大高度

参数说明如下。

（1）auto：表示元素不进行特殊定位，根据 HTML 文档流规则自动分配空间。

（2）none：无最大或最小宽度限制。

（3）length：由浮点数字和单位标识符组成的长度值或者百分数，不可为负数。宽度和高度是块元素或 img 元素等具备的属性。用最小/最大宽高属性设置 img 元素，可以实现响应式图像。

例如，在文档插入如下代码：

```
img { max-width: 100%;  min-width: 30%; height: auto; }
```

在 body 中插入一张 img 图像，运行程序，改变浏览器窗口大小，可以看到图像随浏览器窗口的尺寸变化而变化。背景图像最大可以变化到 100%，最小可以变化到 30%。

说明：使用百分比值，可以使对象大小随容器窗口大小的改变而改变，自适应屏幕尺寸。

3.4.5 列表属性

HTML 常用的列表有三种类型，即无序列表、有序列表和自定义列表。其中，无序列表通常用来实现导航和新闻列表，有序列表用来实现条文款项的顺序列举。无序列表的列表项符号包括黑点、圆圈和方块，有序列表的列表项符号为数字或者字母。CSS 提供了丰富的列表属性，用于设置列表的标记样式，包括改变列表的符号类型、取消列表项符号，以及将无序列表的符号设置为图像类型等。使用图像符号的列表能够为页面增添引人注目的视觉效果，而取消符号的列表则适用于导航栏设计，结合 float 属性，还可以创建水平排列的列表。此外，列表和列表项均可设置背景颜色，进一步提升列表的趣味性和视觉效果。下面介绍列表的几种操作。

1. 设置列表项标记的类型

list-style-type 属性用于指定列表项标记的类型。由于 list-style-typle 属性取值较多，因此这里只列举部分常见值，语法格式如下：

```
list-style-type: none | disc | circle | square | decimal | lower-roman |
    upper-roman | lower-alpha | upper-alpha;
```

参数说明如下。

（1）none：取消列表符号。

（2）disc：实心圆。

（3）circle：空心圆。

（4）square：方块。

（5）decimal：阿拉伯数字 1、2、3、…。

（6）lower-roman：小写罗马数字 i、ii、iii、…。

（7）upper-roman：大写罗马数字 I、II、III、…。

（8）lower-alpha：小写字母 a、b、c、…。

（9）upper-alpha：大写字母 A、B、C、…。

（1）～（4）属性可以用来设置无序列表 ul。

例如：

```
li { list-style-type: none; }        /*取消列表符号*/
```

2. 设置图像为列表项符号

list-style-image 用于设置无序列表的符号为图像符号，语法格式如下：

```
list-style-image: none | url(url);
```

参数说明如下。

（1）none：不设置图像符号。

（2）url（url）：使用绝对地址或相对地址指定背景图像。

例如：

```
ul { list-style-position: outside;
     list-style-image: url("images/ie.gif"); }
```

3. 设置列表符号的位置

list-style-position 属性用于指定列表符号（项目符号）的位置，语法格式如下：

```
list-style-position: outside | inside;
```

参数说明如下。

（1）outside：项目符号将在列表项之外，列表项每行开头将垂直对齐。此为默认值。

（2）inside：项目符号将在列表项内，是列表项的一部分。

4. 列表的简写属性

list-style 属性是列表的简写属性，用于在一条声明中设置所有的列表属性。其语法格式如下：

```
list-style: 类型 || 位置 || 图像;
```

以任意顺序接受一个、二个或三个关键字。

例如：

```
ul { list-style: square inside url("circle1.png"); }
```

【例 3-6】 新建 ch3-6.html，添加 HTML 代码和 CSS 代码，将无序列表的项目符号设置为图像。

HTML 代码如下：

```
<ul>
    <li>咖啡</li>
    <li>可乐</li>
    <li>茶</li>
</ul>
```

CSS 代码如下：

```
ul {
     list-style: inside  url(img/circle1.png);
   }
```

程序运行结果如图 3-7 所示。

- 咖啡
- 可乐
- 茶

图 3-7　将无序列表的项目符号设置为图像

3.4.6 float 属性

CSS 的 float 属性（浮动属性）用于将一个元素从其正常的文档流中取出，并使其沿着容器的左侧或右侧呈现，其周围的元素也会重新排列。设有 float 属性的元素，其之后的元素将围绕它，其之前的元素不受影响。例如，如果图像是左浮动，则图像下方的文本流将环绕在其右边。如果把几个浮动元素放到一起，若有空间，它们将彼此相邻。

浮动属性改变了元素原来的排列方向，常用于创建多栏布局、包围图像的文本等效果。

1. float 属性值

常用的 float 属性值有如下四个。

（1）left：元素浮动到其容器的左侧。

（2）right：元素浮动在其容器的右侧。

（3）none：元素不会浮动（将显示在文本中刚出现的位置），默认值。

（4）inherit：元素继承其父级的 float 属性值。

例如，将例 3-6 的列表设置为水平排列：删除列表符号，设置列表项 li 的 float 属性为向左（left）排列，同时设置宽高和背景色，文字居中，垂直居中。CSS 参考代码如下：

```
<style>
  ul { list-style: none; }
  ul li { float: left; width: 100px; line-height: 30px;
          background-color: peachpuff; text-align: center; }
</style>
```

其中，line-height 属性可以使列表项垂直居中。程序运行结果如图 3-8 所示。

图 3-8 float 属性应用

2. 清除浮动

清除浮动的属性为 clear，表示清除浮动布局中的浮动属性。其语法格式如下：

```
clear: left | right | both | none;
```

参数说明如下。

（1）left：清除左侧的浮动，使元素不被左侧的浮动元素包围。

（2）right：清除右侧的浮动，使元素不被右侧的浮动元素包围。

（3）both：清除左右两侧的浮动，使元素不被左右两侧的浮动元素包围。

（4）none：默认值，不清除任何浮动。

清除浮动主要用在浮动布局中，确保后续的元素不被浮动元素影响。第 4 章将详细介绍清除浮动的使用方法。

3.4.7 display 属性

CSS 的 display 属性非常重要，其规定了元素在渲染时的显示方式和布局方式。每个元素都有一个默认的 display 属性，display 属性可以改变元素的默认属性，规定该元素显示为块元素还是行内元素，或者不显示等。display 属性的参数值较多，这里只列出常用的四种，语法格式如下：

```
display: block | none | inline | inline-block;
```

参数说明如下。

（1）block：显示为块元素。

（2）none：隐藏元素，不保留元素的物理空间。

（3）inline：显示为行内元素。

（4）inline-block：显示为行内块元素。

display 属性可以与 JavaScript 结合使用，实现元素的显示和隐藏。

大多数元素的类型为 block 或 inline，即块元素或行内元素。块元素和行内元素可以通过 display 属性进行互转。例如，要将超链接 a 显示为块元素，就可以为超链接 a 设置宽高和背景色等属性，代码如下：

```
a { display: block;  width: 100px;  height: 30px; }
```

在例 3-6 的基础上，为列表项设置空超链接，并设置超链接的 CSS 属性。当鼠标指针经过空超链接时，背景色变为 peachpuff。结合 float 和 display 属性，给出 style 部分的样式代码，body 部分的代码不变，代码保存在 ch3-6.html 中。参考代码如下：

```
<style>
      ul { list-style: none; }  /*不显示项目符号*/
      ul li { float: left; width: 100px; line-height: 30px;
              background-color: peachpuff; text-align: center; }
      a { text-decoration: none; }  /*不显示超链接的下划线*/
      ul li a { display: block; width: 100px; height: 30px; }
      /*鼠标指针经过的效果*/
      li a:hover { background-color: brown;color: white; }
</style>
```

程序运行结果如图 3-9 所示。

图 3-9　display 属性应用

3.5 应用实例

3.5.1 制作导航栏

网站一般设有导航栏，方便用户操作和浏览网页。导航栏可以引导用户访问网站的栏目、菜单和分类等，是网站最关键的位置，决定了网站的结构。导航栏有两种：垂直导航栏和水平导航栏。列表可以用来制作导航栏，创建列表时，默认是垂直排列；如果定义了样式格式，则可以显示为垂直导航栏或水平导航栏。

1. 垂直导航栏

例如，一个购物网站的网页左侧通常有垂直方向的商品分类，如图 3-10 所示。当鼠标指针经过时，垂直导航栏的状态如图 3-11 所示。

图 3-10　垂直导航栏 1　　　　图 3-11　垂直导航栏 2

【例 3-7】 新建一个文件 ch3-7.html，使用列表设计图 3-9 所示的左侧导航栏，实现商品的分类显示。参考代码如下：

```
<!DOCTYPE html>
<html>
 <head>
 <meta charset="utf-8">
 <title>商品分类</title>
 <style >
     * { margin: 2px; padding: 0; }                                /*注释 1*/
     div { width: 200px; background-color: #fafafa; }              /*注释 2*/
     #titlename { width: 200px; height: 40px; line-height: 40px;
                  background-color: red; color: white; }           /*注释 3*/
     ul { list-style-type: none; }                                 /*注释 4*/
     li { width: 200px; height: 30px; line-height: 30px; }         /*注释 5*/
     a { font-family: 微软雅黑; font-size: 14px; text-decoration: none;
         display: block; }                                         /*注释 6*/
        a:hover { background-color: #FF7F50; }                     /*注释 7*/
   </style>
</head>
<body>
     <div id="catalogue">
        <div id="titlename">全部商品分类</div>
        <ul>
           <li><a href="#">图书、童书</a></li>
           <li><a href="#">电子书</a></li>
           <li><a href="#">创意文具</a></li>
           <li><a href="#">服饰、内衣</a></li>
           <li><a href="#">鞋靴、箱包</a></li>
           <li><a href="#">运动户外</a></li>
        </ul>
```

```
    </div>
</body>
</html>
```

下面对上述代码的注释逐一进行解释，以说明设计思路。

（1）注释 1：“*”为通配符选择器，表示所有的 HTML 标签。margin 和 padding 表示元素的外边距和内边距，这里所有标签的内边距和外边距都为 0。

（2）注释 2：本文档的<div>标签。<div>标签必须设置宽度，以便实现鼠标指针经过超链接时的效果。

（3）注释 3：#titlename 为 ID 选择器，用来设计“全部商品分类”的样式。其中，line-height 和 height 为相同像素，可以实现垂直居中效果。

（4）注释 4：设置 ul 列表的样式为无符号。因为列表自带符号，而在设置垂直导航栏时不需要符号，故将其取消。

（5）注释 5：设置列表项 li 的宽和高。

（6）注释 6：设置超链接 a 的样式，使其中的文本显示所需要的文本格式。超链接 a 有默认的下划线，text-decoration: none 表示取消下划线。display 属性设置为 block，使得超链接 a 文本可以设置宽高，变成块元素，能设置背景，可以实现鼠标指针经过时的效果。

（7）注释 7：a:hover 为伪类选择器，实现鼠标指针悬停时的效果。这里的效果是改变背景色。

运行程序，鼠标指针经过时的效果如图 3-11 所示。

2. 水平导航栏

水平导航栏一般位于网页开头区域，表示网站的结构。可以在垂直导航栏的基础上进行修改，加入 float 属性，让列表项水平排列，从而生成水平导航栏。

【例 3-8】 将 ch3-7.html 另存为 ch3-8.html，在例 3-7 的基础上，将垂直导航栏修改为水平导航栏。

需要删除<style>标签内的 div 样式，修改 li 列表项的样式，无须改动 body 的内容。

li 列表项的样式代码如下：

```
li { height: 30px; width: 100px; text-align: center; float: left; }
```

说明：与垂直导航栏的样式设置相比，删除 div 的宽度或者将其设置为较大的值（如 800px），可使其能容纳水平排列的列表项。这里列表项的宽度为 100px，还要设置列表项的文本居中显示。另外，设置列表项向左浮动，即 float:left。

程序运行结果如图 3-12 所示，鼠标指针经过时背景变为橙色，可以看到文本居中显示。

图 3-12　水平导航栏

3.5.2 图文混排

图文混排是一种常见的排版格式，文字可以围绕图片进行排版。利用 float 属性，可以实现图文混排及段落的首字下沉。

【例 3-9】 新建文件 ch3-9.html，实现图文混排和首字下沉。

style 部分代码如下：

```
<style>
    #box1 { width: 650px; margin: 0 auto; }
    p { text-indent: 2rem; color: darkolivegreen; }
    #sp1 { float: left; font-size: 2rem; font-weight: bold;
           text-indent: 2rem; }
    img { float: right; width: 250px; }
</style>
```

body 部分 HTML 代码如下：

```
<div id="box1">
    <h1 style="text-align: center;">今天的中国，明天的中国</h1>
    <span id="sp1">从</span>
    <p>历史深处走来，向着民族复兴前行。中华人民共和国即将迎来 75 周年华诞。</p>
    <img src="img/国庆.png">
    <p>从一穷二白到稳居世界第二大经济体，中国特色社会主义进入了新时代，实现中华
       民族伟大复兴进入了不可逆转的历史进程。</p>
    <p>以大历史观之，今天的中国是“历史中国的延续和发展”，在对历史的深入思考中
       汲取智慧，才能从容走向未来。</p>
    <p>以大时代观之，我们所处的新时代，是“在新的考验和挑战中创造光明未来的时
       代”。</p>
    <p>新的历史方位，新的奋斗征程。贯通历史、现在、未来，站在新中国成立 75 周年
       历史节点，我们要更好读懂今天的中国、开创明天的中国。</p>
</div>
```

下面对上述代码做简要说明。

（1）#box1 规定了文字所占宽度，位置为居中。其中，Margin: 0 auto 表示在父窗口中居中。

（2）<p>标签的样式重新设置为首行缩进 2rem（即 32px），并设置字体颜色。

（3）#sp1 设置第一段首字下沉，先设置为向左浮动，再设置字体大小、加粗和首行缩进。文档使用<span>标签来限定首字。

（4）<img>标签：设置图像为右浮动，并限定图像大小。

程序运行结果如图 3-13 所示。

图 3-13　图文混排和首字下沉

本章小结

本章介绍了 CSS 的基本概念及如何使用 CSS 样式来控制网页元素的显示。

CSS 样式规则由选择器和声明组成，声明即“属性:属性值”，选择器则包含 ID 选择器、类选择、标签选择器、伪类选择器、属性选择器、通配符选择器及复合选择器，选择器提供了多种选取页面标记元素的方式。

CSS 样式规则通常在页面文档中的三个位置进行定义，故其也分为三种类型，即行内样式、内部样式和外部样式表。其中，行内样式在页面标记内使用 style 属性进行定义；内部样式在<head>标签内使用<style>标签进行定义，内部样式只对本文档有效。外部样式表是将 CSS 样式规则写在单独的文件中，该文件的扩展名为.css，使用时通过 link 标签引入文档，或者在<style>标签内使用@import 命令将独立的 css 文件导入文档。

根据样式的位置，CSS 样式的优先级从高到低：行内样式>内部样式>导入样式>链接样式。根据样式的类型，CSS 样式的优先级从高到低：行内样式>id 样式>类样式>标记样式。

第 4 章　盒模型及页面布局

万维网联盟（World Wide Web consortium，W3C）建议将网页上的所有元素纳入盒模型中，通过 CSS 来调控这些盒子的显示属性及其定位，从而完成整个网页的布局设计。盒模型作为 CSS 页面布局的核心机制，只有深入理解其概念与用法，才能精准地掌控页面中各元素的位置，进而实现高效的网页布局。

4.1　盒　模　型

盒模型是 CSS 页面布局的一个非常重要的概念。页面上所有的元素，如文本段落、图片、超链接、div 块等，都可以看作一个有边框和边界的盒子，网页元素就放在盒子里。页面布局的过程可以看作在页面空间摆放盒子的过程，首先把页面空间分成几个方位的大盒子，设置盒子与盒子之间的间距；然后在每个盒子里摆放网页元素（也用盒了包裹），通过调整盒子的边框、边界等参数来控制各个盒子，从而完成页面布局。

4.1.1　盒模型概述

1. 盒模型的组成

盒模型由四个区域组成，从里到外分别是内容（content）、填充（padding）、边框（border）和边界（margin），如图 4-1 所示。

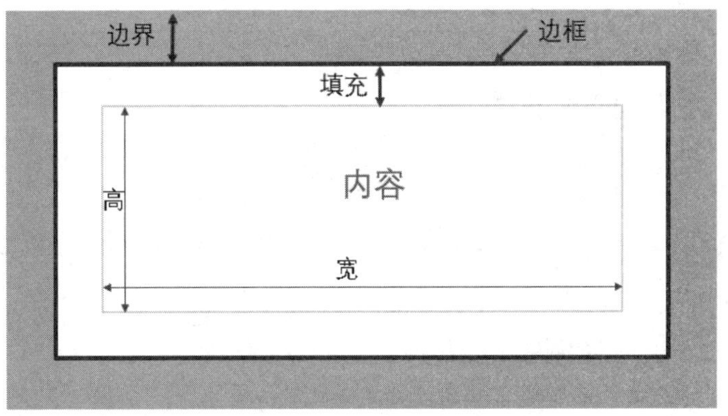

图 4-1　盒模型的组成

盒模型的大小由属性宽（width）和高（height）决定，里面放置网页上的任何元素，如文本、图片、视频等信息。盒模型可以设置边框的大小、线型、颜色、转角、阴影等样式。盒模型的边框与相册的边框类似，是用来装饰内容的，可以让内容更立体、美观。

在边框和内容之间有一段空白，称为填充，也称为内边距。填充可使内容和有样式外观的边框分隔，视觉效果更好。填充具有上、右、下、左四条内边距，分别用属性 padding-top、padding-right、padding-bottom、padding-left 表示，可以单独设置每条内边距的大小（可用像素 px、rem 或%等单位表示）。

盒模型的最外层是边界，也称为外边距。边界用来设置盒子与盒子之间的距离，使相邻的盒模型不会紧紧挨在一起。边界也有上、右、下、左四条可以单独设置的边距，分别用 margin-top、margin-right、margin-bottom、margin-left 表示。

另外，边界和填充都是透明的，可以显示所在区域的背景色。其中边界显示盒模型所在父容器的背景色，填充显示盒模型本身的背景色。

2. 盒模型的大小

盒模型的实际大小为四个区域之和，即总宽度=内容宽度+左填充+右填充+左边框+右边框+左边界+右边界，总高度=内容高度+顶部填充+底部填充+上边框+下边框+上边界+下边界。增加边界、边框和填充都不会影响内容区域的尺寸，但会增加盒模型的总尺寸。

例如，下列代码设置了#box 的样式，其盒模型如图 4-2 所示。box 框的每个边上有 10px 的外边距和 5px 的内边距。如果希望该元素框达到 100px，就需要将内容的宽度设置为 70px。

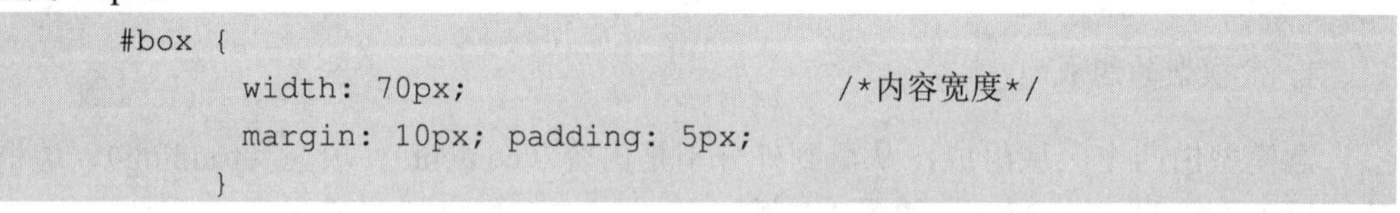

```
#box {
    width: 70px;                        /*内容宽度*/
    margin: 10px; padding: 5px;
}
```

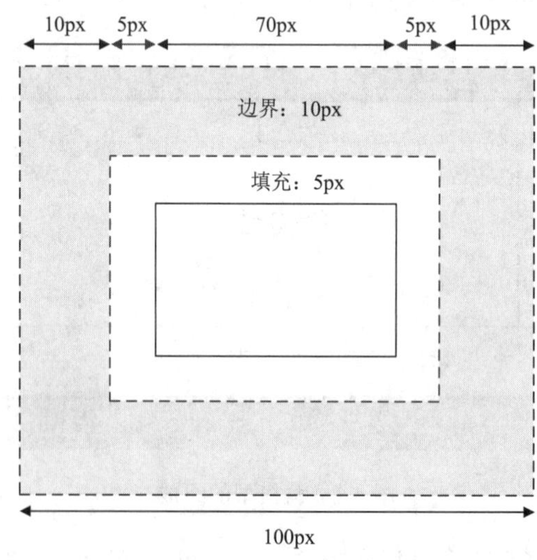

图 4-2　盒模型的大小

4.1.2　盒模型的属性

1. 边框属性 border

边框属性 border 用于设置盒模型边框的样式、宽度和颜色，分别用属性 border-style、border-width、border-color、borader 和 border-radius 来表示。

1）边框样式属性 border-style

（1）语法格式。边框样式属性 border-style 用于设置不同风格的边框样式，语法格式如下：

```
    border-style: none | hidden | dotted | dashed | solid | double | groove |
ridge | inset | outset;
```

边框样式的属性值如表 4-1 所示，程序运行结果如图 4-3 所示。

表 4-1　边框样式属性值

属性值	说明
none	定义无边框
hidden	与 none 相同，应用于表格时例外，用于解决边框冲突
dotted	定义点状边框
dashed	定义虚线
solid	定义实线
double	定义双线，双线宽度等于 border-width 的值
groove	定义 3D 的凹槽边框
ridge	定义 3D 的山脊状边框
inset	定义 3D 的嵌入边框
outset	定义 3D 的突出边框

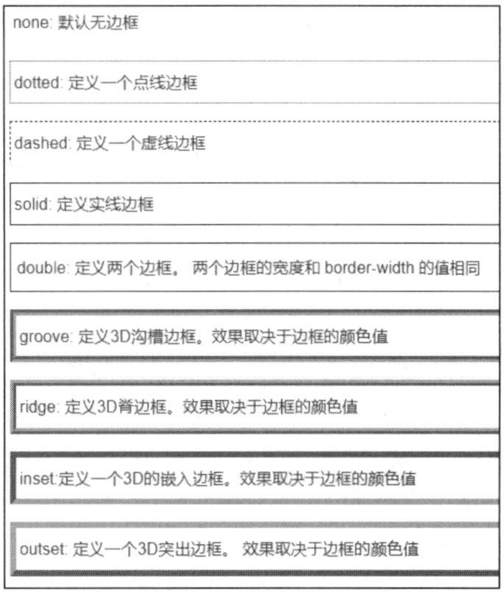

图 4-3　边框样式示例 1

（2）参数含义。border-style 可以通过参数的个数来指定四条边框的样式，参数可以有一个、二个、三个或四个。若有四个参数，表示四条边有不同的样式，分别表示上、右、下、左（顺时针方向）四个方位；若有三个参数，则表示上、左右、下；若有两个参数，则表示上下、左右；若有一个参数，则表示四条边的样式相同。

例如：

```
    border-style: solid dotted groove inset;  /*分别对应上、右、下、左四条边框*/
    /*上边框 solid，右边框 dotted，下边框 groove，左边框 inset*/
    border-style: solid dotted inset;
    border-style: solid dotted;              /*上下边框 solid，左右边框 dotted*/
    border-style: solid;                     /*四条边为 solid*/
```

程序运行结果如图 4-4 所示。

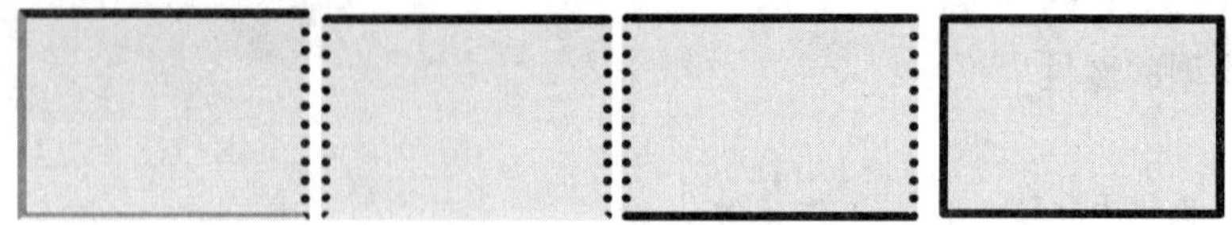

图 4-4　边框样式示例 2

（3）设置单边样式。可以单独为上、右、下、左四条边框分别设置样式，设置单边样式的好处是可以设置块元素之间的分隔线。

声明单边样式的语法格式如下：

```
border-top-style: 样式值;           /*声明上边框样式*/
border-right-style: 样式值;         /*声明右边框样式*/
border-bottom-style: 样式值;        /*声明下边框样式*/
border-left-style: 样式值;          /*声明左边框样式*/
```

例如，“border-bottom-style: solid;”表示下边框的样式为实线。

2）边框宽度属性 border-width

边框宽度属性 border-width 用于设置边框宽度，边框有样式后宽度和颜色等才有意义。只设置样式而没有设置宽度，则宽度默认为 1px。

其语法格式如下：

```
border-width: medium(默认) | thin | thick | length;
```

参数说明：length 表示长度。

设置单边宽度的语法格式如下：

```
border-top-width: 样式值;
border-right-width: 样式值;
border-bottom-width: 样式值;
border-left-width: 样式值;
```

例如：

```
border-top-width:thin;
border-bottom-width:10px;
```

3）边框颜色属性 border-color

边框颜色属性 border-color 用于设置边框的颜色，也可以设置单边（上、下、左、右四个边）颜色。

其语法格式如下：

```
border-top-color: 样式值;
border-right-color: 样式值;
border-bottom-color: 样式值;
border-left-color: 样式值;
```

例如，“border-color: red;”表示四条边框的颜色均为红色。

4）边框简写属性 border

边框简写属性 border 包含宽度、样式、颜色三个值，三个值的位置任意，但至少应包含样式值，宽度值和颜色值任选。若该属性没有宽度值，则默认为 medium，等效于 3px；若没有样式值，则整个属性设置无效，边框不显示。

例如，“border: 2px solid　#0000FF;”表示宽度为 2px，颜色为蓝色的实线边框。

5）边框圆角属性 border-radius

边框圆角属性 border-radius 是 CSS3 的属性，用于创建带圆角的边框，可以按上右下左的方位来设置四个圆角；也可以单独设置每个圆角，使用 border-*-radius 属性。

其语法格式如下：

```
border-radius: 水平半径/垂直半径;
```

该属性为复合属性，用于设置四个方位的圆角。每个圆角可以有两个参数，使用“/”分隔，其中第一个参数表示水平半径，第二个参数表示垂直半径。若只有一个参数，则表示水平半径和垂直半径相同。其单位可以是 px 或%。

例如：

```
border-radius: 2em;                    /*等同于下列四行定义*/
border-top-left-radius: 2em;           /*定义左上角半径*/
border-top-right-radius: 2em;          /*定义右上角半径*/
border-bottom-right-radius: 2em;       /*定义右下角半径*/
border-bottom-left-radius: 2em;        /*定义左下角半径*/
```

【例 4-1】 新建 ch4-1.html，定义一个#box，使其宽 200px，高 150px，有边框和圆角，圆角设置要求为“border-radius: 10px 20px 30px 40px;”。参考代码如下：

```
<!DOCTYPE html>
<html>
    <head>
        <meta charset="utf-8">
        <title>盒子圆角属性</title>
        <style>
            #box { width: 200px; height: 150px;
                border: 3px solid #D2691E; /*边框宽 3px、实线，颜色#D2691E*/
                border-radius: 10px 20px 30px 40px; }
        </style>
    </head>
    <body>
        <div id="box"></div>
    </body>
</html>
```

程序运行结果如图 4-5 所示。

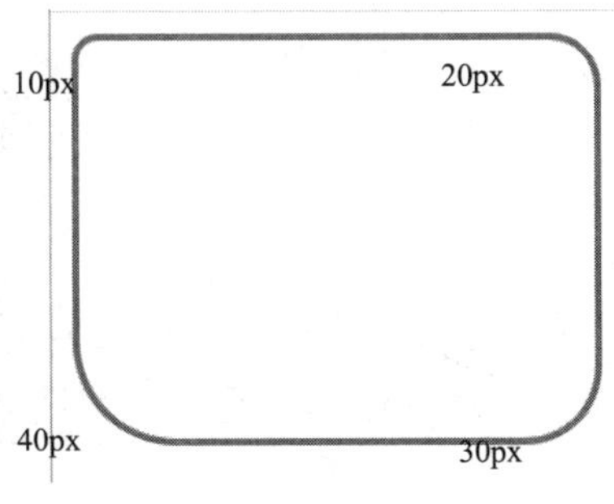

图 4-5　圆角边框示例

说明：例 4-1 的 border-radius 属性有四个值，分别表示四个圆角的半径，且水平半径和垂直半径相同。

2. 边界属性 margin

边界属性 margin 用于设置盒子与盒子之间的距离，设置效果是围绕元素边框出现“空白”。这个“空白”是透明的，可以显示元素所在的背景颜色。margin 属性值可以接受任何长度单位，如 px、in、mm 或 rem、em、负值，也可以是 auto 值。

其语法格式如下：

```
margin: 长度单位 | 百分比单位 | auto;
```

参数说明如下。

（1）auto：采用默认值，浏览器自动计算左右两边的边距。

（2）长度单位和百分比单位：参考 3.2.4 小节相关内容进行设置。

边界包含五个属性：margin、margin-top、margin-right、margin-bottom、margin-left。margin 属性声明所有的边界值，其他属性单独设置每条边界。例如：

```
margin-top: 20px;                /*表示上边界 20px*/
margin-right: 20px;              /*表示右边界 20px*/
margin-left: 20px;               /*表示左边界 20px*/
margin-bottom: 20px;             /*表示下边界 20px*/
```

margin 是简写属性，其可以有多个参数，如一个、二个、三个或四个均可。若其有四个参数，则分别表示上、右、下、左四条边。例如：

```
margin: 10px;                    /*只有一个值，表示四个边均为 10px*/
margin: 10px 20px;               /*两个值，表示上下边界和左右边界*/
margin: 10px 20px 30px;          /*三个值，表示上、左右、下边界*/
margin: 10px 20px 30px 40px;    /*四个值，表示上、右、下、左边界*/
margin: 0 auto          /*上下边为 0，左右边自动，表示在浏览器中水平居中*/
```

3. 填充属性 padding

填充属性 padding 用于设置边框 border 和内部元素之间的空白距离。这个空白距离也是透明的，可以显示元素本身设置的背景颜色。填充包含五个属性：padding、padding-top、padding-right、padding-bottom、padding-left。与 margin 一样，可以在 padding 属性设置四个内边距的值，也可以单独设置每条边距。

其语法格式如下：

```
padding: 长度单位 | 百分比单位;
```

参数说明：padding 属性值可以有一个、二个、三个或四个，表示方法与 margin 属性相同。

例如：

```
padding: 20px 30px 40px 60px;        /*上、右、下、左*/
padding: 20px 30px 40px;             /*上、左右、下*/
padding: 20px 30px;                  /*上下、左右*/
padding: 20px;                       /*上、右、下、左均相同*/
```

```
padding-top: 20px;                    /*上边距为 20px*/
```

【例 4-2】 新建 ch4-2.html，设置盒模型属性。参考代码如下：

```
<!DOCTYPE html>
<html>
    <head>
        <meta charset="utf-8"/>
        <title>盒模型属性应用</title>
        <style>
            #box {
                width: 250px; height: 230px;
                margin: 20px auto;    /*上下边界为 20px,左右自动,居中显示*/
                padding: 20px;         /*四条边的内边距*/
                border: 3px solid #ff0000;         /*边框样式*/
                border-radius: 10px;               /*边框圆角*/
                background-color: antiquewhite;    /*背景色*/
            }
        </style>
    </head>
<body>
    <div id="box"><img src="./img/sunflower.png"></div>
</body>
</html>
```

程序运行结果如图 4-6 所示。

图 4-6　盒模型属性应用

说明：<div>标签具有边框、边界和填充属性。同时，根据盒模型的大小，可以计算出#box 所占空间，公式如下：

其宽=左右边界+左右边框+左右填充+width=0+6px+40px+250px=296px

其高=上下边界+上下边框+上下填充+height=40px+6px+40px+230px=316px

所以，#box 所在的 div 元素在页面中所占宽度为 296px，高度为 316px。当一个元素定义了盒模型后，应知道如何计算其宽高，以便父容器留出足够的空间来容纳它。在例 4-2 中，父容器为<body>标签。

4. 内容相关属性

内容是盒模型的必有组成部分，其可以是任何网页元素，如图片、文本、视频等。内容的大小由宽度和高度决定，如果内容过多，超过了宽度和高度的值，盒模型就会自动放大，此时需要根据情况使用 overflow 属性来进行处理。

与内容相关的属性具体如下。

（1）width: auto | length;：auto 表示根据内容自动调整。

（2）height: auto | length;：auto 表示根据内容自动调整。

（3）overflow: auto | visible | hidden | scroll;：是否溢出。

auto：根据内容自动调整盒模型是否出现滚动条。

visible：显示所有内容，不受盒模型大小限制。

hidden：隐藏超出范围的内容。

scroll：一直出现滚动条。

说明：hidden 属性值很常用，尤其在设置图片时。当把图片放大后，hidden 属性可以隐藏超出盒模型范围的部分。

【例 4-3】 新建 ch4-3.html，设计一个小图片，实现鼠标指针经过图片时的缩放效果。参考代码如下：

```
<!DOCTYPE html>
<html>
    <head>
        <meta charset="utf-8">
        <title>鼠标指针滑过图片的缩放效果</title>
        <style>
            .card { width: 400px; height: 300px; }
            .imgbox { width: 400px; height: 227px; overflow: hidden;
                        border-radius: 8px;}
            .imgbox img { width: 100%; height: 100%; }
            .imgbox img:hover { transform: scale(1.3); }
            .card p { font-family: 微软雅黑; font-size: 1.1rem;
                        margin-left: 10px; margin-top: 20px; }
        </style>
    </head>
    <body>
        <div class="card">
            <div class="imgbox">
                <img src="./img/scene1.jpg">
            </div>
            <p>这个地方美得像油画里的唯美世界——乌兰布统</p>
        </div>
    </body>
</html>
```

程序运行后，鼠标指针未经过图片时的效果如图 4-7 所示；鼠标指针经过图片后，图片放大，效果如图 4-8 所示。

图 4-7　鼠标指针未经过图片时的效果

图 4-8　鼠标指针经过图片时的效果

例 4-3 展示了如何将一个大图片设置成小图片，并设置鼠标指针经过时的缩放效果。对上述代码简要说明如下。

（1）.card：包含图片和文字，设定放置图片和文字的区域大小。

（2）.imgbox：设置图片存放区域的大小。图片尺寸超过盒模型大小时，使用 overflow 属性隐藏超过的部分；设置盒模型有圆角，增加美观效果。

（3）.imgbox img：设置 imgbox 类里面的图片宽、高均为 100%。表示该类下的图片要百分百完全显示在 imgbox 中。

（4）.imgbox img:hover：表示 imgbox 类包含的图片要实现鼠标指针悬停时的效果。使用 transform 属性来实现悬停时图片放大，scale（x）表示缩放 x 倍。hover 伪类实现了页面的动态效果。

（5）.card p：定义 card 类下的<p>标签的样式要求。

【例 4-4】 新建 ch4-4.html，通过 display 属性将图片设置为块元素，从而设置图片的边框、边界和填充属性。参考代码如下：

```
<style>
      img { display: block; float: left;
            margin: 20px; padding: 20px;
            border: 5px firebrick solid;
            background-color: white; }
</style>
<body>
       <img src="img/sunflower.png">
       <img src="img/sunflower.png">
</body>
```

程序运行结果如图 4-9 所示。

图 4-9　图片设置为块元素

4.2　CSS 布局

CSS 布局是指通过结构化 HTML 和用 CSS 样式控制来实现网页视觉结构的标准化方法。Div+CSS 布局是目前非常流行的布局方法，替代了最早的表格布局方法。用 Div+CSS 布局设计的网站便于优化，容易被搜索引擎收录。在 CSS 布局中，一般先使用<div>标签将文档分隔成几个分区，这些分区用 id 或 class 属性进行区分，然后利用 CSS 浮动或定位属性形成网页布局结构，再利用盒模型属性把分区间隔开来。

<div>标签没有特定的含义，一般用作一个容器盒子，包含其他 HTML 元素，如文本、图像、视频动画等。

4.2.1　CSS 布局属性

<div>标签用于网页布局时，经常使用的 CSS 布局属性如下。

（1）float 属性：设置盒模型的浮动位置，可以向左、向右或不浮动，属性值分别为 left、right、none。

（2）clear 属性：清除 float 属性设置的浮动，其值有 left、right、both、none，表示清除左浮动、清除右浮动、清除两边浮动和允许浮动。

（3）left、top 属性：定义盒模型左上角位置。

（4）position 属性：定义盒模型的定位方式，有如下四个值。

static：静态定位，默认值，保持原有的 HTML 位置，left、top 无意义。

fixed：盒模型位置相对屏幕固定不变。可通过 left、top 等属性设置盒模型相对于浏览器窗口的偏移位置。

relative：相对定位，指相对于原本位置的定位，占用原来的页面空间。可通过 left、top 等属性设置元素相对于原本位置的偏移量。

absolute：绝对定位，元素浮于页面元素之上，不占用原页面空间，但相对于具有 position 属性的父对象进行定位，以父对象左上角为基准。可结合 top 和 left 属性设置相对于父对象的偏移位置。

在定位布局中，可设置父层元素的 position 为 relative，子层元素的 position 为 absolute，使用 top=0 和“left=偏移量”实现水平布局。

（5）z-index 属性：设置图层层叠的上下层关系。设置此属性，可以实现多个图层层叠效果。z-index 属性值越大，图层的位置越高。子层始终位于父层之上。

【例 4-5】 <div>标签应用。新建 ch4-5.html，创建四个<div>标签，其中左、中、右三个<div>标签的宽为 200px、高为 100px，最下方的<div>标签宽为 600px、高为 50px，背景颜色不同。四个<div>标签使用的类样式命名为 left、main、right 和 bottom。参考代码如下：

```
<!DOCTYPE html>
<html>
    <head>
        <meta charset="utf-8">
        <style>
            .left { width: 200px; height: 100px; background-color: aquamarine; }
            .main { width: 200px; height: 100px; background-color: antiquewhite; }
            .right { width: 200px; height: 100px; background-color: aliceblue; }
            .bottom { width: 600px; height: 50px; background-color: chocolate; }
    </style>
    </head>
    <body>
        <div class="left"></div>
        <div class="main"></div>
        <div class="right"></div>
        <div class="bottom"></div>
    </body>
</html>
```

程序运行结果如图 4-10 所示。

图 4-10　<div>标签应用

由图 4-10 可以看到，块元素独占一行，且高度和宽度起作用。div 块是一个容器对象，在实际应用中用来包含其他网页元素，当有其他元素时，可以设置背景，也可以不设置背景。

4.2.2　CSS 浮动布局

元素一般按照其 display 属性类型和在 HTML 文档中出现的顺序进行定位，如果元素为块元素，则从上到下依次排列；如果元素为行内元素，则在一行中进行水平排列。这种元素的排列方式称为流式布局。当元素设置为 float 属性时，其不再处于原来的文档流中，而是相当于浮动在文档之上，不占据空间，从而产生文字环绕效果。float 属性有左浮动、右浮动和不浮动三个值，CSS 浮动布局主要是通过 float 属性和 clear 属性进行页面布局的。

下面在例 4-5 的基础上，通过设置 float 属性，使 left 区、main 区和 right 区水平排列，如图 4-11 所示。

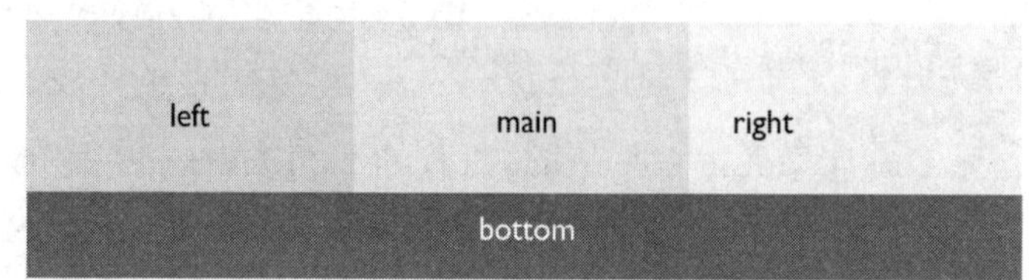

图 4-11　页面布局草图

分别增加 left、main 和 right 的 float 属性，即可实现左浮动。但是，由于 bottom 区不需要左浮动，需要保持原来的垂直排列方向，因此要设置 bottom 区清除浮动 clear 属性，否则页面上将看不到 bottom 区。

修改后的<style>代码如下：

```
<style>
    .left { width: 200px; height: 100px; float: left;
            background-color: aquamarine; }
    .main { width: 200px; height: 100px; float: left;
            background-color: antiquewhite; }
    .right { width: 200px; height: 100px; float: left;
             background-color: aliceblue; }
    .bottom { width: 600px; height: 50px; clear: both;
              background-color: chocolate; }
</style>
```

修改后的代码运行结果如图 4-11 所示。

另外，一般在需要改变浮动方向的区块中增加一个空<div>标签，让其实现清除浮动。代码修改如下：

```
<body>
    <div class="left"></div>
    <div class="main"></div>
    <div class="right"></div>
    <div class="clearBoth"></div><!--增加空的清除前面浮动的 div-->
    <div class="bottom"></div>
</body>
```

然后在<style>标签中增加 clearBoth 类，代码如下：

```
.clearBoth { clear: both; }
```

通过本例可以看到，float 属性改变了块元素的排列方向，clear 属性用于清除浮动，两者结合，就可以实现页面的浮动布局方式。

4.2.3　CSS 定位布局

position 属性的相对定位 relative 和绝对定位 absolute 可以用来实现另外一种定位布局的方式。

下面通过一个示例来说明 CSS 定位布局如何实现，该示例保存在 ch4-6.html 中。

1. 设计页面草图

在进行页面设计时，要先设计好网页布局草图，划定网页内容的区域位置，并给区域命名。图 4-12 所示为一个页面布局草图。

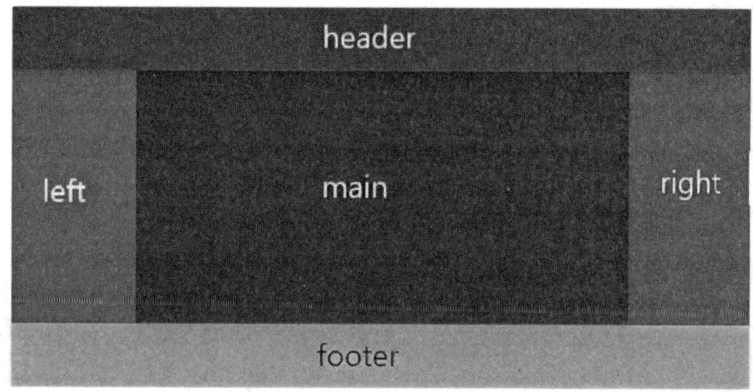

图 4-12　页面布局草图

通常按行来划分区域，图 4-12 所示页面布局草图可分为三行。

第一行为 header（头部）区，设置宽为 600px，高为 50px。header 区是网页的头部，通常用来放 logo 图片、搜索框或一些水平列表菜单。

第二行为 content（内容）区，设置宽为 600px，高为 200px。content 区分为三列，分别用 left、main 和 right 来命名。其中，left 区宽为 100px，main 区宽为 400px，right 区宽为 100px。

第三行为 footer（底部）区，一般用来放置版权、联系方式等网站信息。设置 footer 区的宽为 600px，高为 50px。

2. 编写 HTML 代码

根据页面布局草图编写 HTML 代码。

```
<body>
      <div class="header"></div>
      <div class="content">
          <div class="left"></div>
          <div class="main"></div>
          <div class="right"></div>
      </div>
      <div class="footer"></div>
</body>
```

3. 编写 CSS 样式

编写 CSS 样式来设置六个区块的宽、高以及不同背景，在未使用 position 属性前，运行页面，会发现六个区块会自上而下竖直排列。

现在需要使用 position 属性改变 content 区的 main 块和 right 的位置，使它们和 left 块水平排列。首先找到父层容器并设置父层容器的 position 为 relative，然后设置子层容器 main 和 right 的 position 为 absolute，并通过 top 和 left 或 margin-left 来指定子层在父层中的偏移位置。left 块的位置不用改变，所以不用设置 position。

完整的 CSS 样式代码如下：

```
<style>
    .header { width: 600px; height: 50px; background-color: red; }
    /*父层*/
    .content { width: 600px; position: relative; }
    .left { width: 100px; height: 200px; background-color: green;  }
    .main { /*子层*/
            width: 400px; height: 200px;
            position: absolute;            /*表示不在原位置上显示*/
            left: 100px;                   /*水平偏移位置 100px*/
            top: 0;                        /*垂直偏移位置 0*/
            background-color: black; }
    .right {  /*子层*/
            width: 100px; height: 200px;
            background-color: blue;
            position: absolute;            /*表示不在原位置上显示*/
            left: 500px;
            top: 0; }
    .footer {
            width: 600px; height: 50px; background-color: yellow; }
</style>
```

程序运行结果如图 4-12 所示。

4.2.4 边距设置和合并

在 4.2.2 和 4.2.3 小节介绍的浮动布局和定位布局的两个例子中，各个分区没有分隔，需要使用盒模型的属性 margin、padding 对各分区进行设计。在上述定位布局示例的基础上，进行如下改动。

（1）设置 header 区的下边界为 10px，设置 footer 的上边界为 10px。content 区无须设置边界。

（2）content 区：left 区右边界为 10px，宽度减少为 90px；main 区右边界为 10px，宽度不变；right 区宽度减少 10px。

改动后的效果如图 4-13 所示。

图 4-13　有间隔的分区布局

在设置分区间隔的过程中，会产生边距合并问题，相邻垂直边距会合并，且是大边距合并小边距，如图 4-14 和图 4-15 所示。

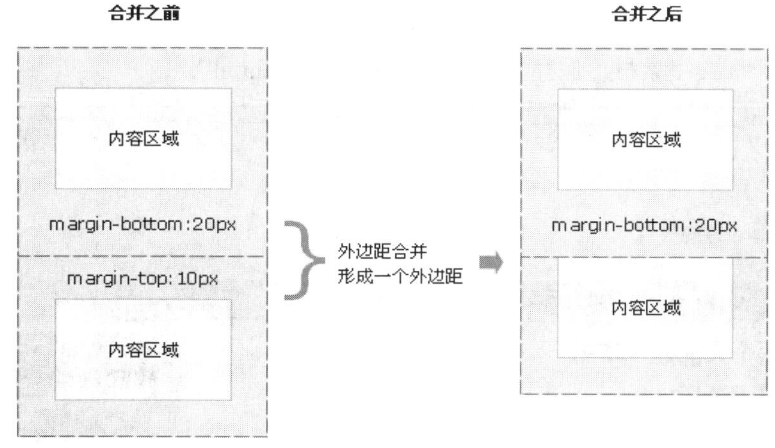

图 4-14　相邻垂直外边距合并

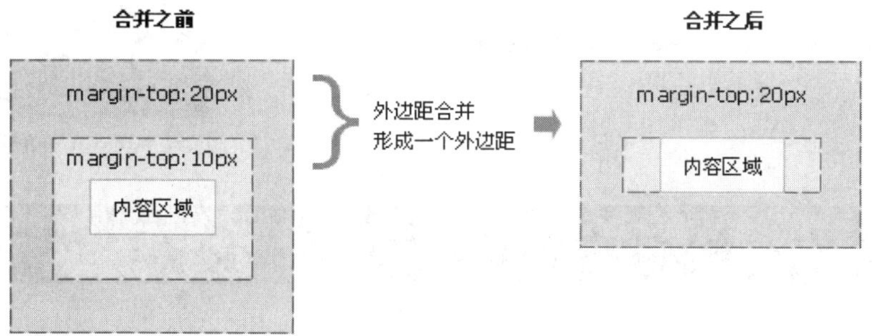

图 4-15　包含关系的外边距合并

因此，在设计布局时要注意计算盒模型的大小（即左右内外边距+border 宽度+width=盒模型宽度），防止由于边距大小设置不当而产生盒模型漂移现象。

4.3 Div+CSS 页面布局

Div+CSS 是目前主流的大型网站采用的网页页面布局技术，这种布局技术能够实现页面内容与表现分离，页面结构清晰有条理，容易阅读，网站的维护和更新容易。

使用 Div+CSS 页面布局的基本流程如下：首先确定页面主体位置和内容分块，一般页面主体位置是水平居中；然后分析页面模块，页面模块一般分为头部（header）、菜单导航（menu 或 nav）、焦点图（banner）、主体内容（content）和底部（footer）；接着通过<div>标签编写页面结构，并理清<div>标签的嵌套或层叠关系；最后通过 CSS 样式对<div>标签进行定位，并在各个分块中添加相应的内容。

下面通过一个案例来展示页面布局设计过程，并分析几种常见的页面布局。

4.3.1 页面布局设计案例

本案例实现一个二级页面结构并添加内容，如图 4-16 所示。新建一个 HTML 文件，插入图片素材和文字素材，保存文件名为“ch4-7 实例.html”。

图 4-16 网页实例

首先分析该页面结构，编写 div 代码，添加相应的网页内容；然后设计 CSS 代码。

从图 4-16 看，可将页面分成四大区块：头部（header）区、菜单（menu）导航区、内容（content）区和底部（footer）区。其中内容（content）区分为两列，左侧为主内容（main）区，右侧为侧栏（sidebar）区。由于主内容区和侧栏区采用浮动布局，故在底部区的前面增加一个清除浮动的空 div（不设置内容）。

使用 div 标签编写页面结构，并进行注释，div 代码如图 4-17 所示。

```
▼<body>
  <!-- 1.头部区 -->
 ▶<div class="header">…</div>
  <!-- 2.菜单区 -->
 ▶<div class="menu">…</div>
  <!-- 3.内容区：主内容区和侧栏区 -->
 ▶<div class="content">…</div>
  <!-- 4.底部内容区 -->
  <div class="clearBoth"> </div>
 ▶<div class="footer">…</div>
```

图 4-17　页面模块分区

下面分别对上述四个区块进行分析和设计，使其呈现图 4-16 所示的页面效果。

1. 头部（header）区

header 区一般包含左侧的 logo 图片、右侧的水平列表、中间的搜索菜单，处于页面居中位置，设置高度和宽度、下边距 margin、背景色等。同时，在 header 区对页面进行全局声明，并设置页面背景和字体大小、边界、边框和填充等属性。

在 HTML 代码中编写<div>标签，并插入相应的图片和列表内容，代码如下：

```
<!--1.头部区 header-->
<div class="header">
    <div class="logo"><img src="./img/logo.png"></div>
    <div class="nav_ul">
        <ul>
            <li><a href="#">登录</a></li>
            <li><a href="#">注册</a></li>
        </ul>
    </div>
</div>
```

header 区的 CSS 代码如下：

```
/*全局声明*/
* { margin: 0; border: 0; padding: 0; }
body { font-size: 18px; background-color: azure; }
a { text-decoration: none; color: #000000; }
a: hover { color: lightpink; }
ul { list-style: none; }
/*1.头部 header 区：包含 logo 图片、水平列表区*/
.header { width: 1200px; height: 120px;
            margin: 0 auto;                  /*在父容器中居中*/
            margin-bottom: 10px;             /*下边距 10px*/
            background-color: white;         /*头部区背景白色*/
```

```
        }
    .logo { width: 300px; height: 70px; overflow: hidden;
            float: left;  margin-right: 24px; }
    .nav_ul { float: right; height: 120px; line-height: 120px;
              margin-left: 20px; }
    .nav_ul ul li { float: left; width: 80px; text-align: center; }
```

上述样式设置说明如下。

（1）全局声明：“*”表示所有标签的盒模型属性归 0，目的是清除各种浏览器对 HTML 标签的默认设置，以便在页面布局中更准确地计算元素的边距。

body、a、a:hover、ul 的样式设置，表示整篇文档关于字体和超链接以及 ul 列表都是遵守所设置的样式。

（2）.header：设置 header 区的样式。有高度、宽度和页面背景，且页面居中。设置下边距，用来区分下边的相邻区块。设置背景色可显示 header 区的范围。

（3）.logo：设置 logo 区块的样式。设置宽、高和 overflow 属性（hidden），表示显示图片区域的大小；设置左浮动，表示靠左水平排列；设置右边界，表示要与右边元素有间隔。

（4）.nav_ul：表示登录注册列表所在区块的样式。有宽度和高度，右浮动表示区域要靠右显示，左边界表示要与左边的元素有间隔。其中高度和行高，与 header 区的高度一样，设置行高可以使区内的内容垂直居中。

（5）.nav_ul ul li：表示.nav_ul 区块下的列表项 li 的样式。列表项 li 为块元素，设定左浮动，可以使列表项水平排列。再设定列表项的宽度和文本居中 text-align，可使登录和注册文本距离间隔开来，效果更好。

程序运行结果如图 4-18 所示。

图 4-18 头部区设计效果

2. 菜单（menu）导航区

menu 区用来放置网站的导航菜单，通常有一级菜单和二级菜单，本例只设置一级菜单。menu 导航区设置高度和背景色，不设宽度，以便和浏览器宽度一样大小。

menu 导航区需再包含一个菜单盒子 menubox，用来包含表示一级菜单的 ul 列表。menubox 设置宽度和高度，水平居中，其中宽度和 header 区一样，便于对齐。

HTML 结构代码如下：

```
<!--2.菜单导航区-->
<div class="menu">
```

```
        <div class="menubox">
            <ul>
                <li><a href="#">首页</a></li>
                <li><a href="#">分钟级降水</a></li>
                <li><a href="#">空气质量</a></li>
                <li><a href="#">景区天气</a></li>
                <li><a href="#">机场天气</a></li>
                <li><a href="#">国际城市</a></li>
            </ul>
        </div>
    </div>
```

CSS 样式代码如下：

```
/*2.菜单导航区：背景无宽度，显示一级菜单导航区*/
.menu { height: 60px; background-color: #FFAA7F;
        margin-bottom: 10px; }
.menubox { width: 1200px; height: 60px; margin: 0 auto; }
.menubox li { float: left; width: 120px; line-height: 60px;
              text-align: center; }
.menubox li a { display: block; width: 100px; }
.menubox li a:hover { color: #FF0000; background-color: bisque; }
```

上述样式设置说明如下。

（1）.menu：设置一级 menu 导航区的高度、背景和下边距，不设宽度。

（2）.menubox：设置宽度和高度，并且水平居中显示。

（3）.menubox li：设置 menubox 下的列表项 li 有宽度、行高、左浮动，文本居中对齐。设置行高可以使文字垂直居中。

（4）.menubox li a：设置 menu 导航区的超链接样式，将其转换为块元素，设置链接实际可点区域宽度，以便鼠标指针经过时添加背景颜色。

（5）.menubox li a:hover：设置鼠标指针经过时的样式，文本颜色和背景颜色均改变。

程序运行结果如图 4-19 所示。

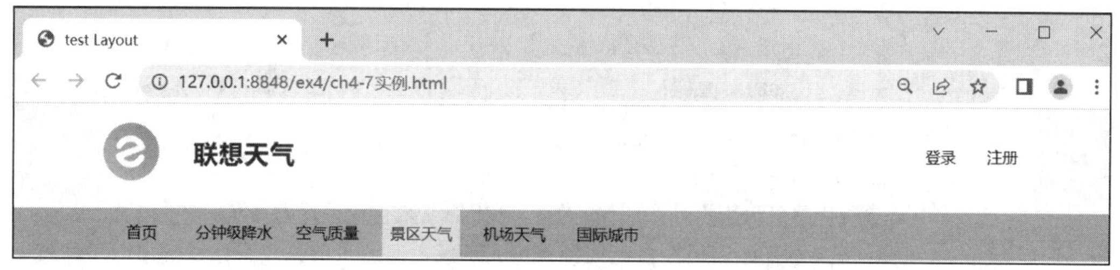

图 4-19　菜单导航区设计效果

3. 内容（content）区

content 区通常分为两列或三列，本例只设两列，一大一小，大的为主内容区（main）

用来显示主要内容，小的为侧栏区（sidebar），用来显示小图片或短小信息。

content 区和 header 区、menu 导航区一样，具有相同的宽度，页面居中，以便对齐。

另外 content 区不设置高度，由内容决定高度。主内容区和侧栏区采用浮动布局方式排列。

HTML 代码如下：

```
<!--3.内容区：主内容区和侧栏区-->
<div class="content">
    <!--3.1 主内容区 main：由多个 linebox 组成-->
    <div class="main">
        <div class="linebox">放置内容</div>
    </div>
     <!--3.2 侧栏区 sidebar：由多个 sidebox 组成-->
    <div class="sidebar">
        <div class="sidebox">放置小图片或表格数据</div>
    </div>
</div>
```

CSS 代码如下：

```
/*3.内容区：主内容区和侧栏区*/
.content { width: 1200px; margin: 0 auto; }
.content .main { width: 890px; margin-right: 10px; float: left;
                background-color: #ffffff; }
.content .sidebar { width: 300px; float: left;}
```

说明：content 区采用浮动布局，区块间隔为 10px，白色背景。

1）主内容区（main）

在复杂的主页中，主内容区可以有多行多列的内容，可以通过按行去划分，实现模块化布局。可以设计主内容区由多个行内容区（linebox）组成。这样可以独立管理每个行内容的样式。

HTML 代码设计如下：

```
<!--3.1 主内容区 main：可由多个 linebox 组成-->
<div class="main">
    <div class="linebox">
        <h3 class="bigTitle">每个人都是一本书</h3>
        <p style="color: darkgray; margin-bottom:20px;">2021-02-03-
            13:59</p>
        <p>每个人都是一本书。</p>
        <p>封面是父母给的，我们不能改变，我们所要做的就是尽力写好里面的内容。</p>
        <p>或许，开始写得令自己或别人不太满意，但这没关系，只要我们尽力了，就无
           怨无悔，别做盗版书。</p><br>
        <p>作者：书卷生香 原文地址：https://www.sohu.com/a/135991224_717160</p>
    </div>
</div>
```

说明：这里的主内容区只包含一个 linebox 区，用来放置短文内容。如果后面还有

其他的内容，样式要求相同，那么可以再增加一个 linebox 区来放置内容。

CSS 代码如下：

```
/*3.1 主内容区 main: 包含行内容区 linebox*/
.linebox { margin: 5px; width: 880px; }
.bigTitle { margin-left: 20px; margin-bottom: 10px; font-size: 40px;
           color: #333; font-family: "宋体"; }
.main p { margin-left: 20px; line-height: 40px; color: #005500;
          font-family: "宋体"; }
```

说明：这里仅设计 linebox 的外边距 margin 和宽度。如果行内容区需要间隔线，可以是设置下边框线，起到分割线效果。

2）侧栏区

侧栏区一般是小图片标题信息展示区，或者展示表格数据等。与主内容区（main）一样，侧栏区也可以设置多个 sidebox 区，以便管理不同内容块。本例设置两个 sidebox 区，用来显示包含标题文字的小图片。

在主内容区下方继续增加侧栏区，侧栏区的 HTML 代码如下：

```
<div class="content">
   <div class="main">……</div>
   <div class="sidebar">
      <!--3.2 侧栏区：由多个 sidebox 区组成-->
      <div class="sidebox">
          <div class="picbox"><img src="./img/1611200380112.jpg"></div>
          <div class="titlebox">这个地方美得像油画里的唯美世界——乌兰布统</div>
      </div>
      <div class="sidebox">
          <div class="picbox"><img src="./img/1611200651005.jpg"></div>
          <div class="titlebox">长城，穿越历史的古代东方奇迹</div>
      </div>
   </div><!--sidebar end-->
</div><!--content end-->
```

CSS 代码如下：

```
/*3.2 侧栏区：包含 sidebox 区*/
.sidebox { width: 290px; height: 230px; margin: 5px auto;
          margin-bottom: 20px; }
.picbox { width: 280px; height: 160px; overflow: hidden;
         border-radius: 5px; margin-bottom: 10px; }
.picbox img { width: 100%; height: 100%; }
.picbox img:hover { transform: scale(1.2); }
.titlebox { padding: 5px; }
```

参数说明如下。

（1）.sidebox：包含图片框 picbox 和标题文字框 titlebox，宽度和高度需要设置，表示每个 sidebox 的大小是固定的，sidebox 是侧栏区的直接子单位。

（2）.picbox：规定小图片的显示区域大小。需设置宽度、高度和 overflow（hidden）其中宽度和 sidebox 相同，高度小于 sidebox。设置下边距，表示与文字有间隔。设置圆角可使图片效果更好。

（3）.picbox img：宽为 100%，高为 100%，表示图片要完全显示在 picbox 的小区域里。

（4）.picbox img:hover：设置鼠标指针悬停时，图片增大 1.2 倍。

（5）.titlebox：显示图片的标题文字超链接，设置内边距，宽度采用默认值。

程序运行结果如图 4-20 所示。

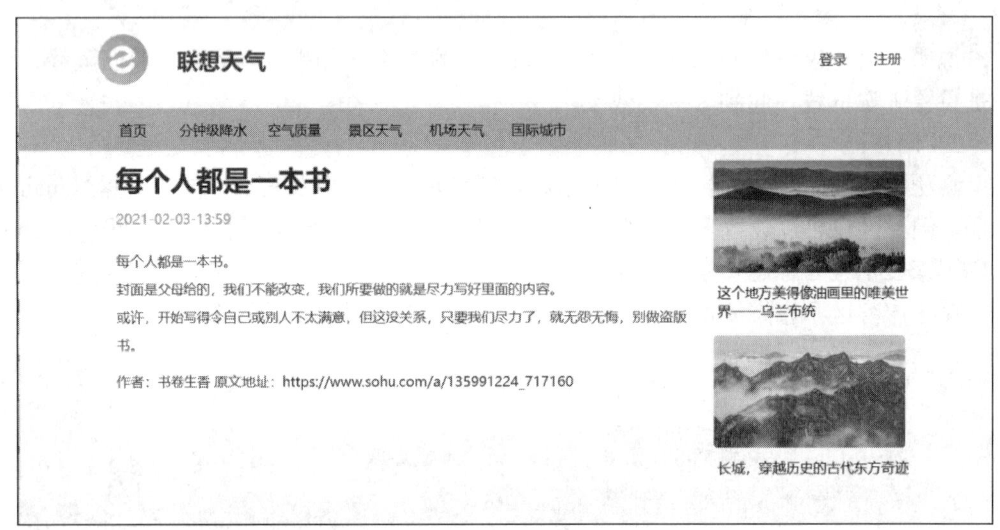

图 4-20 内容区设计效果

4. 底部（footer）区

footer 区通常放置网站的版权所有、单位名称、地址邮件、联系电话等信息，居中显示。所以 footer 区应设置高度、背景和上边界，不设置宽度（与浏览器宽度一样）。底部区包含一个 footerbox 区，用于放置底部信息，居中显示，与内容区宽度一样。

HTML 代码如下：

```
<!--4.底部区-->
  <div class="clearBoth"></div>
  <div class="footer">
    <div class="footerbox">
        <div class="namebox">
            <p>广州医科大学 版权所有</p>
            <p>Guangzhou Medical University</p>
        </div>
        <div class="contactbox1">
            <p>学校地址：广州市番禺区新造镇新造路 1 号</p>
            <p>联系电话：020-37103000</p>
        </div>
        <div class="contactbox2">
            <p>Address: Xinzao, Panyu District, Guangzhou, 511436,
                P.R.China</p>
            <p>传真：020-37103099 （粤 ICP 备 05008871 号）</p>
```

```
        </div>
    </div>
</div>
```

说明：因为 content 区设置了浮动布局，所以 footer 区前面还需要增加一个清除文档流的空 div，以便确保 footer 区不在水平排列。

CSS 代码如下：

```
/*4.底部区：包含 footerbox,居中显示*/
.clearBoth { clear: both; }
.footer { height: 100px; margin-top: 20px; color: white;
          background-color: #005500; font-size: 16px; }
.footerbox { margin: 0 auto; padding: 20px 5px; width: 1190px; }
.namebox { float: left; width: 300px; }
.contactbox1 { float: left; width: 400px; }
.contactbox2 { float: left; width: 490px; }
```

参数说明如下。

（1）.clearBoth：使用 clear 属性来清除浮动，确保 footer 区不会水平浮动。

（2）.footer：不设宽度，只设高度和背景色，表示宽度和浏览器窗口一样大小。

（3）.footerbox：需要设置宽度，与 content 区一样宽，且水平居中。

至此，完成了本案例的页面设计，程序运行结果如图 4-16 所示。

4.3.2 常见的页面布局

1. 三行模式

页面的结构一般分为上中下三行，上为头部，下为底部，中间为内容区。头部和底部可以不设置宽度（与页面同宽，如 4.3.1 小节所叙述的案例），也可以设置宽度，与内容区一样宽，如图 4-21 所示。

图 4-21 三行模式

div 结构如下：

```
<!--头部区-->
<div class="header"></div>
<!--内容区-->
<div class="content">
    <div class="main"></div>
```

```
        <div class="sidebar"></div>
    </div>
    <div class="clearBoth"></div>
    <!--底部区-->
    <div class="footer"></div>
```

CSS 代码如下：

```
/*全局声明*/
* { margin: 0; border: 0; padding: 0; }
.header,.footer { width: 600px; height: 50px; margin: 0 auto;
                  background-color: #FFB8A0; }
/*内容区：包含主内容区和侧栏区*/
.content { width: 600px; margin: 10px auto;
           background-color: aliceblue; }
.main { float: left; width: 390px; height: 200px;
        background-color: aliceblue; margin-right: 10px;
        margin-bottom: 10px; }
.sidebar { float: left; width: 200px; height: 200px;
           background-color: aquamarine; }
.clearBoth { clear: both; }
```

2. 网格内容区模式

内容区可以设置成网格模式，如图 4-22 所示。

图 4-22　网格内容区模式

【例 4-6】 新建 ch4-8 网格布局.html，实现图 4-22 所示的页面布局。

div 结构如下：

```
<!--头部区-->
<div class="header"></div>
<!--内容区-->
<div class="content">
    <div class="main">
        <div class="box1"><img src="img/3/snow1.jpg"></div>
        <div class="box1"><img src="img/3/snow2.jpg"></div>
        <div class="box1"><img src="img/3/snow3.jpg"></div>
```

```
        <div class="box1"><img src="img/3/snow4.jpg"></div>
        <div class="box1"><img src="img/3/snow5.jpg"></div>
        <div class="box1"><img src="img/3/snow6.jpg"></div>
      </div>
</div>
<div class="clearBoth"></div>
 <!--底部区-->
<div class="footer"></div>
```

CSS 代码如下：

```
* { margin: 0; border: 0; padding: 0; }
.header, .footer { height: 100px; background-color: lightgreen;
                  padding: 5px; margin: 0 auto; }
/*内容区*/
.content { width: 1250px; padding: 10px 0; margin: 0 auto; }
.main { width: 1250px; float: left; margin-right: 10px;
        margin-bottom: 10px; }
/*内容区的盒模型样式*/
.main .box1 { width: 390px; float: left; margin: 10px; border-radius: 10px;
              height: 220px; background-color: #D2691E;
              overflow: hidden; }
      img { overflow: hidden; width: 100%; height: 100%; }
  img:hover { transform: scale(1.2); }
.clearBoth { clear: both; }
```

3. 图片标题列表模式

页面的内容区可以设置成列表模式，每一行又分成两个区，左侧放置小图片，右侧显示标题信息。标题列表模式如图 4-23 所示，当鼠标指针经过列表标题行时，背景颜色改变。

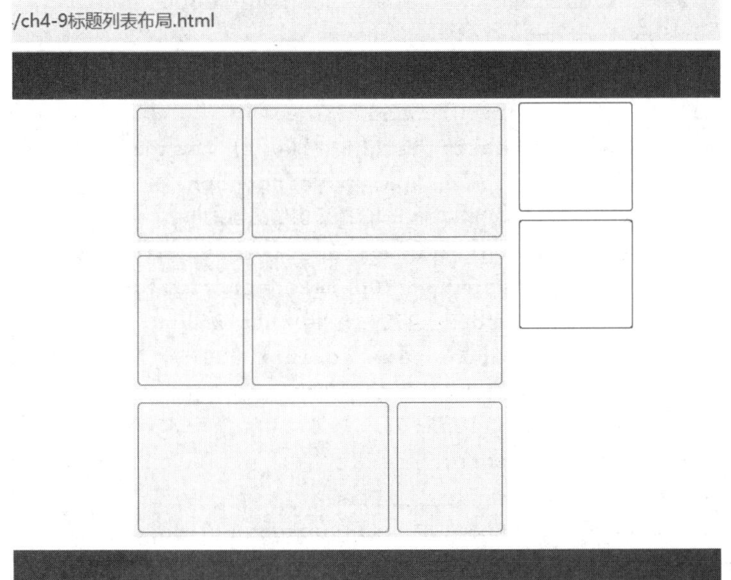

图 4-23　标题列表模式

【例 4-7】 新建 ch4-9 标题列表布局.html，实现图 4-23 所示的标题列表模式布局。

div 结构如下：

```
<div class="header"></div>
<div class="content">
    <div class="main">
        <div class="linebox">
            <div class="box1"></div>
            <div class="box2"></div>
            <div class="clearBoth"></div>
        </div>
        <div class="linebox">
            <div class="box1"></div>
            <div class="box2"></div>
            <div class="clearBoth"></div>
        </div>
        <div class="linebox">
            <div class="box2"></div>
            <div class="box1"></div>
            <div class="clearBoth"></div>
        </div>
    </div>
    <div class="sidebar"><!--右侧栏-->
        <div class="sidebox"></div>
        <div class="sidebox"></div>
    </div>
</div>
<div class="clearBoth"></div><!--空 div-->
<div class="footer"></div>
```

CSS 代码如下：

```
* { margin: 0; border: 0; padding: 0; }
.header { margin: 0 auto; height: 100px; background-color: red;
          margin-bottom: 10px; padding: 5px; }
.content { width: 1200px; margin: 0 auto; }
.content .main { width: 900px; float: left; margin-right: 10px; }
.content .sidebar { width: 270px; float: right; }
.sidebar .sidebox { width: 270px; height: 250px; margin-bottom: 20px;
                    border: 1px solid #0000FF; border-radius: 8px; }
.footer { margin: 0 auto; height: 100px; background-color: darkgreen;
          margin-top: 10px; }
.clearBoth { clear: both; }
/*内容行的样式*/
.linebox { margin-bottom: 20px; background-color: aliceblue; }
/*鼠标指针经过时，背景颜色改变*/
.linebox:hover { background-color: #FAEBD7; }
/*内容行里的盒模型样式：用来放置标题小图片*/
```

```
.box1 { float: left; width: 250px; height: 300px; margin: 10px;
        border: 1px solid #008000; border-radius: 10px; }
/*用来放置大内容块*/
.box2 { float: left; width: 600px; height: 300px; margin: 10px;
        border: 1px solid #008000;  border-radius: 10px; }
```

说明：在上述代码模板的基础上，可以在主内容区的左侧小框 box1 中放入小图片，右侧放入新闻标题超链接和时间信息等，当鼠标指针经过时背景颜色改变。

4. 百分比布局模式

百分比布局模式可用于自适应网页设计，可以在不同大小的设备上呈现相同的页面，并根据屏幕大小的改变自动调整内容布局。百分比布局模式适用于多种场景，包括富图表的大屏幕展示页面、丰富交互体验的单页面程序等。

百分比是相对于固定像素尺寸单位而言的，是一种相对于父元素的计量单位，通常强调宽度。百分比宽度的计算方法如下：

子元素宽度/父元素宽度=百分比宽度

CSS 属性使用百分比是相对于父元素而言的，但 top、bottom、left 和 right 四个位置的百分比属性值应分两种情况进行参照。第一种情况是相对定位时，参照的是父元素内容区域的高度和宽度；第二种情况是绝对定位时，参照的值除了内容区域的高度和宽度外，还包含 padding 的高度和宽度。

【例 4-8】 将 ch4-8 实例.html 的固定宽度布局修改为百分比布局，文件另存为“ch4-10 百分比布局.html”。将 header、content、main、sidebar、footer、namebox、contactbox1 和 contactbox2 等的 width 属性值修改为百分比。

HTML 代码不变，CSS 代码如下：

```
<style>
    * { margin: 0; border: 0; padding: 0; }
    body { font-size: 18px; background-color: azure; }
    a { text-decoration: none; color: #000000; }
    a:hover { color: lightpink; }
    ul { list-style: none; }
    .header { width: 80%; height: 120px; background-color: #ffffff;
             margin: 0 auto; margin-bottom: 10px; }
    .logo { width: 30%; float: left; margin-top: 24px;
            margin-left: 10px; }
    .nav_ul { width: 68%;  height: 120px;  float: left;
              line-height: 120px; }
    .nav_ul ul { float: right; }
    .nav_ul li { float: left; width: 80px; text-align: center; }
    /*2.菜单导航区：背景无宽度，显示一级菜单导航区*/
    .menu { margin: 0 auto; height: 60px; background-color: #FFAA7F;
           margin-bottom: 10px; }
    .menubox { width: 80%; height: 60px; margin: 0 auto; }
    .menubox li { float: left; width: 120px; height: 60px;
```

```
                line-height: 60px; text-align: center; }
        .menubox li a { display: block; width: 100px; }
        .menubox li a:hover { color: #FF0000; background-color: bisque; }
        /*3.内容区：主内容区和侧栏区*/
        .content { width: 80%; margin: 0 auto; }
        .main { width: 74%; float: left; margin-right: 10px;
                background-color: #ffffff; }
        .sidebar {width: 25%; float: left; }
        /*3.1 主内容区：包含行内容区 linebox*/
        .linebox { margin: 5px; width: 99%; }     /*占 main 区宽度的 99%*/
        .bigTitle { margin-left: 20px; margin-bottom: 10px;
                    font-size: 40px; color: #333; font-family: "微软雅黑"; }
            .main p { margin-left: 20px; height: 40px; line-height: 40px;
                      font-family: "微软雅黑"; }
            /*3.2 侧栏区：包含 sidebox 区*/
            .sidebox { width: 99%; height: 230px; margin: 5px auto;
                       margin-bottom: 20px; }
        .picbox { width: 98%; height: 160px; overflow: hidden;
                  border-radius: 5px; margin-bottom: 10px; }
        .picbox img { width: 100%; height: 100%; }
        .picbox img:hover { transform: scale(1.2); }
        .titlebox { padding: 5px; }
        /*4.底部区：包含 footerbox,居中显示*/
        .clearBoth { clear: both; }
        .footer { height: 100px; background-color: #005500; color: white;
                  margin-top: 20px; font-size: 16px; }
        .footerbox { width: 80%; padding: 20px 5px; margin: 0 auto; }
        .namebox { float: left; width: 25%; }
        .contactbox1 { float: left; width: 33%; }
        .contactbox2 { float: left; width: 40%; }
    </style>
```

样式设置说明如下。

（1）头部区的百分比设置。头部区的宽度改为 80%，表示占浏览器宽度的 80%。头部区包含的 logo 区和 nav_ul 区也分别设置宽度百分比，须向左浮动。nav_ul ul 区内主要包含 ul 列表，该 ul 列表应设置为向右浮动，否则 ul 列表就会靠左显示。无论浏览器窗口大小如何改变，头部区都会随之变化，水平列表保持靠右显示，如图 4-24 所示。

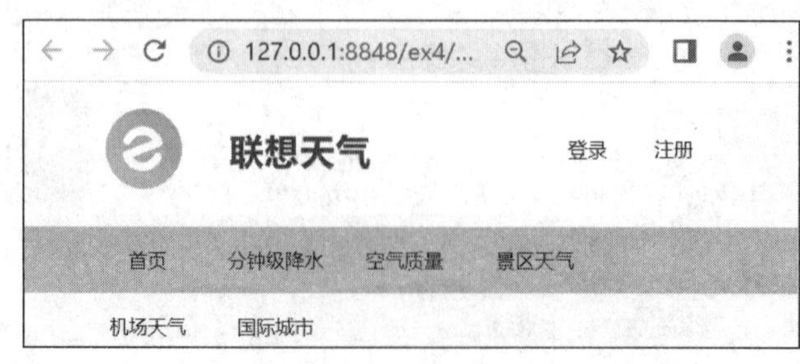

图 4-24　头部区

（2）菜单导航区的百分比设置。只需修改菜单导航区的宽度为 80%，其余不用修改。

（3）内容区的百分比设置。内容区的宽度改为 80%，与原来的像素比，主内容区的宽度改为 74%，侧栏区的宽度为 25%，留小部分比例给边界使用。主内容区包含的 linebox 区的宽度改为 99%，侧栏区包含的 sidebox 区和 picbox 区的宽度分别改为 99%和 98%，以使得浏览器窗口变小时，这些内容区域也可以随之变化，如图 4-25 所示。

图 4-25　内容区

（4）底部区的百分比设置。底部区包含 footerbox，设置其宽度为浏览器宽度的 80%，居中显示。footerbox 包含三个 div 盒子，其宽度均设置为百分比，当缩放浏览器窗口时，三个 div 盒模型的文本也随之变化。

运行该页面，在菜单中设置浏览器缩放比例为 50%，拖动浏览器的边框改变大小，底部区的文本从两行变为三行，三个盒模型的间距缩小，如图 4-26 所示。

图 4-26　底部区的内容

4.3.3　制作二级导航菜单

二级导航菜单在网站中非常常见，其有助于提高网站的用户体验，使用户能够更轻松地浏览和找到他们想要的内容。

制作二级导航菜单的步骤如下。

（1）根据网站的结构和内容确定二级导航菜单要包含的内容，通常是网站的信息分类。例如，“学校”目录下包含各类大学和机构等。

（2）编写 HTML 结构，构建导航菜单。导航菜单通常包括一个无序列表<ul>，其中包含多个列表项<li>。每个列表项<li>代表一个主要的导航菜单，而二级导航菜单可以作为嵌套的无序列表放在主要的导航菜单中。

（3）为二级导航菜单添加 CSS 样式，包括颜色、字体、背景、边框、间距等。同时，需要使用 CSS 控制子菜单的显示和隐藏。例如，可以使用:hover 伪类选择器来设置在鼠标指针悬停时显示子菜单。

（4）在不同的设备和浏览器上测试二级导航菜单，以确保其兼容性和可用性。根据需要调整样式和布局，并优化代码，以提高性能。

【例 4-9】 编写代码，实现一个二级导航菜单，代码保存在 ch4-11.html 中。

div 结构如下：

```
<div class="menu">
    <ul>
        <li><a href="#">冬奥</a>
        <ul class="sub-menu">
            <li><a href="#">项目</a></li>
            <li><a href="#">赛程</a></li>
            <li><a href="#">奖牌榜</a></li>
        </ul>
        </li>
        <li><a href="#">音乐</a>
            <ul class="sub-menu">
                <li><a href="#">民谣</a></li>
                <li><a href="#">电子</a></li>
                <li><a href="#">爵士</a></li>
            </ul>
        </li>
            <!--更多菜单项-->
    </ul>
</div>
```

<style>标签的参考代码如下：

```
* { margin: 0; border: 0; padding: 0; }
ul { list-style-type: none; }
a { text-decoration: none; }
.menu { width: 1000px; height: 48px; margin: 0 auto;
       line-height: 48px; background-color: ghostwhite; }
.menu ul { position: relative; }          /*相对定位*/
.menu ul li { float: left; width: 100px; text-align: center; }
.menu ul li a { width: 100px; display: inline-block; }
.menu ul li a:hover { background-color: blanchedalmond; }
/*子菜单样式*/
.menu ul li ul { position: absolute;      /*绝对定位*/
               z-index: 999;              /*确保子菜单层保持在顶层*/
               visibility: hidden; }      /*使子菜单隐藏*/
.menu ul li:hover ul { visibility: visible; }  /*使子菜单显现*/
```

程序运行结果如图 4-27 所示。当鼠标指针经过“冬奥”时，出现子菜单“项目”“赛程”“奖牌榜”；当鼠标指针经过“音乐”时，出现子菜单“民谣”“电子”“爵士”。

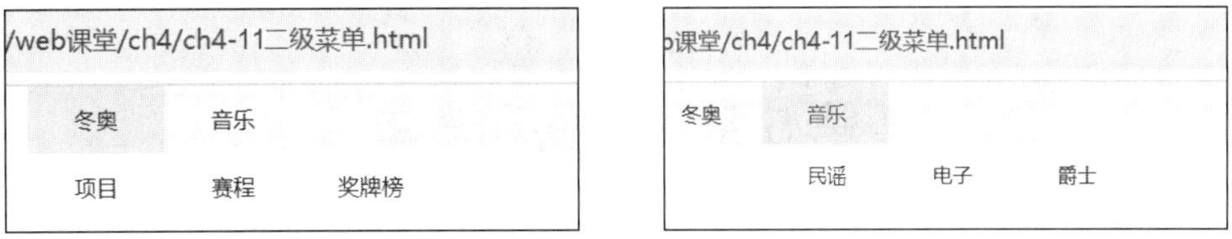

(a)“冬奥”子菜单　　(b)“音乐”子菜单

图 4-27　二级导航菜单

本章小结

本章主要介绍了盒模型的概念、大小计算及盒模型属性的应用。读者需要掌握 CSS 布局中常用的 float 属性、clear 属性和 position 属性在页面布局中的应用，学会使用 Div+CSS 进行页面结构的布局设计，掌握页面中头部区、菜单导航区、内容区和底部区的 CSS 设计，同时了解二级导航菜单的设计。

第 5 章　表格和表单

在网页设计的众多组成元素中，应用最广泛的是表格与表单这两种元素。其中，表格以其清晰的结构显示网页数据，同时也常被用于构建网页布局；表单是实现浏览者与网页之间动态交互的主要工具。因此，表格与表单在网页制作中扮演着重要角色。

5.1　表　　格

表格是 HTML 网页中用于展示表格式数据及进行文本和图像布局的强大工具，它能使网页结构紧凑、整齐，并确保网页内容的呈现一目了然。表格除了传统的数据展示功能外，还曾广泛用于构建网页结构，精确控制文字、图像等网页元素在页面中的位置，使布局清晰有序。尽管 CSS 布局的普及使表格在网页布局中的作用有所减弱，主要回归到了展示表格式数据的功能上，但是它仍然是展示表格式数据的重要工具。因此，精通网页制作的人需要熟练掌握表格的应用。

5.1.1　表格的基本标签

表格是由行和列构成的二维结构，其中每一行包含一个或多个单元格，这些单元格用于存放数据或其他类型的内容。单元格内可以包含多样化的数据，包括但不限于文本、图片、列表、段落、表单控件及水平线等元素。这样的设计使表格在网页上能够灵活地展示和组织信息。

表格标签由<table>…</table>构成，表格的其他所有标签（如行标签<tr>、单元格标签<td>或<th>等）必须被放置在表格的开始标签<table>和结束标签</table>之间，以确保它们的正确性和有效性。用于制作表格的标签如表 5-1 所示。

表 5-1　用于制作表格的标签

标签	含义
<table>…</table>	表格标签
<caption>…</caption>	表格标题标签
<th>…</th>	表头标签，默认格式为粗体居中
<tr>…</tr>	行标签
<td>…</td>	单元格标签

表格标签的语法格式如下：

```
<table>
      <caption>表格标题</caption>
      <tr><th>表头 1</th><th>表头 2</th></tr>
      <tr><td>单元格内容 1</td><td>单元格内容 2</td></tr>
```

```
        <tr><td>单元格内容 3</td><td>单元格内容 4</td></tr>
    </table>
```

HTML 通过<table>…</table>标签来定义表格。每个表格由若干行组成，每行由<tr>…</tr>标签表示。每行包含若干单元格，单元格通过<td>…</td>标签定义。行内单元格是表格的基本结构单元，可以包含文本、图像、列表、水平线等内容。表头单元格使用<th>…</th>标签定义，通常位于表格的第一行或每列的开头，用于标明该列的内容类别。表头单元格的使用方法与行内单元格相似，但默认情况下其内容会加粗并居中显示。此外，表格还可以使用<caption>…</caption>标签来添加标题，该标签通常位于<table>标签内部，用于给表格命名或提供简短说明。

【例 5-1】 设计一个四行六列的课程表。参考代码如下：

```
    <body>
        <table >
            <caption>课程表</caption>
            <tr><th>节次</th><th>星期一</th>    <th>星期二</th>
    <th>星期三</th><th>星期四</th><th>星期五</th></tr>
            <tr><td>1-2 节</td><td>英语</td><td>系统解剖学</td>
    <td>生理学</td><td>计算机</td><td>英语</td></tr>
            <tr><td>3-4 节</td><td>高等数学</td><td>内科学</td>
    <td>分子生物学</td><td>计算机</td><td>物理</td></tr>
            <tr><td>5-6 节</td><td>物理</td><td>体育</td>
    <td>高等数学</td><td>社会实践</td><td>体育</td></tr>
        </table>
    </body>
```

</body>程序运行结果如图 5-1 所示。从预览效果图可知，默认的表格没有边框，行高、列宽也没法控制。HTML5 中除了<td>标签提供了两个单元格合并的属性之外，<table>和<tr>标签也没有任何属性。如何修饰表格呢？需要通过 CSS 样式完成。

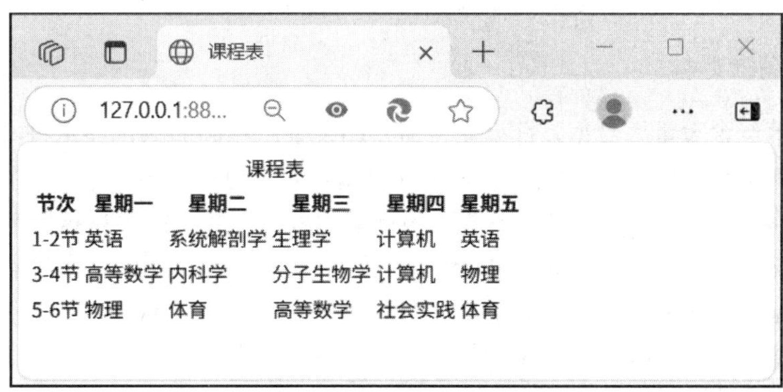

图 5-1　课程表

5.1.2　表格的样式

设置表格的边框、宽度、高度等 HTML 属性，通常使用 CSS 属性设置表格的样式，这样可以方便、高效地控制表格格式。

1. 选择器类型的选择

利用 CSS 定义表格的样式时，对于不同的场景需要选择合适的选择器类型。

（1）标签选择器：如果需要控制页面所有表格相关的标签样式，如<table><tr><td><th><caption>，则使用标签选择器比较方便。

（2）类选择器：如果需要控制页面中某几个表格相关标签的样式，且样式是相同的，则使用类选择器。

（3）ID 选择器：如果需要控制一个页面中某一个表格相关标签的样式，建议使用 ID 选择器。

（4）后代选择器：如果需要将以上定义的表格样式仅作用于指定的范围内，可以使用后代选择器实现。

2. 表格相关的 CSS 属性

控制表格的样式的 CSS 属性包括文字字体相关属性、背景相关属性、布局相关属性等。除此之外，CSS 还有专用于表格的属性，具体如下。

（1）border-collapse 属性：可取值包括 separate（边框分离，默认值）和 collapse（边框折叠）。因为表格<table>、表头<th>、单元格<td>元素都有独立的边框，所以表格默认具有双线条边框。如果需要显示单线条边框，可以设置 border-collapse 属性值为 collapse，将双线条边框折叠为单线条边框。

（2）border-spacing 属性：设置相邻单元格边框间的距离，仅用于边框分离模式。border-spacing 属性可以设置一个值，表示单元格水平间距和垂直间距相同；也可以设置两个值，其中第一个值表示垂直间距，第二个值表示水平间距。

（3）caption-side 属性：设置表格标题位置。其默认值为 top，表示表格标题显示在表格上方。若须将标题显示于表格下方，则将该值设置为 bottom 即可。

3. 表格隔行变色

若表格中包含大量的数据，行列非常多，如果采用相同的颜色显示每一行，不利于用户浏览，而采用表格隔行变色效果会使页面浏览效果更清晰美观。

通过表格的<tr>标签，可以实现表格隔行变色效果，并根据表格行所在位置的奇偶性来改变背景颜色。通过 tr:nth-child(odd)选择器，可以指定奇数行的背景颜色；通过 tr:nth-child(even)选择器，可以指定偶数行的背景颜色，从而实现表格隔行变色效果。

【例 5-2】 利用 CSS 设置表格边框，实现隔行变色效果。参考代码如下：

```
<html>
    <head>
        <meta charset="utf-8">
        <title>CSS 设置表格样式</title>
        <style>
            * { padding-left: 10px; }
            /*奇数行背景颜色*/
```

```
            tr:nth-child(odd) { background-color: antiquewhite; }
            /*偶数行背景颜色*/
            tr:nth-child(even) { background-color: darkturquoise; }
            /*定义表格样式边框折叠、边框、宽度*/
            table{ border-collapse: collapse; border: 4px solid #cccc00;
                    width: 600px; }
            td, th { height: 40px; border: 2px solid #CCCC00; }
        </style>
    </head>
    <body>
        <table>
            <caption>会议议程</caption>
            <tr><th>时间</th><th>内容</th></tr>
            <tr><td>8:30~8:40</td><td>学校领导致欢迎辞 </td></tr>
            <tr><td>8:40~8:50</td><td>生物医学工程学院简介</td></tr>
            <tr><td>8:50~9:05</td>
                <td>生物医学工程学院学术发展委员会成立及专家受聘仪式</td>
            </tr>
            <tr><td>9:05~9:25</td><td>第一届学术发展委员会主任讲话</td></tr>
            <tr><td>9:30~10:00</td>
                <td>学术报告：数据与模型驱动的医学成像</td></tr>
            <tr><td>10:10~10:30</td>
                <td>学术报告：腹膜肿瘤关键技术的研发及转化</td>
            </tr>
        </table>
    </body>
</html>
```

程序运行结果如图 5-2 所示。

会议议程

时间	内容
8:30~8:40	学校领导致欢迎辞
8:40~8:50	生物医学工程学院简介
8:50~9:05	生物医学工程学院学术发展委员会成立及专家受聘仪式
9:05~9:25	第一届学术发展委员会主任讲话
9:30~10:00	学术报告：数据与模型驱动的医学成像
10:10~10:30	学术报告：腹膜肿瘤关键技术的研发及转化

图 5-2　隔行变色表格

通过设置 tr:nth-child(odd) 和 tr:nth-child(even)，实现了隔行变色效果；通过设置表格<table>标签的 border-collapse 属性值为 collapse，实现了表格的单线条边框效果。

5.1.3 合并单元格

在复杂表格的制作过程中，为了满足特定内容的展示需求，经常需要将某些单元格进行合并，这些单元格可能跨越多行或多列。单元格的合并方向主要有两种：横向合并（合并列单元格）和纵向合并（合并行单元格）。要实现这两种单元格合并方式，需要设置<td>或<th>标签的 colspan（合并列）和 rowspan（合并行）属性，其中 colspan 属性指定了单元格应该横跨的列数，rowspan 属性指定了单元格应该横跨的行数。这样，就可以灵活地调整表格结构，以满足不同的布局需求。

1. 用 rowspan 属性合并上下单元格

合并上下单元格需要使用<td>标签的 rowspan 属性完成，语法格式如下：

```
<td rowspan="行数">单元格内容</td>
```

其中，rowspan 属性的取值代表单元格上下合并行数量。若 rowspan="n"，则代表该单元格横跨 n 行，当前行下的 n−1 行内的单元格数量都需减少 1 个，即少定义 1 个<td>标签。

2. 用 colspan 属性合并左右单元格

合并左右单元格需要使用<td>标签的 colspan 属性完成，语法格式如下：

```
<td colspan="列数">单元格内容</td>
```

其中，colspan 属性的取值代表单元格左右合并列数量。若 colspan="n"，则代表该单元格合并数量为 n 个，当前行内的单元格数量需要减少 n−1 个，即删除 n−1 个<td>标签。

【例 5-3】 合并单元格，制作课程表。参考代码如下：

```
<html>
    <head>
        <meta charset="utf-8">
        <title>课程表</title>
        <style>
            table{
                border: 4px solid;                  /*表格边框*/
                border-collapse: collapse;          /*边框重叠*/
                width: 550px;                       /*设置表格宽度*/
                height: 200px; }                    /*设置表格高度*/
            th, td{
                border: 1px solid;                  /*单元格边框*/
                text-align: center; }               /*段落对齐方式居中*/
        </style>
    </head>
    <body>
        <table>
            <caption>课程表</caption>
            <tr>
                <th>时间</th>
                <th>节次</th>
                <th>星期一</th>
```

```
                <th>星期二</th>
                <th>星期三</th>
                <th>星期四</th>
                <th>星期五</th>
            </tr>
            <tr>
                <!--使用 rowspan 进行列合并-->
                <td rowspan="2">上午</td>
                <td>1-2 节</td>
                <td>英语</td>
                <td>系统解剖学</td>
                <td>生理学</td>
                <td>计算机</td>
                <td>英语</td>
            </tr>
            <tr>
                <td>3-4 节</td>
                <td>高等数学</td>
                <td>内科学</td>
                <td>分子生物学</td>
                <td>计算机</td>
                <td>物理</td>
            </tr>
            <tr>
                <!--使用 colspan 进行行合并-->
                <td colspan="7" style="text-align:center;">中午</td>
            </tr>
            <tr>
                <td>下午</td>
                <td>5-6 节</td>
                <td>物理</td>
                <td>体育</td>
                <td>高等数学</td>
                <td>社会实践</td>
                <td>体育</td>
            </tr>
        </table>
    </body>
</html>
```

程序运行结果如图 5-3 所示。

课程表

<table>
<tr><th>时间</th><th>节次</th><th>星期一</th><th>星期二</th><th>星期三</th><th>星期四</th><th>星期五</th></tr>
<tr><td rowspan="2">上午</td><td>1-2节</td><td>英语</td><td>系统解剖学</td><td>生理学</td><td>计算机</td><td>英语</td></tr>
<tr><td>3-4节</td><td>高等数学</td><td>内科学</td><td>分子生物学</td><td>计算机</td><td>物理</td></tr>
<tr><td colspan="7">中午</td></tr>
<tr><td>下午</td><td>5-6节</td><td>物理</td><td>体育</td><td>高等数学</td><td>社会实践</td><td>体育</td></tr>
</table>

图 5-3　合并单元格

合并单元格以后，相应单元格标签数量应该减少，否则会出现多余单元格，使后面单元格出现移位现象。

5.1.4 使用表格布局网页

【例 5-4】 制作一个名医专家介绍网页，利用表格布局，使用表格标签属性及 CSS 样式美化网页。参考代码如下：

```
<html>
     <head>
     <meta charset="utf-8">
     <style>
         table { width: 1200px; margin: 0 auto; }  /*表格居中显示*/
         p { line-height: 1em; }
         th { font-size:  24px;  text-align:left;
              font-family: "微软雅黑"; }
         td { border-top: #0085cd 2px solid; width: 280px;
              height: 400px;
              box-shadow: 0 1px 3px 0px rgba(0,0,0,0.15);
              text-align: center; background-color: #f6fbfd;
              background: #f6fbfd url(img/bg_02.jpg) no-repeat 30% 75%;
           }
        .name { font-size: 24px; color: #1d79b7; line-height: 24px; }
        .keshi { font-size: 16px; line-height: 16px; }
        img { width: 150px; height: 200px; border-radius: 15px;
              padding: 9px; border: #80c2e6 1px solid; }
        </style>
      </head>
      <body>
          <table>
               <tr><th colspan="4" id="title">名医专家</th></tr>
               <tr>
                 <td><img src="img/t11.jpg"><p class="name">陈婷婷</p>
                    <p class="keshi">心血管内科</p></td>
                 <td><img src="img/t22.jpg"><p class="name">周斌</p><p
                    class="keshi">中医科</p></td>
                 <td><img src="img/t33.jpg"><p class="name">李军</p><p
                    class="keshi">呼吸内科</p></td>
               </tr>
                 <tr><td><img src="img/t44.jpg">
                           <p class="name">林成</p><p
                    class="keshi">外科</p></td>
                 <td><img src="img/t55.jpg">
                      <p class="name">黄晓晓</p><p
                    class="keshi">消化内科</p></td>
                 <td><img src="img/t66.jpg">
```

```
                        <p class="name">陈子昂</p><p
                    class="keshi">消化内科</p></td>
                </tr>
            </table>
        </body>
</html>
```

程序运行结果如图 5-4 所示。

图 5-4　名医专家介绍网页

本例中，采用三行三列表格布局网页，首先使用跨列合并单元格，通过<table>标签样式设置表格宽度和居中对齐方式；然后使用 CSS 样式为单元格添加背景颜色和背景图片，利用图片<img>标签样式为每张图像添加圆角边框。

5.2　表　　单

运用 Div+CSS 技术可以构建出既美观又功能多样的网站，这些网站通过浏览器向用户展示丰富的信息。然而，仅依靠此技术实现的网站在交互性上有所局限，因为它们主要侧重于信息的展示而非与用户的直接交流。为了增强网站的互动性，让用户能够输入信息或向网站管理员反馈，设计并实现表单成为最直接和有效的方法。表单不仅允许用户输入和提交数据到服务器，而且服务器在接收到这些信息后，可以执行相应的处理，并将处理结果即时反馈给用户或网站管理员，从而极大地提升网站的用户体验和功能性。

5.2.1　表单概述

表单在网页设计中扮演着至关重要的角色，其不仅是实现网页浏览者与网站之间信息交互的关键工具，还广泛应用于用户信息的收集与反馈、在线调查、用户注册、登录验证及信息检索等多种场景。表单作为 HTML 中较为复杂的元素之一，其设计通常融合了多种表单控件，如文本框、单选按钮、复选框、下拉列表框、提交按钮及重置按钮等，以灵活满足不同类型信息的收集需求。

为了提升用户体验与数据处理效率，表单往往与脚本语言（如 JavaScript）、动态网页技术（如 AJAX）及后端数据处理机制紧密结合使用。这种结合不仅使表单能够实时验证用户输入，减少服务器负担，还增强了数据的交互性与即时性，成为设计现代动态网页不可或缺的核心元素。图 5-5 所示为使用表单制作的一个用户登录页面。

图 5-5 用户登录页面

5.2.2 创建表单

在 HTML 中，<form>是表单的标签，所有控件必须放在<form>…</form>之间，不能单独存在。表单相当于一个容器，用来容纳所有的表单控件和相关提示信息。当用户单击提交按钮时，会将表单范围中控件的数据提交给后台服务器，实现用户信息的收集和传递。创建表单的语法格式如下：

```
<form name="表单名称" action="URL" method="get/post"
    autocomplete="on/off">
      <!--包含各种表单元素控件-->
</form>
```

<form>标签常用属性含义如下。

（1）name：表单的名称，对表单命名以后，可以用脚本语言 JavaScript 对表单进行访问。

（2）action：提交表单时，向何处发送表单数据。

（3）method：指定表单数据的提交方式，可取值为 get（默认值）或 post。当使用

get 方式提交数据时，会将“名称/值”对加在 action 的 URL 后面，提交给服务器。该方式保密性差，且有数据量的限制，故不推荐使用。post 方式保密性好，并且无数据量的限制。

（4）autocomplete：指定表单是否自动完成功能。取值为 on 时，表单有自动完成功能；取值为 off 时，表单无自动完成功能。

【例 5-5】 创建搜索表单。参考代码如下：

```
<html>
    <head>
        <meta charset="utf-8">
        <title>表单</title>
    </head>
    <body>
        <form name='f1' action="result.asp" method="post">
            <input type="text" name='t1'/>
            <input type="submit" value="搜索"/>
        </form>
    </body>
</html>
```

程序运行结果如图 5-6 所示。

图 5-6　搜索表单

5.2.3　input 控件

input 控件是表单中最常用的表单元素，用于实现用户输入数据。网页中的 input 控件有文本框、密码框、单选按钮、复选框等多种类型。其基本语法格式如下：

```
<input name="控件名" type="控件类型"…/>
```

input 控件的常用属性如表 5-2 所示。

表 5-2　input 控件的常用属性

属性	值	说明
name	name	控件的名称
type	text	单行文本框
	password	密码框
	radio	单选按钮
	checkbox	复选框
	image	图像按钮

续表

属性	值	说明
type	submit	提交按钮
	reset	重置按钮
	button	普通按钮
	file	文件域
	hidden	隐藏框
value	value	input 控件设置输入的默认值
maxlength	正整数	单行文本允许输入的最大字符数
size	正整数	控件宽度，其值小于或等于最大长度
checked	checked	定义选择控件默认被选中的项
src	url	插入图像的地址，可以是绝对地址，也可以是相对地址
readonly	readonly	控件内容只读，不能修改和编辑

1. 单行文本框

当 input 控件的 type 属性值为 text 时，可以实现在表单中插入一个单行文本框。在单行文本框中可以输入任何类型的文本、数字或字母，输入的内容只能单行显示，不能换行。其语法格式如下：

```
<input type="text" name="" size="" maxlength="" value=""/>
```

2. 密码框

当 input 控件的 type 属性值为 password 时，可以实现向表单中插入一个密码框。密码框中可以输入任意类型的数据。使用密码框的目的是隐藏用户的密码信息，用户在密码框中输入的信息以星号“*”或圆点“•”显示，原文不会被显示。其语法格式如下：

```
<input type="password" name=" " size=" " maxlength=" " value=" "/>
```

【例 5-6】 设计登录页面，添加单行文本框和密码框。参考代码如下：

```
<html>
   <head>
      <meta charset="utf-8">
      <title>表单</title>
   </head>
   <body>
      <form name ="f1" action="f2.html" method="post">
         <label for="un">用户名:</label>
         <input type="text" name="userName" id="un"/>
            <br><br>
         <label for="pw">密   码:</label>
         <input type="password" name="userPwd" id="pw"/><br><br>
               <input type="submit" value="登录"/>
               <input type="reset" value="取消"/>
      </form>
```

程序运行结果如图 5-7 所示。

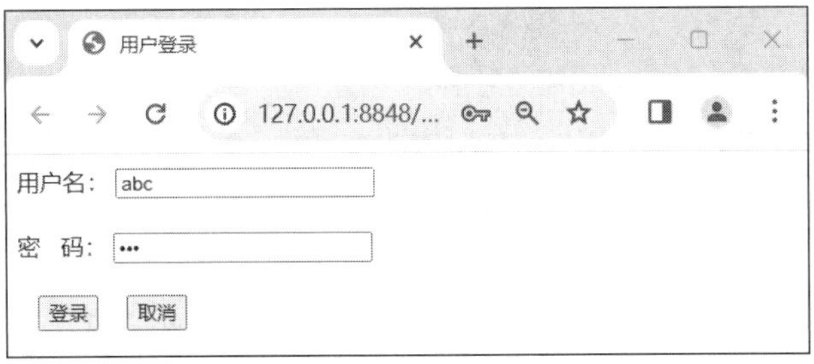

图 5-7　用户登录页面

说明：例 5-6 中使用了<label>标签，使用<label>标签的 for 属性可以绑定元素。正常情况下，要使某个 input 控件获得焦点，必须单击该控件才可以实现，使用<label>标签后，单击该标签所绑定的文字或图片，就可以得到焦点。此例中，单击文字“用户名”，其后的文本框可以获得焦点。

3. 单选按钮

单选按钮用于单项选择，对应 input 控件的 type 属性值 radio。单选按钮一般成组使用，如果将多个单选按钮设置为相同的 name 值，就形成一组单选按钮。相同 name 值的一组单选按钮有且只能有一个单选按钮被选中，若设置一个单选按钮的值默认被选中，须将该单选按钮的 checked 属性值设置为 checked，不设置则默认表示不选中。其语法格式如下：

```
<input type="radio" name="" value="" checked="checked"/>
```

4. 复选框

复选框用于多项选择，对应 input 控件的 type 属性值 checkbox。可以选择复选框中的一项或多项内容，也可以全选，所以复选框的 name 属性必须单独设置。若想设置复选框默认被选中，则设置 checked 属性值为 checked 即可。例如，收集个人信息时，要求选择个人的兴趣爱好，其选项有多个，就可以用复选框实现。其语法格式如下：

```
<input type="checkbox" name=" " value=" " checked="checked">
```

【例 5-7】 单选按钮和复选框应用。参考代码如下：

```
<!DOCTYPE html>
<html>
    <head>
      <meta charset="utf-8">
       <style>
          Fieldset { width: 300px; height: 100px; padding-left: 30px;
                     padding-top: 20px; border: 2px double #003399; }
</style>
    </head>
    <body>
       <form action="" method="post">
         <fieldset>
```

```
            <legend>个人信息</legend>
            <label>性别：</label>
            <input type="radio" name="sex" id="male" value="0" checked=
             "checked"/>男
            <input type="radio" name="sex" id="female" value="1"/>女 <br><br>
            <label>爱好：</label>
            <input type="checkbox" id="hb1" value="reading" checked=
             "checked"/>阅读
            <input type="checkbox" id="hb2" value="sing" checked=
             "checked"/>唱歌
            <input type="checkbox" id="hb3" value="basketball"/>篮球
            <input type="checkbox" id="hb4" value="game"/>游戏
            </fieldset>
        </form>
    </body>
</html>
```

程序运行结果如图 5-8 所示。

个人信息

性别：◉男 ○女

爱好：☑阅读 ☑唱歌 ☐篮球 ☐游戏

图 5-8 单选按钮和复选框应用

例 5-7 中，在表单中使用域（fieldset）将表单元素分组，并使用<legend>标签为<fieldset>标签定义域标题。在域中插入两个单选按钮，name 值为 sex，value 值为 male 和 female；设置 input 控件的 checked 属性值为 checked，默认选中“男”单选按钮。在域中插入四个复选框，通过设置 input 控件的 checked 属性值，默认选中“阅读”“唱歌”复选框。

5. 文件域

用户可以通过文件域上传计算机中的某个文件，并将该文件作为表单数据上传，如本地上传图片、文件等。其语法格式如下：

```
<input type="file"/>
```

6. 按钮

按钮在表单中不可缺少，一般填写完表单信息后，单击确定按钮，会将表单信息提交给服务器或执行某种其他操作。在 HTML 中，主要有三种不同功能的按钮：普通按钮、提交按钮和重置按钮。

（1）普通按钮：type 值为 button，在提交页面、恢复选项时常常用到。普通按钮一般要配合 JavaScript 来处理表单信息，单击该按钮，执行 onclick 后面的处理程序。其语法格式如下：

```
<input type="button" name="" value="" onclick=""/>
```

（2）提交按钮：type 值为 submit，单击该按钮，将表单数据提交给处理表单的应用程序，不需要设置 onclick 属性。其语法格式如下：

```
<input type="submit" name="" value=""/>
```

（3）重置按钮：type 值为 reset，单击该按钮，将清除表单内容，恢复表单默认内容。其语法格式如下：

```
<input type="reset" name="" value=""/>
```

【例 5-8】 文件域和按钮应用。参考代码如下：

```
<!DOCTYPE html>
<html>
    <head>
    <meta charset="utf-8">
    <style>
        label { display: inline-block; width: 100px;
                text-align: right; }
        #info { width: 500px; height: 300px; margin: 0 auto;
                border: 5px solid pink; text-align: center; }
        input { margin-bottom: 15px; }
        #btn input { width: 80px; height: 30px; margin-left: 15px; }
        .error { color: red; display: inline-block; margin-left: 5px; }
    </style>
    </head>
    <body>
        <div id="info">
        <h3>个人信息收集</h3>
        <form action="result.html" method="post">
        <label>姓名：</label><input type="text" id="" value=""/><span
              class="error">***必填项</span><br>
        <label>电话：</label><input type="text" name='tel'/><span
              class="error">***必填项</span><br>
        <label>上传相片：</label><input type="file"/><br>
        <div id="btn">
          <input type="submit" name="" value="提交"/>
          <input type="reset" name="" value="重置"/>
          <input type="button" name="btn" value="暂存"
                onclick="alert('信息已保存')"/>
        </div>
       </form>
     </div>
    </body>
</html>
```

程序运行结果如图 5-9 所示。

个人信息收集
姓名： ***必填项
电话： ***必填项
上传相片： 选择文件 未选择任何文件
提交 重置 暂存

图 5-9 文件域和按钮应用

例 5-8 中，表单中添加了文件域，以实现图片上传功能，并设置了普通按钮以实现表单信息的暂存。单击“提交”按钮，将整个表单信息提交给服务器；单击“重置”按钮，使表单内容恢复到初始状态。

5.2.4 表单其他控件

1. 下拉列表框

在网站填写注册信息时，有时需要填写个人学历或籍贯信息，如果将所有可能选项都显示在网页上，会占用大量网页空间，而利用表单控件中的下拉列表框可以有效解决这个问题。下拉列表框可以显示一定数量的选项，如果超出给定数量，会自动出现滚动条，拖动滚动条即可查看各个列表项。

在 HTML 中，在表单中添加下拉列表框时需要使用<select></select>标签，下拉列表框中的每一列表项需要包含在<option></option>标签中，并嵌套于<select></select>标签中。

下拉列表框的基本语法格式如下：

```
<select name="course" size="" multiple>
    <option value="选项值">选项显示内容</option>
    <option value="选项值" selected>选项显示内容</option>
    …
</select>
```

<select>标签具有以下属性。

（1）multiple 属性：该属性不用赋值，直接加入即表示列表可多选。

（2）size 属性：设置列表的高度，默认值为 1。若没有设置（加入）multiple 属性，则显示一个弹出式列表框。

<option>标签里的 selected 属性值若设置为 selected，则表示此列表项默认被选中。

【例 5-9】 下拉列表框应用。参考代码如下：

```
<html>
    <head>
        <meta charset="utf-8">
        <style>
          #info {width: 400px; height: 400px; margin: 0 auto;
                 border: 2px solid red; padding: 20px 0 20px 60px; }
          select, input[type="text"] { width: 200px; padding: 5px;
```

```
                              font-size: 16px; }
        </style>
    </head>
        <body>
        <div id="info">
        <form action="" method="post">
            <h3>姓名：</h3><input type="text" placeholder="请输入姓名">
            <h3>你的专业是：</h3>
            <select name="major">
                <option value="临床医学">临床医学</option>
                <option value="医学影像" selected>医学影像学</option>
                <option value="医学检验">医学检验</option>
                <option value="预防医学">预防医学</option>
            </select>
            <h3>请选择课程：</h3>
            <select name="course" size="3" multiple>
                <option value="临床医学">内科学</option>
                <option value="医学影像" selected="selected">
                       外科学</option>
                <option value="医学检验">解剖学</option>
                <option value="预防医学">生理学</option>
                <option value="麻醉学">免疫学</option>
            </select><br><br>
                <input type="submit" value="提交" style=
                    "font-size: 16px;
                width: 100px; height: 40px; margin-left: 50px;"/>
            </form>
        </div>
    </body>
</html>
```

程序运行结果如图5-10所示。表单中插入了两个下拉列表框，其中一个用于选择专业，选项数为4，默认选中“医学影像学”专业。另一个下拉列表框用于选择课程，可见选项数为3（size=3），项目数为5，默认选中“外科学”；设置multiple="multiple"，支持多选。

图5-10　下拉列表框应用

2. 文本域

使用<textarea></textarea>标签制作多行文本域，其与文本框的区别在于可以添加多行文字，可以输入更多的文本。文本域通常用在意见栏、留言板中。其语法格式如下：

```
<textarea rows="显示的行数" cols="每行的字符数"></textarea>
```

说明：rows 属性用来设置文本域的行数；cols 属性用来设置文本域的列数，单位为字符数。

【例 5-10】 实现病后康复情况回访页面。参考代码如下：

```
<html>
    <head>
        <meta charset="utf-8">
        <title>文本域</title>
    </head>
    <body>
        <h3>看病过程/康复情况：</h3>
        <textarea rows="9" cols="40" placeholder="请描述您的看病过程和
            康复情况："></textarea>
    </body>
</html>
```

程序运行结果如图 5-11 所示。

图 5-11　病后康复情况回访页面

3. fieldset 定义域与域标题

当表单元素很多时，可以将表单元素用<fieldset>标签进行分组，以使表单布局更清晰。<legend>标签可以为分组设置标签。

4. label 标记标签

<label>标签可为 input 控件定义标注。<label>标签的 for 属性可以把<label>绑定到 id 元素值和 for 属性值相同的元素上，在<label>元素内单击文本，浏览器会自动将焦点定位到<label>绑定的元素上。

【例 5-11】 <label>标签应用。参考代码如下：

```
<html>
    <head>
```

```
    <meta charset="utf-8">
        <title>标签应用</title>
        <style>
            .fm1 { width: 200px;  margin: 0 auto; }
        </style>
    </head>
    <body>
    <div class="fm1">
         <form>
             <fieldset><legend>性别</legend>
                  <input type="radio" name="sex" id="man" value="男" /><label
                    for='man'>男</label>
                  <input type="radio" name="sex" id="woman" value="女" />
                    <label for='woman'>女</label>
             </fieldset>
        </form>
    </div>
</body>
```

程序运行结果如图 5-12 所示。

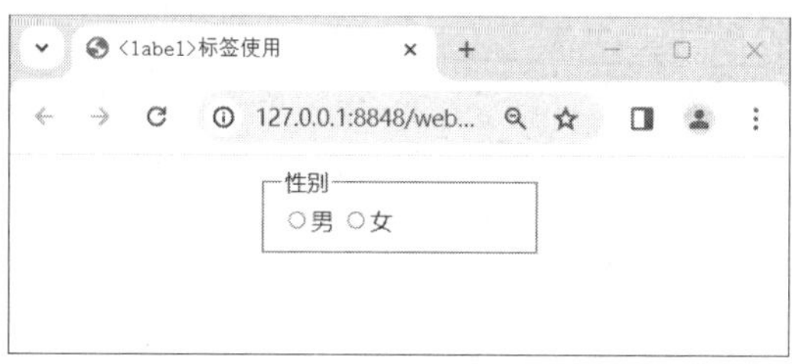

图 5-12　<label>标签应用

当单击<label>标签中的“男”时，会自动选中其所绑定的控件（id="man"）对应的单选按钮。

5.2.5　表单的综合应用

【例 5-12】 实现图 5-13 所示用户登录页面。

图 5-13　用户登录页面

该页面需要使用 CSS 样式来美化表单，具体步骤如下。

（1）确定页面的布局。该页面是一个用户登录页面，布局相对简单，页面由一个表单组成，表单中包含标题文本、一个单行文本框、一个密码框、一个复选框和一个按钮。

页面表单结构代码如下：

```
<form action=" " method="post">
   <h2>用户登录</h2>
     <label class="l1"><img class=" " src="img/username.png">
       <input type="text" id="username" placeholder="请输入用户名"
         value=" "/></label>
     <label class="l1"><img src="img/password.png">
       <input type="password" id="password" placeholder="请输入密码"
         value=" "/></label>
     <label class="c1"><input type="checkbox" id="ck" value=" "/>记住
         用户名</label>
     <input type="submit" value="登   录" class="ok"/>
</form>
```

（2）清除元素的默认样式。使用星号（“*”）代码选择所有元素，清除所有元素的默认内外边距与边框线。

```
/*清除选中时的边框线*/
* { margin: 0; padding: 0; border: none; outline: none; }
```

（3）设置页面主体 body 样式、背景图像和内上边距。

```
/*设置网页背景图像、内上边距*/
Body { background: url("img/loginBG.jpg") no-repeat top center;
        padding-top: 60px; }
```

（4）设置表单及表单元素的样式。

```
Form {
/*设置表单宽度和高度,居中显示*/
   width: 300px; height: 350px; margin: 20px auto;
   background-color: #1f77a8;               /*设置表单背景颜色*/
   padding: 30px 60px; border: 1px solid #3F7ADB;
   border-radius: 15px; /*设置圆角边框*/
   }
/*设置标题字体/对齐方式、上下边距*/
h2{ text-align: center; font-size: 30px; color: white; padding: 20px 0; }
/*用户名和密码框标签样式*/
.l1 { display: block; height: 50px; width: 300px; margin-bottom: 20px;
      background-color: #eae7e7; border-radius: 5px; }
/*复选框样式*/
.c1{ display: block; margin-bottom: 10px; margin-left: 15px;
     font-size: 16px; color: white; }
/*文本框和密码框样式*/
input[type="text"], input[type='password'] {
   font-size: 18px; width: 220px; height: 50px;
   margin-left: 15px; background-color: #eae7e7; }
```

```
/*<label>标签对应图像效果*/
label img{ margin-left: 10px;  width: 30px; vertical-align: middle;
/*图像垂直居中*/
}
/*复选框样式*/
input[type="checkbox"] {
                       width: 22px; height: 22px; margin-right: 10px;
                       vertical-align: middle; }
/*按钮的样式*/
input[type="submit"] {
   height: 50px; width: 300px; font-size: 20px; font-weight: bold;
   background-color: #3F7ADB; color: white; border-radius: 5px; }
/*按钮 hover 的效果*/
input[type="submit"]:hover {
   background-color: #55aaff; cursor: pointer; }
```

本章小结

本章详细阐述了表格的制作过程，包括如何设置表格的基本属性及通过定制表格样式来创造多样化的视觉效果。此外，还通过实例展示了如何利用表格布局来美化网页，提高用户体验。

在 HTML 中，表单是一个强大的工具，其包含多种控件，如文本框用于输入文本信息，密码框用于输入密码（隐藏输入内容），单选按钮用于从多个选项中选择一个，复选框则允许用户选择多个选项，提交按钮用于将表单数据发送给服务器，隐藏域用于在不显示给用户的情况下传递数据，图像域则允许用户通过单击图像来提交表单。

这些表单控件组合应用，能使开发者设计出功能丰富的网站登录页面、注册页面等。同时，结合 CSS 的样式设置，可以进一步美化页面，提升用户界面的友好性和吸引力。

第 6 章　JavaScript 基础

JavaScript 是 Web 开发领域中的一种功能强大的编程语言，主要用于开发交互式的 Web 页面。在计算机、手机等设备上浏览的网页，其大部分交互逻辑是由 JavaScript 实现的。

随着 Web 的发展，网页设计人员希望页面能够与用户进行交互，于是就催生了 JavaScript 语言。Netscape 公司发明了 JavaScript，JavaScript 自诞生以来，经过巨大的演化，现在已经成为 Web 开发主要语言。本章介绍 JavaScript 的基础知识。

6.1　JavaScript 概述

JavaScript 是一种轻量级、解释型的 Web 开发语言，该语言系统不是很庞杂，简单易学。由于所有现代浏览器都已嵌入了 JavaScript 引擎，因此 JavaScript 源代码可以在浏览器中直接被解释执行，用户不用担心支持问题。

从前几章的学习中可知，一个网页通常由三种代码（HTML、CSS 和 JavaScript）构成。HTML、CSS 和 JavaScript 分别代表结构、样式和行为，三者之间的区别如下。

（1）HTML：决定网页的结构和内容，相当于人的身体。

（2）CSS：决定网页呈现给用户的模样，相当于给人穿衣服、化妆。

（3）JavaScript：实现业务逻辑和页面控制，相当于人的各种动作。

因此，有了 JavaScript 后，网页才变得更鲜活和更具备功能性。对于现代网站，JavaScript 是不可或缺的一部分。

6.1.1　JavaScript 发展历程

JavaScript 由布兰登•艾奇（Brendan Eich）发明，其于 1995 年出现在网景（Netscape）公司中（该浏览器已停止更新），并于 1997 年被欧洲计算机制造商协会（European Computer Manufacturers Association，ECMA）采纳。ECMA-262 是 JavaScript 标准的官方名称。

早期互联网主要由静态文本页面组成。然而，随着 Web 的发展，人们对动态内容、动画、交互和其他自动化功能的需求日益增长。为了满足这些需求，Web 需要一种能够在浏览器中运行的脚本编程语言。于是，Netscape 公司的程序员 Brendan Eich 开发了 JavaScript 编程语言。在开发过程中，该语言最初被称为 Mocha，后来更名为 LiveScript。1995 年 12 月 4 日，JavaScript 的第一个版本正式发布。

1997 年，JavaScript 经历了快速增长，许多开发人员开始采用该语言，越来越多的浏览器也陆续添加了对 JavaScript 的支持。为了确保语言的适当维护和管理，Netscape 公司及其开发团队将 JavaScript 编程语言提交给了 ECMA（专门负责开发信息和电信技术的标准）。ECMA 的技术委员会 TC39 负责 ECMAScript（即 JavaScript）规范的标准化工作。该委员会由来自 Google、Microsoft、Netflix、Facebook 和 PayPal 等公司的 JavaScript 开发人员、实现者和学者组成。他们的职责包括创建、批准和拒绝语言特性，以及维护和发展 JavaScript 的定义。

基于上述背景，ECMAScript 1（简称 ES1）作为首个被所有浏览器支持的 JavaScript 标准版本发布。

2009 年，JavaScript 的 ES5（ECMAScript 5）版本发布，引入了许多重要功能，包括 JSON 支持、对象的 Getter 和 Setter 以及新的数组方法等。ES5 已成为 JavaScript 编程的标准版本，并在所有主流浏览器（如 IE）中得到全面支持。ES5 版本适合初学者学习基础知识，为后续使用 ES6 和更高版本（ESNext）打下坚实基础。

2015 年 6 月，备受期待的 JavaScript 语言版本 ES6（ECMAScript 2015）发布。ES6 引入了多项新特性和语法改进，如箭头函数、模板字符串、类、解构赋值和模块等，这些特性不仅使代码更加现代和可读，还允许开发者用更少的代码实现更多的功能。

自 ES6 发布以来，TC39 决定将 JavaScript 的发布周期改为每年一次。这意味着每年都会发布一个新的版本，每个版本包含一些新功能，而不是像过去那样每两年发布一个包含大量变化的版本。ESNext 是一个动态的概念，用于指代即将发布的下一个 JavaScript 版本（ECMAScript）的名称。在撰写本书时，当时的最新版本是 ES2023（也称为 ES14），该版本于 2023 年 6 月发布。ESNext 的更准确名称是“提案”，因为根据定义，该规范尚未最终确定。许多属于 ESNext 的功能甚至在 ES6 的开发过程中都尚未被提出。事实上，作为一种不断发展和增强的语言，ECMAScript / JavaScript 的新提案持续被加入 ESNext 中，以确保语言的持续进步和适应性。

6.1.2 JavaScript 的特点

JavaScript 具有以下特点。

（1）解释型脚本语言。JavaScript 是一种解释型脚本语言，与 C、C++等语言需要先编译再运行不同，使用 JavaScript 编写的代码不需要编译，可以直接运行。

（2）基于对象。JavaScript 是一种基于对象的脚本语言，使用 JavaScript 不仅可以创建对象，而且能操作已有的对象。

（3）弱类型。JavaScript 是一种弱类型的编程语言，其对使用的数据类型没有严格的要求。例如，可以将一个变量初始化为任意类型，也可以随时改变该变量的类型。

（4）动态性。JavaScript 是一种采用事件驱动的脚本语言，其不需要借助 Web 服务器就可以对用户的输入做出响应。例如，访问一个网页，通过鼠标在网页中单击或滚动窗口时，通过 JavaScript 可以直接对这些事件做出响应。

（5）跨平台。JavaScript 不依赖操作系统，在浏览器中就可以运行。因此，一个 JavaScript 脚本在编写完成后可以在任意操作系统中运行，只需操作系统中的浏览器支持 JavaScript 即可。

6.1.3 JavaScript 的应用

JavaScript 是一门非常有用的语言，可以用于构建各种应用程序。本小节介绍 JavaScript 的三个主要用途，包括网页交互性、数据可视化和增强网站性能。JavaScript 的优点，如灵活性、易用性、直接操作 DOM 和面向对象编程等能力，使得 JavaScript 成为一个非常强大的编程工具，让开发人员在构建 Web 应用程序时更加容易、快速、高效。

1. 网页交互性

JavaScript 最常见的用途是实现网页交互性。通过 JavaScript 可以在网页上添加动态效果，如单击按钮触发事件、控制动画播放、更改元素样式等，从而使网页更加美观、直观，提高用户体验。

此外，JavaScript 也可以实现根据用户的输入做出相应的响应，如将文本框中的输入实时显示在页面上，或根据所选项更改网页内容等。这种交互性可以帮助用户更好地了解网站的功能和操作流程。

2. 数据可视化

JavaScript 也可以用于可视化数据，如创建图表、绘制地图、展示更复杂的数据关系等。通过图形化展示方式，使数据更加直观、易于理解，有助于决策者做出正确的决策。

数据可视化是数据科学领域的一个重要方向，JavaScript 是其中的一个重要工具。通过 JavaScript 的绘图和数据可视化库，如 D3.js、Highcharts 等，用户可以简洁、高效地展示大量信息。

3. 增强网站性能

JavaScript 在提升网站性能方面发挥重要作用。例如，JavaScript 可以实现异步加载数据，这意味着网站可以更快地响应用户的请求。此外一些库，如 jQuery 和 React，进一步简化了这些功能的实现。

JavaScript 也可以实现浏览器端的数据验证、表单填写指导等功能，这些功能可以减少表单提交错误，帮助用户更快地完成操作。

6.2 JavaScript 入门

JavaScript 是一个轻量级，但功能强大的编程语言。所有的编程语言都有自己的语法规则，即编程语言中的规则和约定，用于定义程序的结构和行为。JavaScript 语法定义了 JavaScript 的语法规则。JavaScript 语句中可以包含变量、关键字、运算符和表达式，语句结束符使用英文分号“;”，也可以不使用结束符。这些语法和结构非常重要，因为它们决定了程序的正确性和可读性。

6.2.1 JavaScript 程序

JavaScript 程序基本上由变量、操作符、流程控制语句、函数、对象和事件等组成。其中，变量用于存储数据，可以是数字、字符串、布尔值等；操作符用于对变量进行算术、逻辑或关系运算；流程控制语句用来对程序流程的选择、循环、转向和返回等进行控制；函数是一种可重复使用的代码块，可以接收参数并返回值；对象是一种复合数据类型，可以在其中存储属性和方法；事件是由用户或其他程序触发的动态操作，如单击按钮或移动鼠标。

1. 第一个 JavaScript 程序

JavaScript 程序不能独立运行，必须依赖于 HTML 文件。通常将 JavaScript 代码放在<script>标签内，由浏览器 JavaScript 脚本引擎来解释执行。

【例 6-1】 使用 JavaScript 向网页输出一行文字“hello, world”。

第 1 步：打开并运行 HBuilder 软件，新建一个空白网页，命名为 example6_1，如图 6-1 所示。

图 6-1 使用 HBuilder 新建空白网页

第 2 步：在第 5 行的<title>标签中插入文字“第一个 JavaScript 程序”。

第 3 步：在<body>标签中直接插入<script>标签，在<script>标签内利用 document. write()命令向页面写入“hello,world”。保存后，在预览窗格即会看到程序运行结果，如图 6-2 所示。

说明：<script>和</script>标签配合使用，作为脚本语言的标识符来分隔其他源代码，避免与 HTML 标签和 CSS 样式代码混淆。在解析网页源代码时，当浏览器检索到<script>标签时，会自动调用 JavaScript 引擎对其中包含的字符信息进行解释处理。

document 是 JavaScript 在浏览器中定义的一个对象，表示 HTML 文档内容。write()是 document 对象的一个方法，表示在网页文档中输出指定的参数内容。

图 6-2 JavaScript 代码及运行结果

<script>标签既可以放在 HTML 的头部，也可以放在 HTML 的主体部分，只是装载时间不同。

2. JavaScript 代码的位置

在一个网页中，由于可能存在三种语言（HTML、CSS 或者 JavaScript），浏览器必须要知道当前解释执行的是哪种代码，才能正确地显示网页。因此，与 CSS 一样，JavaScript 也需要指明书写位置。通常情况下，JavaScript 代码有三种书写位置：内嵌式、外部式和行内式。

1）内嵌式

内嵌式是使用<script>标签包裹 JavaScrip 代码，<script>标签可以写在<head>或<body>标签中。页面载入时按照从上往下的顺序执行<script>标签中的 JavaScript 代码。

【例 6-2】 编写 JavaScript 代码，查看代码执行顺序。参考代码如下：

```
<!--example6_2.html-->
<!DOCTYPE html>
<html>
    <head>
        <meta charset="utf-8">
        <title>内嵌式</title>
        <script>
            document.write('<p>在 head 中的 JavaScript 代码</p>');
        </script>
    </head>
    <body>
        <img src="images/js.jpg"/>
        <script>
            document.write('<p>在 body 中的 JavaScript 代码</p>');
        </script>
    </body>
```

```
</html>
```

注意：在 JavaScript 的旧版本中，可能会在<script>标签中进行 type="text/javascript"或 language="text/javascript"的属性设置。现在已经不必这样做，因为 JavaScript 是所有现代浏览器及 HTML5 中的默认脚本语言。

另外，把脚本置于<body>元素的底部，可以改善显示速度，因为脚本编译会拖慢显示速度。

2）外部式

外部式是将 JavaScript 代码写在一个单独的文件中，一般使用“.js”作为文件的扩展名，在 HTML 页面中使用<script>标签进行引入，适合 JavaScript 代码量比较大的情况。外部文件通常包含被多个网页使用的代码。

有时希望在若干个页面中运行 JavaScript，但又不想在每个页面中书写相同的脚本，此时就可以将 JavaScript 写入一个外部文件中，并以.js 为扩展名保存该文件。将.js 文件指定给<script>标签中的 src 属性，即可使用该外部文件。

引用外部文件的语法格式如下：

```
<script src="JavaScript 文件名和路径"></script>
```

当引入外部文件时，既可以使用绝对路径，也可以使用相对路径。其中，绝对路径是从根目录开始的路径，相对路径是相对于当前目录的路径。

注意：外部文件不能包含<script>标签。

【例 6-3】 新建一个外部 JavaScript 文件 demo.js，放入根目录.js 文件夹中，并编写 JavaScrip 代码，输出文本到网页中。参考代码如下：

```
<!DOCTYPE html>
<html>
    <head>
        <meta charset="utf-8">
        <title>外部文件示例</title>
        <script src="js/demo.js"></script>
        <script>
            document.write('<p>被忽略的 JavaScript 代码</p>');
        </script>
    </head>
    <body>
    </body>
</html>
```

说明：demo.js 文件中只有一行代码，即 document.write（'<p>JavaScript 外部文件</p>'）。程序运行结果如图 6-3 所示。

图 6-3 JavaScript 外部文件示例

从运行结果可知，<script>标签中的代码 document.write（'<p>被忽略的 JavaScript 代码</p>'）并没有被执行。这是因为设置 src 属性后，<script>和</script>标签之间的所有 JavaScript 语句都不会执行。如果有其他的 JavaScript 代码需要执行，则可以添加新的<script>标签并写入 HTML 文档中。

在外部文件中放置脚本有如下优势。

（1）分离了 HTML 和代码。

（2）使 HTML 和 JavaScript 更易于阅读和维护。

（3）已缓存的 JavaScript 文件可加速页面加载。

（4）如果需要向一个页面添加多个脚本文件，则应使用多个<script>标签。

3）行内式

JavaScript 支持大量的事件。事件是指能被 JavaScript 监测到的行为，如单击鼠标、按下键盘上的键等。当需要针对某些行为执行相应的 JavaScript 代码时，可以进行事件编程。行内式是将单行或少量的 JavaScript 代码写在 HTML 标签的事件属性中（以 on 开头的属性），如 onclick。例如：

```
<input type="button" value="单击按钮" onclick="alert('您单击了按钮')"/>
```

在上述代码中，onclick 是单击事件属性，表示当用户单击按钮时，会触发双引号中 JavaScript 代码的执行。由于行内式存在可读性差、引号易错等问题，因此一般只做函数的调用，而具体的函数定义会以内嵌式或外部式的方式出现。函数的相关知识，读者可参阅 6.4 节。

注意：HTML 中推荐使用双引号，JavaScript 中推荐使用单引号。

3. JavaScript 基本的语法规则

在编写 JavaScript 代码时，需要注意其基本的语法规则。这是与代码的具体功能和算法无关的总体要求，但又是在编写代码的过程中需要随时注意的"陷阱"。JavaScript 基本的语法规则如下。

（1）JavaScript 严格区分大小写，因此在编写代码时一定要注意大小写的正确性。例如，变量 age 与变量 Age 是两个不同的变量。与之紧密相关的 HTML、CSS 则不区分大小写，初学者很容易混淆这一规则，从而发生错误。

（2）JavaScript 代码对空格、换行、缩进不敏感，因此在程序中可以随意使用这些特殊符号进行排版。但是，一般来说，一条 JavaScript 语句写一行，语句以";"作为结束符（必须为英文字符）。

当一条语句需要分成多行书写时，可以直接换行，字符串或正则表达式除外。这时需要在行尾使用反斜杠将 JavaScript 代码分成几行。

如果一条语句结束后，换行书写下一条语句，则后面的分号可以省略（不建议）；当多条语句写在一行上时，语句结尾的分号则不能省略。

（3）JavaScript 注释可提高代码的可读性。可以添加注释来对 JavaScript 代码进行解释，提高代码的可读性。JavaScript 不会执行注释。

JavaScript 代码的注释方式如下。

① 单行注释：以“//”开始，到该行结束或 JavaScript 标记结束之前的内容都是注释。

② 多行注释：以“/*”开始，以“*/”结束。需要注意的是，多行注释中可以嵌套单行注释，但不能再嵌套多行注释。

6.2.2 JavaScript 的使用方法

1. 语句与语句块

在 HTML 文档中，JavaScript 语句向浏览器发出命令，浏览器通过 JavaScript 语句可知应执行什么操作。语句是由一个或多个词构成的完整逻辑部分。语句常常以“;”作为结束标志，因此一个分号也能构成一条语句。仅有一个分号构成的语句称为空语句。例如，在下面的代码中，通过分号定义了三个独立的语句，分别定义三个变量并初始化赋值：

```
<script>
    var a=1;
    var b=2;
    var c=3;
</script>
```

2. 语句块

语句块是一组代码语句的集合，通常用花括号“{}”括起来。语句块内的语句按照书写顺序依次执行。语句块可以嵌套，即在一个语句块内可以包含另一个语句块。

JavaScript 中的语句块可以用来控制程序的流程和作用域。例如，循环语句和分支语句中常常会用到语句块，可以在语句块中包含多条语句，这些语句块将被重复执行或根据条件选择执行。

3. 输入与输出

JavaScript 没有任何输出函数。JavaScript 代码通过间接的方式输出数据，以在网页中实现用户交互效果。常用的输入和输出方法如下。

1）document.write()方法

使用 document.write()方法向页面输入内容，可以是一串字符、变量值，也可以是网页元素。例如：

```
<script>
    document.write("纯文本");
    document.write("<h1>网页元素</h1>");
</script>
```

程序运行结果如图 6-4 所示。

其中，第一行代码的作用是将“纯文本”直接写入 HTML 输出流中，第二行代码则是在 HTML 文档中添加 h1 元素。

图 6-4 使用 document.write()方法输入内容

注意：如果在文档加载后使用该方法，会覆盖整个文档。

【例 6-4】 改写上述代码，实现单击按钮时输出同样的内容。参考代码如下：

```
<!--example6_4.html-->
<!DOCTYPE html>
<html>
    <head>
        <meta charset="utf-8">
        <title>document.write()方法</title>
        <script>
            function output() {
                document.write("纯文本");
                document.write("<h1>网页元素</h1>");
            }
        </script>
    </head>
    <body>
        <input type="button" value="点击" onclick="output()"/>
    </body>
</html>
```

程序运行结果如图 6-5 所示。

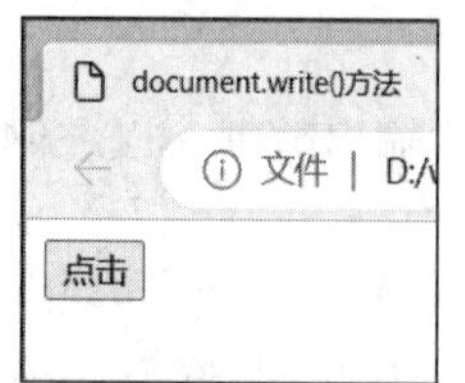

图 6-5 例 6-4 程序运行结果

预览网页时会发现，页面中出现了一个按钮。单击“点击”按钮，会发现按钮消失，网页内容和图 6-4 相同。这也就说明，document.write()方法输出的内容会把网页原来的内容覆盖。

2）window.alert()方法

JavaScript 中有一个内置对象 window，其代表浏览器对象。window 对象无须声明，可以直接使用。window 对象有一个方法 alert()，该方法能显示带有一条指定消息和一个确认按钮的警告框。

其基本语法格式如下：

```
window.alert(msg);
```

其中，msg 可选，表示在对话框中显示的纯文本（不是 HTML 格式的文本）。

说明：window.可以省略不写。alert()方法会阻塞整个 HTML 页面的加载。

【例 6-5】 查看 alert()方法的外观及其如何阻塞整个 HTML 页面的加载。参考代码如下：

```
<!--example6_5.html-->
<!DOCTYPE html>
<html>
    <head>
        <meta charset="utf-8">
        <title>window.alert()方法</title>
    </head>
    <body>
        <input type="button" value="按钮 1"/>
        <script>
            window.alert('这是一个警告框。');
        </script>
        <input type="button" value="按钮 2"/>
    </body>
</html>
```

程序运行结果如图 6-6 所示，都会先弹出警告框，单击“确定”按钮，显示两个按钮。

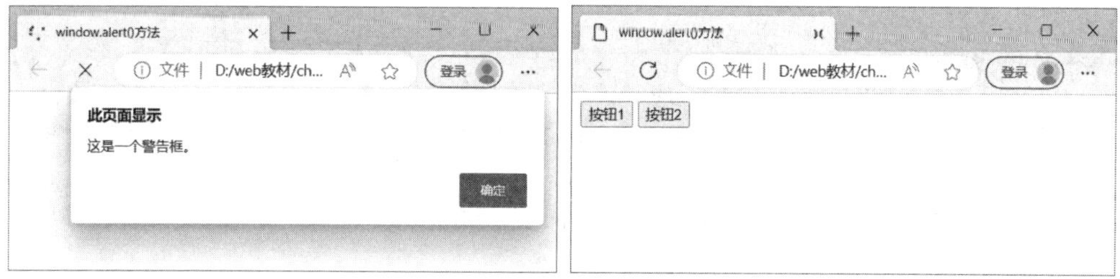

图 6-6　例 6-5 程序运行结果

3）window.confirm()方法

window 对象的 confirm()方法用于显示带有一段消息及确认按钮和取消按钮的对话框。如果用户单击确定按钮，此方法将返回 true，否则返回 false。

其基本语法格式如下：

```
window.confirm(msg);
```

其中，msg 可选，表示在对话框中显示的纯文本（不是 HTML 格式的文本）。

例如：

```
<script>
    var b=confirm('这是一个确认框。');
    alert(b);
</script>
```

4）window.prompt()方法

window 对象的 prompt()方法用于显示可提示用户进行输入的对话框。prompt()方法返回用户输入的字符串。

其基本语法格式如下：

```
prompt(msg, defaultText);
```

其中，msg 可选，表示在对话框中显示的纯文本（不是 HTML 格式的文本）；

defaultText 可选，为默认的输入文本。

【例 6-6】 编写 JavaScript 代码，显示一个输入框，询问她/他的名字，并输出问候。参考代码如下：

```
<!--example6_6.html-->
<!DOCTYPE html>
<html>
    <head>
        <meta charset="utf-8">
        <title>window.prompt()方法</title>
        <script>
            function myFunction() {
                var x;
                var person=prompt("请输入你的名字", "Harry Potter");
                x = "你好 " + person + "!今天感觉如何?";
                alert(x);
            }
        </script>
    </head>
    <body>
        <p>单击按钮查看输入的对话框。</p>
        <input type="button" onclick="myFunction()" value="点我"/>
    </body>
</html>
```

程序运行结果如图 6-7 所示。

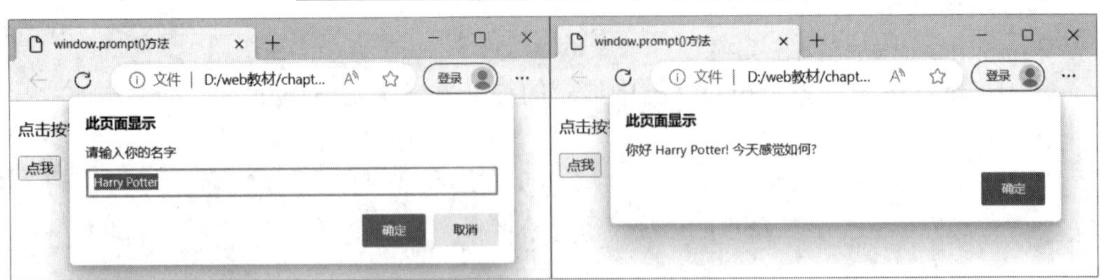

图 6-7　例 6-6 程序运行结果

5）使用 innerHTML 输出到 HTML 元素

JavaScript 中的 innerHTML 的功能非常强大，其可以改变 HTML 文档的内容。innerHTML 并不是 JavaScript 语言的本地功能，而是 HTML 文档的属性之一。该功能让开发者可以在 JavaScript 代码中使用 HTML 代码，即可以通过 JavaScript 代码直接操纵 HTML 文档中的代码。

为了使用 InnerHTML 改变 HTML 文档，需要使用 innerHTML 属性。innerHTML 属性能够返回或设置一个 HTML 元素开始、结束标签之间的 HTML 内容。

innerHTML 属性的语法格式如下：

```
element.innerHTML
```

其中，element 通过 document.getElementById()方法获取指定 DOM 对象。开发者经常使用 id 属性查找 HTML 元素，如 document.getElementById("demo")。

【例 6-7】 使用 innerHTML 属性改变网页元素的内容。参考代码如下：

```
<!--example6_7.html-->
<!DOCTYPE html>
<html>
    <head>
        <meta charset="utf-8">
        <title>innerHTML 属性</title>
        <style>
            div { width: 150px; height: 150px; float: left; }
            #div1 { background-color: aqua; }
            #div2 { background-color: lightyellow; }
            #div4 { background-color: indianred; }
        </style>
        <script>
            function myFunction() {
                /*将指定元素的 HTML 代码赋值给变量 x、y*/
                var x=document.getElementById('div2').innerHTML;
                var y=document.getElementById('div3').innerHTML;
                /*给 div1 设置新的 HTML 内容，即段落元素变成标题元素*/
                document.getElementById('div1').innerHTML=x;
                /*清空 div2 中的 HTML 内容，直接设置为空字符串*/
                document.getElementById('div2').innerHTML='';
                /*将图像元素插入 div4 中*/
                document.getElementById('div4').innerHTML=y;
            }
        </script>
    </head>
    <body>
        <div id="div1"><p>段落</p></div>
        <div id="div2"><h2>标题</h2></div>
        <div id="div3"><img src="images/js1.jpg" width="150" height="150"
                onerror="this.src='default.jpg'"></div>
        <div id="div4"></div>
        <input type="button" onclick="myFunction()" value="交换与复制" />
    </body>
</html>
```

程序运行结果如图 6-8 所示。例 6-7 演示了常见的 innerHTML 的应用。由此可见，innerHTML 极大地增强了 JavaScript 的可靠性和实用性。

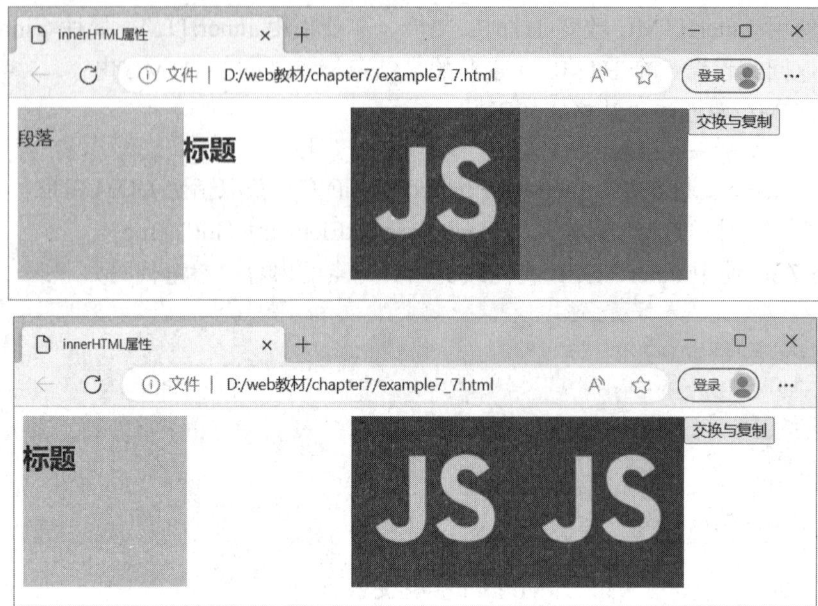

图 6-8 例 6-7 程序运行结果

6）使用表单元素进行输入与输出

表单是 HTML 中非常重要的元素之一，其可以让用户输入数据并将其发送给服务器。在表单中，value 属性用于设置表单元素值。例如，在文本框中，value 属性可以设置文本框的默认值；在下拉列表框中，value 属性可以设置下拉列表框的默认选项；在单选按钮和复选框中，value 属性可以设置选项的值。在 JavaScript 中，可以使用以下代码设置或者获取表单元素的 value 属性值：

```
element.value
```

其中，element 通过 document.getElementById()方法获取指定 DOM 对象。

【例 6-8】 改写例 6-6，通过单行文本框进行输入，在文本域中输出结果。参考代码如下：

```
<!--example6_8.html-->
<!DOCTYPE html>
<html>
    <head>
        <meta charset="utf-8">
        <title>value 属性</title>
        <style>
            * { margin: 10px; }
            input[type=text], textarea { width: 200px; }
        </style>
        <script>
            function myFunction() {
                var x;
                var person=document.getElementById('uname').value;
                x="你好 " + person + "! \n 今天感觉如何?";
```

```
                document.getElementById('result').value=x;
            }
        </script>
    </head>
    <body>
        <p>请输入你的名字:</p>
        <input type="text" id="uname" value="Harry Potter"><br>
        <textarea id="result"></textarea><br>
        <input type="button" onclick="myFunction()" value="点我" />
    </body>
</html>
```

程序运行结果如图 6-9 所示。

图 6-9　例 6-8 程序运行结果

7）console.log()方法

当进行 JavaScript 编程时，调试代码是非常重要的一步。在调试过程中，console.log()是经常用到的一个方法，其可以在浏览器的控制台中输出信息，帮助开发者快速排查代码中的问题。

在浏览器中，使用 F12 键启用调试模式打开控制台，在调试窗口中选择“console”菜单。其语法格式如下：

```
console.log(msg);
```

其中，msg 是要输出的信息内容，其可以是一个简单类型（如字符串、数字）或一个对象、数组等复杂类型，甚至可以是一个函数。例如：

```
<script>
    console.log("Hello World");          /*输出：Hello World*/
    console.log(123);                    /*输出：123*/
</script>
```

6.2.3　JavaScript 的标识符、关键字和保留字以及数据类型

JavaScript 程序由语句构成，语句由标识符、关键字和运算符按照一定的顺序组合而成。本节介绍 JavaScript 语句的各基本组成部分。

1. 标识符

标识符即名字，是用来识别各种值的合法名称。较为常见的标识符是变量名和函数名。在 JavaScript 中，标识符必须遵循如下基本规则。

（1）标识符可以是任意 Unicode 字母（包括英文字母和其他语言的字母），以及美元符号（$）和下划线（_），但不能是数字。标识符后面则可以跟数字（0～9）、任意 Unicode 字母，以及美元符号（$）和下划线（_）。

（2）标识符不能包括空格、标点符号和运算符等特殊符号，如?、-、+、!、#、%、^、&、*、()、[]、{}、.、:、'、"、/、\。

（3）JavaScript 是一种对大小写敏感的语言，如 football 和 Football 就是两个不同的标识符。

（4）标识符的长度可长可短，可以使用一个字符，也可以由若干个字符组成。

（5）标识符不能与 JavaScript 中的关键字或保留字同名。

例如，a、hello、Color、_Color、this_is_valid 等都是合法的标识符形式，a、23、a+b、￥test、if 等字符串则不能用作标识符。

（6）中文是合法的标识符，可以用作变量名。例如：

```
<script>
   var 年龄=23;
   document.write(年龄);
</script>
```

2. 关键字和保留字

关键字是指 JavaScript 本身已经使用了的单词，不能再用它们充当变量名、函数名等标识符。保留字实际上就是预留的“关键字”，因此不能用作变量名、函数名或其他标识符。

表 6-1 所示为主要的关键字和保留字。

表 6-1　主要的关键字和保留字

abstract	arguments	boolean	break	byte
case	catch	char	class	const
continue	debugger	default	delete	do
double	else	enum	eval	export
extends	false	final	finally	float
for	function	goto	if	implements
import	in	instanceof	int	interface
let	long	native	new	null
package	private	protected	public	return
short	static	super	switch	synchronized
this	throw	throws	transient	true
try	typeof	var	void	volatile
while	with	yield	—	—

3. 数据类型

计算机使用存储器（以内存为主）来记忆计算时所使用的数据。现实生活中的数据各种各样，有整数、小数、文字、符号等，若在计算机中使用不同类型的数据，就必须在内存中为其申请一块合适的空间。

JavaScript一共有八种数据类型，它们被分为两大类，即基本数据类型和引用数据类型。

（1）基本数据类型（基本类型）：字符串（String）、数字（Number）、布尔（Boolean）、空（Null）、未定义（Undefined）、唯一值（Symbol）、大整数（Bigint）。

（2）引用数据类型（对象类型）：对象（Object）、数组（Array）、函数（Function）、正则（RegExp）和日期（Date）。

注意： Symbol是ES6引入的一种新的原始数据类型，表示独一无二的值。

1）动态类型

JavaScript 拥有动态类型，这意味着相同的变量可用作不同的类型。例如：

```
var x;                          /*x为undefined*/
x=5;                            /*现在x为数字*/
x="John";                       /*现在x为字符串*/
```

变量的数据类型可以使用typeof操作符进行查看。例如：

```
typeof "John"                        /*返回 string*/
typeof 3.14                          /*返回 number*/
typeof false                         /*返回 boolean*/
typeof [1, 2, 3, 4]                  /*返回 object*/
typeof { name: 'John', age: 34 }     /*返回 object*/
```

2）字符串

字符串又称为字符型，由零个或者多个字符构成，字符包括字母、数字、标点符号和空格等。字符串必须由单引号（'）或者双引号（"）标注。例如，'HelloWorld'和"Hello World"都是有效的字符串。

注意： 引号不能嵌套，双引号中不能放双引号，单引号中也不能放单引号。如果需要在字符串中包含引号，可以配合使用两种引号或者使用反斜杠(\)进行转义。例如，'She said, "Hello!"'和"She said, \"Hello!\""都是有效的字符串。

转义字符是一种在字符或字符串里用来表示一些无法通过键盘输入或直接表示的控制字符的方法。使用转义字符时，需要在字符或字符串前加上“\”进行转义。

JavaScript的常用转义字符如表6-2所示。

表6-2 JavaScript的常用转义字符

转义字符	代表字符
\0	Null字符
\b	退格符
\t	水平制表符
\n	换行符

续表

转义字符	代表字符
\v	垂直制表符
\f	换页符
\r	回车符
\"	双引号
\'	单引号
\\	反斜杠

3）数字

JavaScript 只有一种数字类型，数字可以是整数或浮点数。其中，整数是没有小数点的数字，而浮点数则带有小数点。例如：

```
var x1=34.00;          /*使用小数点书写*/
var x2=34;             /*不使用小数点书写*/
```

极大或极小的数字可以通过科学（指数）记数法书写。例如：

```
var y=123e5;           /*12300000*/
var z=123e-5;          /*0.00123*/
```

除了正常的数字，数字类型还支持一些特殊的值。例如，Infinity 表示正无穷大，-Infinity 表示负无穷大，NaN 表示“不是一个数字”。

4）布尔

布尔（逻辑）在 JavaScript 中表示逻辑值，其只有两个可能的值：true 和 false。在 JavaScript 中，布尔通常用于条件语句和循环语句中。例如：

```
var x=true;
var y=1>2;
```

5）Undefined

Undefined 是 JavaScript 中表示未定义值的数据类型。如果一个变量没有被初始化，或者不存在于当前作用域中，则其值为 undefined。

例如，以下代码中的变量 x 没有被初始化，因此其值为 undefined：

```
var x;                 /*x 的值为 undefined*/
var y=x+1;             /*y 的值为 NaN*/
```

在 JavaScript 中，Undefined 通常用于表示“缺失的值”或“尚未定义的值”。

6）Null

Null 在 JavaScript 中表示空值，其只有一个值 null。在 JavaScript 中，null 通常用于表示“空对象”或“未知的值”。

当变量不再使用时，可以通过将变量的值设置为 null 来释放存储空间。

4. 常量与变量

1）常量

常量通常用来表示一个固定的值，该值不会改变。在 JavaScript 中，常量分为整数常量、浮点常量、字符串常量、布尔常量和数组常量五种。常量可以直接出现在 JavaScript 的程序中。

ES6 新增加了两个重要的 JavaScript 关键字：let 和 const。其中，const 声明一个只读常量，一旦声明，常量的值就不能改变。该常量只可以在声明时赋值，不可随意修改，否则会导致 SyntaxError（语法错误）。

例如：

```
const PI=3.14;                    /*正确*/
const a;                          /*语法错误（SyntaxError）*/
PI=3.14159;                       /*语法错误（SyntaxError）*/
```

2）变量

在编程语言中，变量用于存储数据值，这些数据值在程序运行期间可以改变。JavaScript 是一种弱数据类型的计算机语言，在定义变量时不需要指定数据类型，统一使用关键字 var 来声明，使用等号来为变量赋值。JavaScript 会在需要时自动对不同的数据类型进行转换。

其基本语法格式如下：

```
var 变量名 [= 初值] [, 变量名 [= 表达式]…];
```

其中，var 是关键字，用来声明变量；其后是自定义的变量名，变量名应符合标识符命名规范。声明变量的同时，可以给其赋初值，也可以不赋值，甚至可以是表达式的值。

如果用一个 var 关键字声明多个变量，则变量之间使用逗号分隔；变量声明结束，应该加上分号。虽然这不是强制要求，但这是一个好习惯。

例如：

```
var x=5, name;    /*声明两个变量 x 和 name，x 赋初值为 5，name 没有赋初值*/
var y=6;
var z=x+y;           /*声明变量 z，同时赋初值为 11（x+y=11）*/
name='张三';         /*向变量 name 赋值为字符串*/
var a, b, c=1;       /*a、b 为 undefined，c 为 1*/
```

变量可以使用短名称（如 x 和 y），也可以使用描述性更好的名称（如 age、sum、totalvolume）。同时要注意，JavaScript 区分大小写，变量 a 和 A 是两个不同的变量。

如果重新声明 JavaScript 变量，该变量的值不会丢失。在以下两条语句执行后，变量 carname 的值依然是“Volvo”：

```
var carname="Volvo";
var carname;
```

6.2.4 JavaScript 的运算符和表达式

运算符也称为操作符，其是一系列操作的符号。运算符用于将一个或几个值进行计算而生成新的值，对其进行计算的值称为操作数，操作数可以为常量或变量。运算符一般使用符号来表示，如+、-、*、/等；也有些运算符使用关键字来表示，如 delete、void 等。

JavaScript 的运算符按操作数的个数分为单目运算符、双目运算符、三目运算符；按运算符的功能分为赋值运算符、算术运算符、字符串运算符、比较运算符、逻辑运算符、条件运算符、其他运算符等。

表达式是运算符和操作数组合而成的式子，表达式的值就是对操作数进行运算后的结果。

注意：表达式是一个相对的概念，在表达式中可以含有若干个子表达式，而且表达式中的一个常量或变量也可看作一个表达式。

1. 赋值运算符

赋值运算符为“=”。由赋值运算符将变量和表达式连接起来的式子称为赋值表达式，赋值运算符把某个常量或变量或表达式的值赋值给另一个变量、属性、对象等元素。赋值表达式的一般语法格式如下：

```
变量（属性、对象）=表达式
```

例如，赋值表达式 a=15，表示把常数 15 赋值给变量 a。在赋值表达式中，表达式又可以是赋值表达式。例如：

```
y=x=8*8+3
```

该赋值表达式同时把 67 赋值给 x 和 y。由于赋值运算符的结合性是自右至左，因此 y=x=8*8+3 和 y=(x=8*8+3)是等价的。

注意：赋值运算符 “=” 在这里并不是等于的意思，其只表示赋值，等于则用 “==” 表示。

2. 算术运算符

算术运算符用于对数值进行算术运算。JavaScript 的算术运算符如表 6-3 所示。

表 6-3 JavaScript 的算术运算符

运算符	描述	实例	结果
+	加法	var x = 7;var y = 8;var z = x + y;	15
-	减法	var x = 7;var y = 8;var z = x - y;	-1
*	乘法	var x = 7;var y = 8;var z = x * y;	56
/	除法	var x = 7;var y = 8;var z = x / y;	0.875
%	取模（余数）	var x = 17;var y = 8;var z = x % y;	1
++	递加	var x = 7;x++;var z = x;	8
--	递减	var x = 7;x--;var z = x;	6
**	幂（ES2016）	var x = 5;var z = x ** 2;	25

注意：

（1）“-” 可用于取反运算，此时其是一个单目运算符，操作数必须为数字，且运算符位于操作数前。

（2）进行除法运算时，如果被除数为正数，除数为 0，则结果为 Infinity；如果被除数为负数，除数为 0，则结果为-Infinity。

3. 字符串运算符

字符串运算符是用于两个字符串型数据之间的运算符，其作用是将两个字符串连接起来。在 JavaScript 中，可以使用“+”和“+=”运算符对两个字符串进行连接运算。其中，“+”运算符用于连接两个字符串；而“+=”运算符则连接两个字符串，并将结果赋给第一个字符串变量。

另外，JavaScript 脚本会根据操作数的数据类型来确定表达式中的“+”是算术运算符还是字符串运算符。在两个操作数中，只要有一个操作数是字符串类型，那么“+”就是字符串运算符，而不是算术运算符。

例如，将姓名、学号、年龄、专业分别定义在变量中，应用字符串运算符对多个变量和字符串进行连接并输出。参考代码如下：

```
var name, id, age, speciality;
name="张三";
id="2024001";
age=18;
speciality="国际金融";
alert("姓名: "+name+"\n 学号: "+id+"\n 年龄: "+age+"岁\n 专业: "+speciality);
```

程序运行结果如下：

```
姓名：张三
学号：2024001
年龄：18 岁
专业：国际金融
```

4. 比较运算符

比较运算符用于逻辑语句的判断，从而确定给定的两个值或变量是否相等。比较不同类型的数据时可能会出现不可预料的结果。

如果将字符串与数字进行比较，JavaScript 会尝试将字符串转换为数字。空字符串会被转换为 0，而非数值字符串会被转换为 NaN。在布尔上下文中，NaN 会被视为 false，但这并不意味着 NaN 本身是 false，而是它在布尔上下文中的表现。

表 6-4 所示为 JavaScript 的比较运算符（假如 x=5）。

表 6-4　JavaScript 的比较运算符

运算符	描述（判断关系，如果关系成立，则返回 true；如果关系不成立，则返回 false）	比较	结果
==	当使用“==”比较两个值时，如果值的类型不同，则会自动将两个值转换为相同的类型，再比较	x == 8	false
		x == 5	true
===	判断两个值是否全等。其与“==”类似，不同的是其不会进行自动类型转换，如果两个值的类型不同，则将直接返回 false	x === "5"	false
		x === 5	true
!=	不相等也会对变量进行自动类型转换，如果转换后相等，则返回 false	x != 8	true
!==	值与类型均不等（不恒等于）	x !== "5"	true
		x !== 5	false
>	判断符号左侧的值是否大于右侧的值	x > 8	false
<	判断符号左侧的值是否小于右侧的值	x < 8	true
>=	判断符号左侧的值是否大于或等于右侧的值	x >= 8	false
<=	判断符号左侧的值是否小于或等于右侧的值	x <= 8	true

5. 逻辑运算符

逻辑运算符用来确定变量或值之间的逻辑关系。JavaScript 的逻辑运算符如表 6-5 所示。

表 6-5 JavaScript 的逻辑运算符

运算符	描述	实例	结果
&&	与	x < 10 && y > 1	true
||	或	x == 5 || y == 5	false
!	非	!(x == y)	true

6. typeof 运算符

typeof 是一元运算符，放在单个操作数的前面，操作数可以是任意类型。其返回值为表示操作数类型的一个字符串。例如：

```
var x=12;                    /*typeof x 为 number*/
var y='abc';                 /*typeof x 为 string*/
var x=true;                  /*typeof x 为 boolean*/
```

7. instanceof 运算符

instanceof 运算符希望左操作数是一个对象，右操作数标识对象的类。如果左侧对象是右侧类的实例，则表达式返回 true，否则返回 false。因为 JavaScript 中对象的类是通过初始化它们的构造函数来定义的，所以 instanceof 的右操作数应当是一个函数。例如：

```
var d=new Date();            /*通过 Date()构造函数创建一个新对象*/
d instanceof Date;           /*结果为 true：d 是由 Date()创建的*/
d instanceof Object;         /*结果为 true：所有对象都是 Object 的实例*/
d instanceof Number;         /*结果为 false：d 不是一个 Number 对象*/
var a=[1, 2, 3];
a instanceof Array;          /*结果为 true：a 是一个数组*/
a instanceof Object;         /*结果为 true：所有数组都是对象*/
a instanceof RegExp;         /*结果为 false：数组不是正则表达式*/
```

8. 条件运算符

条件运算符是指用于检查条件是否为真，以便执行不同代码的运算符。条件运算符是三目运算符，其又称为条件表达式。条件运算符的语法格式如下：

```
条件表达式 ? 表达式 1 : 表达式 2;
```

说明：当条件表达式的结果为 true 时，则整个表达式的结果是表达式 1 的值；否则，整个表达式的结果是表达式 2 的值。

例如：

```
var score=70;
var level=score>=60 ? "pass" : "fail";     /*结果为 pass*/
```

9. 位运算符

JavaScript 位运算符工作时会将任何数字操作都转换为 32 位。运算结束输出的结果会转换为 64 位数字。JavaScript 的位运算符如表 6-6 所示。

表 6-6　JavaScript 的位运算符

运算符	描述	实例	类似于	结果	十进制
&	AND	x = 5 & 1	0101 & 0001	0001	1
|	OR	x = 5 | 1	0101 | 0001	0101	5
~	取反	x = ~ 5	~0101	1010	−6
^	异或	x = 5 ^ 1	0101 ^ 0001	0100	4
<<	左移	x = 5 << 1	0101 << 1	1010	10
>>	右移	x = 5 >> 1	0101 >> 1	0010	2
>>>	带符号位的右移	x = 5 >>> 1	0101 >>> 1	0010	2

位运算符直接处理每一个比特位（bit），所以是非常底层的运算符。位运算符的优点是运算速度极快；缺点是运算很不直观，许多场合不能使用，否则会使代码难以理解和查错。

注意：位运算符只对整数起作用，如果一个操作数不是整数，则会将该操作数自动转换为整数后再执行运算。

10. 运算符优先级

运算符优先级（operator precedence）描述了在表达式中所执行操作的顺序，先执行具有较高优先级的运算，后执行较低优先级的运算。例如，“var x = 200 + 50 * 2 >90;”，“*”的优先级为 14，“+”的优先级为 13，“>”的优先级为 11，“=”的优先级为 3，按照优先级从大到小的顺序进行计算，得到的结果为 x=true。

当使用括号时，括号中的运算符会首先被计算。

当多个运算符拥有相同的优先级时（如加法和减法），对它们的计算是从左向右的，除了优先级为 17、16、1～4 的运算符（从右向左）外。

JavaScript 运算符的优先级如表 6-7 所示。

表 6-7　JavaScript 运算符的优先级

值	运算符	描述	实例
20	( )	表达式分组	(3 + 4)
19	.	成员	person.name
19	[]	成员	person["name"]
19	()	函数调用	myFunction()
19	new	创建	new Date()
17	++	后缀递增	i++
17	--	后缀递减	i--

续表

值	运算符	描述	实例
16	++	前缀递增	++i
16	--	前缀递减	--i
16	!	逻辑否	!(x==y)
16	typeof	类型	typeof x
15	**	求幂（ES7）	10 ** 2
14	*	乘	10 * 5
14	/	除	10 / 5
14	%	模数除法	10 % 5
13	+	加	10 + 5
13	-	减	10 - 5
12	<<	左位移	x << 2
12	>>	右位移	x >> 2
12	>>>	右位移（无符号）	x >>> 2
11	<	小于	x < y
11	<=	小于或等于	x <= y
11	>	大于	x > y
11	>=	大于或等于	x >= y
11	in	对象中的属性	"PI" in Math
11	instanceof	对象的实例	instanceof Array
10	==	相等	x == y
10	===	严格相等	x === y
10	!=	不相等	x != y
10	!==	严格不相等	x !== y
9	&	按位与	x & y
8	^	按位 XOR	x ^ y
7	|	按位或	x | y
6	&&	逻辑与	x && y
5	||	逻辑否	x || y
4	? :	条件	? "Yes" : "No"
3	=	赋值	x = y
3	+=	赋值	x += y
3	-=	赋值	x -= y
3	*=	赋值	x *= y
3	%=	赋值	x %= y
3	<<=	赋值	x <<= y
3	>>=	赋值	x >>= y
3	>>>=	赋值	x >>>= y
3	&=	赋值	x &= y
3	^=	赋值	x ^= y

续表

值	运算符	描述	实例
3	|=	赋值	x |= y
2	yield	暂停函数	yield x
1	,	逗号	7 , 8

6.3　JavaScript 程序控制结构

结构化程序设计主要强调某个功能实现的算法，算法的实现过程是由一系列操作组成的，这些操作之间的执行次序就是程序的控制结构。任何简单或复杂的算法都可以由顺序结构、选择结构和循环结构这三种基本结构组合而成，所以这三种结构就是程序设计的基本结构，也是结构化程序设计必须采用的结构。JavaScript 程序控制结构如图 6-10 所示。

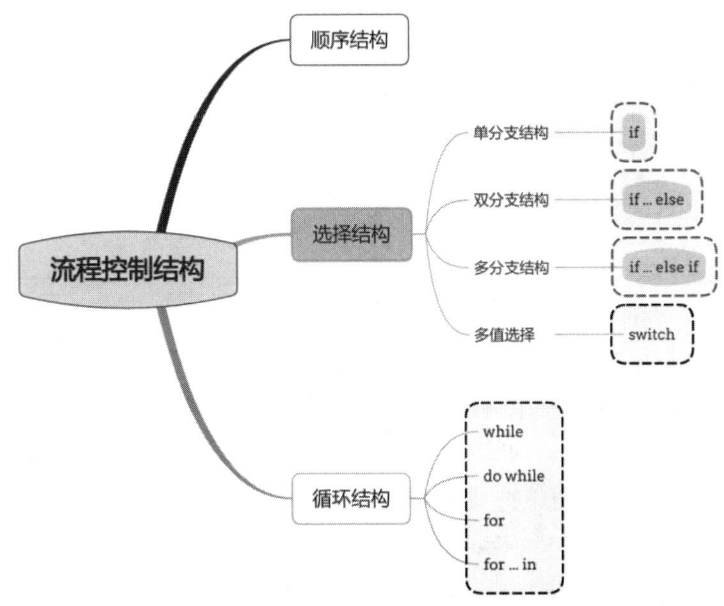

图 6-10　JavaScript 程序控制结构

6.3.1　顺序结构

在顺序结构中，各语句按出现的先后次序从上到下依次执行。若出现相同语句，则后面的语句会覆盖前面的语句。这也是 JavaScript 代码默认的执行顺序。顺序结构的语句主要有赋值语句、输入/输出语句等。

【例 6-9】 输入一个三位整数，并逆序输出。

分析：首先通过 prompt()获得三位数；然后分别求出随机数的个、十、百位数字，最后重新组成逆序数。参考代码如下：

```
<!--example6_9.html-->
<!DOCTYPE html>
```

```
<html>
    <head>
        <meta charset="utf-8">
        <title>顺序结构</title>
    </head>
    <body>
        <script>
            var x, a, b, c, y;
            x=parseInt(prompt("请输入一个三位数: "));
            a=parseInt(x/100);
            b=parseInt((x-a*100)/10);
            c=x%10;
            y=c*100+b*10 + a;
            alert(x+'逆序的结果为'+y);
        </script>
    </body>
</html>
```

程序运行结果如图 6-11 所示。

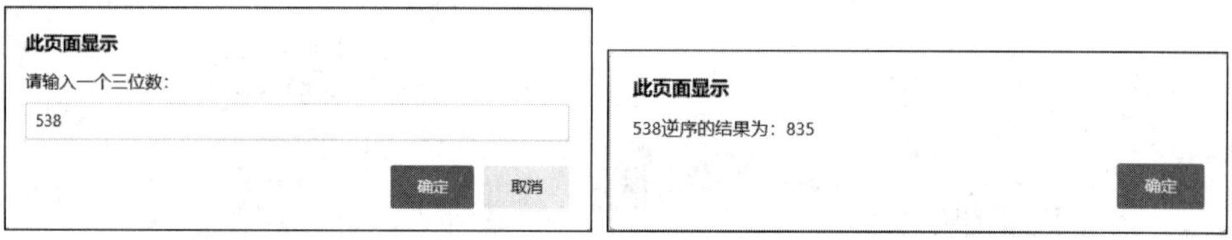

此页面显示
请输入一个三位数:
538
确定 取消

此页面显示
538逆序的结果为：835
确定

图 6-11 例 6-9 程序运行结果

在上面的代码中，使用了一个系统函数 parseInt()，该函数的作用是解析一个字符串，并返回一个整数。由于在输入框中输入的内容是字符串，因此在进行算术运算之前，要先将字符串转换为对应的数值。同时，parseInt()函数还可以对进行算术运算之后的浮点数进行取整，如 parseInt(5.6)的结果为 5。

6.3.2 选择结构

用顺序结构能编写一些简单的程序，以进行简单的运算。但是，人们对计算机运算的要求并不仅限于一些简单的运算，而是经常要求计算机进行逻辑判断，并进行不同的处理，这时就需要用到选择结构。

假
条件?
真
语句块

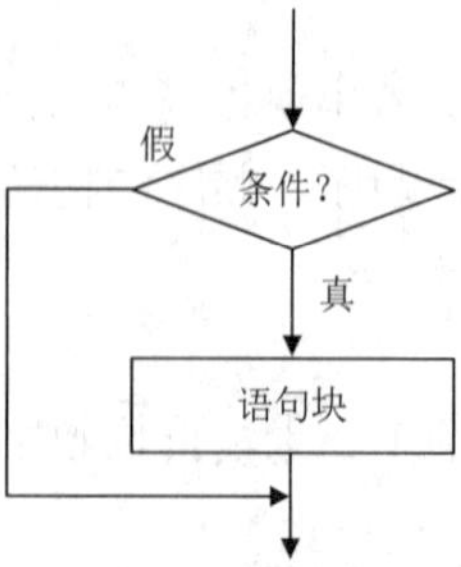

图 6-12 if 语句的执行流程

选择结构要求程序开发人员指定一个或多个要评估或测试的条件，以及条件为真时要执行的语句（必需的）和条件为假时要执行的语句（可选的）。

JavaScript 提供了两种选择结构语句：if 语句和 switch 语句。

1. if 语句

if 语句的执行流程如图 6-12 所示。其基本语法格式如下：

```
if (条件)
{
    语句块
}
```

功能：如果条件为 true，则执行“{ }”中间的语句或语句块，否则直接执行“{ }”后面的语句。其中，条件可以是关系表达式、逻辑表达式甚至直接为 true、false；语句块可以有多条语句，如果只有一条语句，则“{}”可以省略。

例如，已知两个数 x 和 y，比较它们的大小，使 x 大于 y。参考代码如下：

```
If (x<y) {
    t=x; x=y; y=t;
}
```

2. if…else 语句

if…else 语句的执行流程如图 6-13 所示。其基本语法格式如下：

```
if (条件) {
    语句块 1
}
else {
    语句块 2
}
```

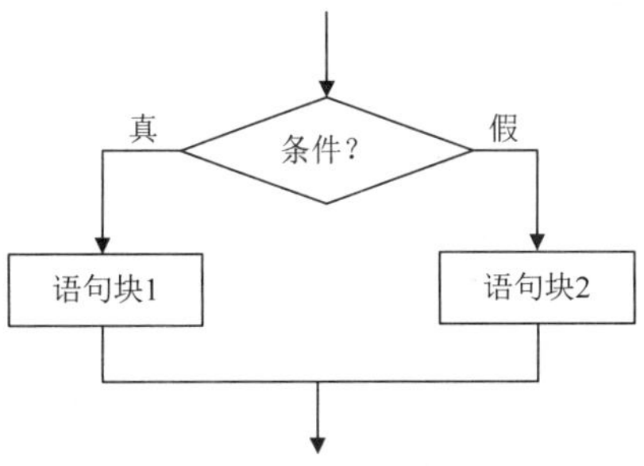

图 6-13　if…else 语句的执行流程

功能：当条件的值为 true 时，执行语句块 1，否则执行语句块 2。与 if 语句相比，if…else 语句多了条件为 false 时要执行的部分，其余与 if 语句相同，可参考 if 语句的说明。

【例 6-10】 输入一个学生成绩，判断是否及格。参考代码如下：

```
<!--example6_10.html-->
<!DOCTYPE html>
<html>
    <head>
        <meta charset="utf-8">
        <title>双分支</title>
        <script>
            function level() {
```

```
                var r;
                var s=parseInt(document.getElementById('score').value);
                if (s>=60)
                    r='及格';
                else
                    r='不及格'
                document.getElementById('result').value = r;
            }
        </script>
    </head>
    <body>
        <form>
            分数：<input type="text" id="score"/><br/>
            结果：<input type="text" id="result"/><br/>
            <input type="button" value="判断" onclick="level()"/>
        </form>
    </body>
</html>
```

如果程序的逻辑判断关系比较复杂，通常会用到 if 语句或者 if…else 语句的嵌套，即在判断之中又有判断。其一般格式如表 6-8 所示。

表 6-8 选择结构语句的一般格式

1	if (条件 1)
2	{
3	语句块 1
4	}
5	else
6	{
7	if (条件 2)
8	{
9	语句块 2
10	}
11	else
12	{
13	语句块 3
14	}
15	}

如果条件 1 为 true，则执行语句块 1；否则，如果条件 2 为 true，则执行语句块 2；否则执行语句块 3。有需要时，可以在其中继续添加更多的分支。

在表 6-8 中可以看到，第 7～14 行其实是一个 if…else 语句。所以，在使用 if 语句的嵌套时，需要把完整的 if 语句放入“{}”中。

注意：在应用 if 语句或者 if…else 语句嵌套时，即使控制语句只有一条，也建议加上“{}”。

【例 6-11】 输入一个学生成绩，评定其等级。评定方法如下：90～100 分为“优秀”，80～89 分为“良好”，70～79 分为“中等”，60～69 分为“及格”，60 分以下为“不合格”。参考代码如下：

```
<!--example6_11.html-->
<!DOCTYPE html>
<html>
    <head>
        <meta charset="utf-8">
        <title>分支的嵌套</title>
        <script>
            function level() {
                var str;
                var s=parseInt(document.getElementById('score').value);
                if (s<0||s>100) {
                    str="你输入的分数不符合要求。";
                } else {
                    if (s>=90) {
                        str="优秀";
                    } else {
                        if (s>=80) {
                            str="良好";
                        } else {
                            if (s>=70) {
                                str="中等";
                            } else {
                                if (s>=60) {
                                    str="及格";
                                } else {
                                    str="不及格";
                                }
                            }
                        }
                    }
                }
                document.getElementById('result').value=str;
            }
        </script>
    </head>
    <body>
        <form>
            分数：<input type="text" id="score"/><br/>
            结果：<input type="text" id="result"/><br/>
            <input type="button" value="判断" onclick="level()"/>
        </form>
    </body>
</html>
```

3. if…else if…else 语句

if…else if…else 语句是 if 语句和 if…else 语句的组合，其一般语法格式如下：

```
if (条件 1) {
    语句块 1
}
else if (条件 2) {
    语句块 2
}
…
else if (条件 n-1) {
    语句块 n-1
}
Else {
    语句块 n
}
```

功能：当条件 1 的值为 true 时，执行语句块 1，完成后跳过整个结构执行之后的语句；当条件 1 的值为 false 时，将跳到条件 2 处进行判断。若条件 2 的值为 true，则执行语句块 2，完成后跳过整个结构执行之后的语句；否则进行条件 3 的判断。以此类推，如果所有的条件都为 false，则执行语句块 n。

【例 6-12】 用 if…else if…else 语句实现例 6-11。部分参考代码如下：

```
If (s<0||s>100) {
    str="你输入的分数不符合要求。";
} else if (s>=90) {
    str="优秀";
} else if (s>=80) {
    str="良好";
} else if (s>=70) {
    str="中等";
} else if (s>=60) {
    str="及格";
} else {
    str="不及格";
}
```

可以看到，if…else if…else 语句和 if…else 语句的嵌套起到的作用是类似的。当然，if…else 语句的嵌套适用面更广，灵活性也更强。

4. switch 语句

if 语句虽然好用，但是如果用 if 语句比较离散的值，代码就会显得臃肿。switch 语句提供了一个相当简洁的语法，可以处理复杂的条件判断。switch 语句是将表达式的值与可选项进行匹配，而不是类似 if 的条件判断（>、<）。被匹配的值必须是常数值，其可以为字面值（如 1、2、3），或者是常量。

switch 语句的一般格式如下：

```
switch (变量或表达式) {
    case 常量表达式 1:
        语句块 1
        break;
    case 常量表达式 2:
        语句块 2
        break;
       /*其他 case 分支*/
    default:
        语句块 n+1
        break;
}
```

switch 语句的执行过程如下：首先计算变量或表达式的值，然后按顺序与每个 case 后的值进行比较，如果有相等的值，则执行该 case 下面的语句块，直到 break 语句；执行完后，退出整个 switch 结构。如果没有找到任何一个 case 后的值与其相等，则执行 default 下面的语句块；如果没有 default，则什么也不做，直接退出整个 switch 结构。

break 语句用于结束 switch 语句。如果没有 break 语句，则会从满足条件的 case 开始顺序执行完整个 switch 语句（这种情况称为 case 穿透），直到遇到 break 语句为止。在大多数情况下，应该使用 break 语句来终止每个 case 语句块。

【例 6-13】 将例 6-11 使用 switch 语句来实现。参考代码如下：

```
<!--example6_13.html-->
<!DOCTYPE html>
<html>
    <head>
        <meta charset="utf-8">
        <title>switch 语句</title>
        <script>
            function level() {
                var str;
                var s=parseInt(document.getElementById('score').value/10);
                switch (s) {
                    case 10:
                        str="优秀";
                        break;
                    case 9:
                        str="优秀";
                        break;
                    case 8:
                        str="良好";
                        break;
                    case 7:
                        str="中等";
                        break;
```

```
                case 6:
                    str="及格";
                    break;
                default:
                    str="不及格";
                    break;
            }
            document.getElementById('result').value=str;
        }
    </script>
</head>
<body>
    <form>
        分数：<input type="text" id="score"/><br/>
        结果：<input type="text" id="result"/><br/>
        <input type="button" value="判断" onclick="level()"/>
    </form>
</body>
</html>
```

说明如下。

（1）常量表达式列表与变量或表达式的类型必须相同。

（2）switch 语句可以包含任意数目的 case 语句块，但是任何两个 case 语句都不能具有相同的值。

（3）每个 case 语句块后都需要放置一个 break 语句，default 语句也需要。

（4）多个 case 语句可以共用一组执行语句。例如，例 6-13 的参考代码如下：

```
switch(s)
{
    case 10:
    case 9:
        str="优秀";
        break;
    case 8:
        str="良好";
        break;
    case 7:
        str="中等";
        break;
    case 6:
        str="及格";
        break;
    default:
        str="不及格";
        break;
}
```

从例 6-13 可以看出，对于多分支结构，用 switch 语句比 if…else if…else 语句更简单、清晰、整齐。但不是所有的 if 多分支结构都可以用 switch 语句代替。switch 语句后不能出现多个变量，当遇到对多个变量进行条件判断时，只能使用 if…else if…else 语句。

多个 case 语句可以堆叠，只要其中一个满足条件，就会执行后面的语句。在 case 语句后，也可以使用“{}”把语句块包围起来，执行多条语句。

6.3.3　循环结构

循环就是重复执行一些语句来实现某种功能。循环非常方便，只要设置好参数，同样的代码可以执行成千上万次。在程序中，凡是需要重复相同或相似的操作步骤，都可以使用循环结构来实现。循环结构由两部分组成：循环体，即要重复执行的语句序列；循环控制部分，即规定循环的重复条件或重复次数，同时确定循环范围的语句。

JavaScript 中的循环语句包括 for、while、do…while 和 for…in。

1. for 语句

for 语句一般用于循环次数固定的情况下。for 语句的执行流程如图 6-14 所示。其语法格式如下：

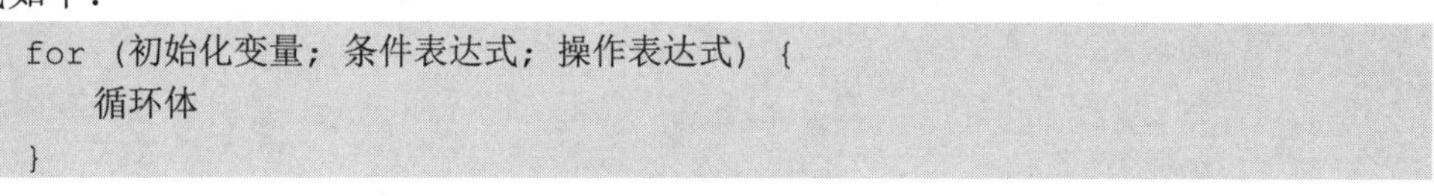

```
for (初始化变量; 条件表达式; 操作表达式) {
    循环体
}
```

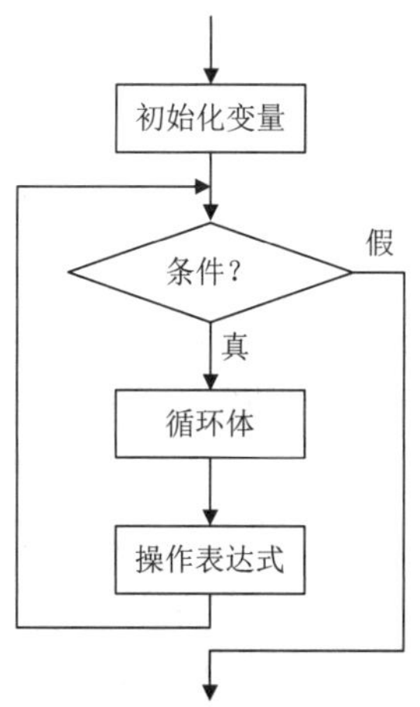

图 6-14　for 语句的执行流程

格式说明如下。

（1）初始化变量：该表达式可以使用 var 关键字声明新的变量并赋值，也可以对某个已声明变量赋新的值，其作用是记录次数。初始化操作在整个 for 循环中只执行一次。

（2）条件表达式：确定每一次循环是否能被执行。如果结果是 true 就继续循环，否则退出循环。

（3）操作表达式：每次循环的最后都要执行的表达式，通常被用于更新或者递增循环变量。当然，递减变量也可以。

【例 6-14】 求 1+2+3+…+10 的和，用 for 语句实现，并把执行过程输出到控制台。参考代码如下：

```
<!--example6_14.html-->
<!DOCTYPE html>
<html>
    <head>
        <meta charset="utf-8">
        <title>for 语句</title>
        <script>
            var sum=0;
    /*下面的代码是 for 循环的核心。其中，i 是控制变量；“var i=1;”表示给控制变
       量 i 赋初值；“i<=10;”是循环控制条件，当 i<=10 时，就执行大括号内的语句；
       “i++”是控制变量增量，每次加 1*/
            for (var i=1; i<=10; i++) {
                sum+=i;             /*进行 1～10 的累加，即计算 1+2+3+4+…+10 */
                document.write('现在执行了第' + i + '次，sum=' + sum + '<br>');
            }
            document.write("循环结束！");
        </script>
    </head>
    <body>
    </body>
</html>
```

代码分析如下。

（1）如果对循环变量在 for 语句前已赋初值，则在 for 语句中可省略初始化语句，但是“;”要保留。

（2）如果循环条件省略不写，即不判断条件是否成立，则循环将变成无限循环，但是“;”要保留。当然，也可以在循环体中添加“break;”语句来跳出循环。

（3）状态改变也可以省略。但是要注意，如果不在循环体中添加语句来改变循环变量，那么循环也会变成无限循环。

2. while 语句

while 语句用于循环次数不固定的情况。while 语句的执行流程如图 6-15 所示，do…while 语句的执行流程如图 6-16 所示。其语法格式如下：

```
while (条件) {
    循环体
}
```

格式说明如下。

（1）判断 while 的测试条件，如果为 true，就执行“{}”里的循环体。条件一般是关系或逻辑表达式。

（2）执行完“{}”里的语句块，再判断 while 的测试条件，如果仍为 true，则继续执行“{}”里的循环体。

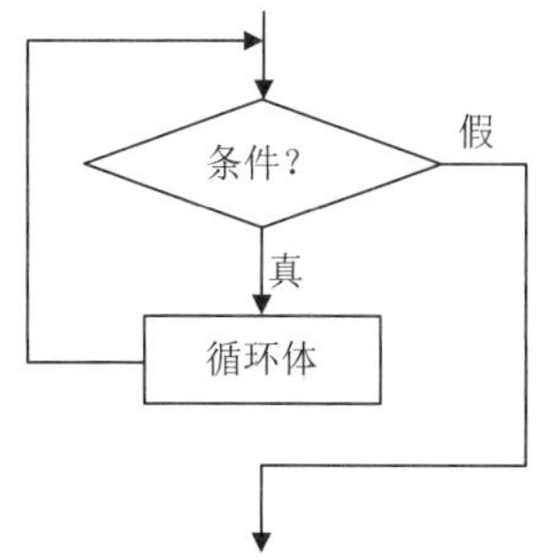

图 6-15　while 语句的执行流程

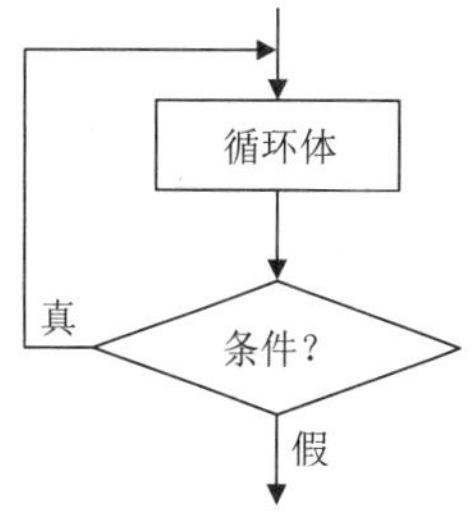

图 6-16　do…while 语句的执行流程

（3）如果 while 的测试条件为 false，则结束 while 循环，执行“{}”后面的语句。

（4）循环体可以是一条或若干条语句，如果只有一条语句，则外面的“{}”可以省略不写。

【例 6-15】 用 while 语句实现例 6-14。参考代码如下：

```
<!--example6_15.html-->
<!DOCTYPE html>
<html>
<head>
<meta charset="utf-8">
<title>while 语句</title>
<script>
var sum=0;
   var i=1;
   while (i<=10) {
      sum+=i;
      document.write('现在执行了第' + i + '次，sum=' + sum + '<br>');
      i++;
   }
   document.write("循环结束！");
</script>
</head>
<body>
</body>
</html>
```

比较 for 语句和 while 语句，可以看到，在很多情况下两者是相通的。While 语句中，“var i=1;”移到了 while 语句的前面，“i++”放在 while 语句的循环体中，对比如下：

```
for (var i=1 ; i<=10; i++) {
   sum+=i;
   document.write('现在执行了第' + i + '次，sum=' + sum + '<br>');
}
```

```
var i=1;
var sum=0;
while (i<=10) {
   sum+=i;
   document.write('现在执行了第' + i + '次，sum=' + sum + '<br>');
   i++;
}
```

3. do…while 语句

do…while 语句与 while 语句功能相似，但 do…while 语句的测试条件在后面，即 do…while 语句会先执行循环体，再判断是否再次执行循环体。所以，do…while 语句不论测试条件的值是什么，循环体至少要执行一次。do…while 语句的执行流程如图 6-16 所示。其语法格式如下：

```
do{
    循环体
} while (条件);
```

格式说明如下。

（1）先执行 do 后面“{}”里的循环体，再判断 while 的测试条件。

（2）如果条件的值为 true，就转向 do 后面的“{}”再次执行循环体。

（3）如果条件的值为 false，则退出循环，执行 while 后面的语句。

用 do…while 语句实现例 6-15，程序运行结果是一样的。

```
do{
      sum+=i;
      document.write('现在执行了第' + i + '次，sum=' + sum + '<br>');
      i++;
} while (i<=10);
```

4. 循环控制语句

在正常的循环语句中，每次循环都是从满足条件开始直到不满足条件结束。但有时会希望跳过其中某个循环，或者希望当某个条件满足时，直接终止整个循环，这时就需要使用 continue 语句和 break 语句。

continue 语句和 break 语句的用法一样，直接在单词（contine 或 break）后面加一个分号即可。例如：

```
continue;
break;
```

这两个语句在 while 循环和 for 循环中都能使用。当在循环中遇到“continue;”语句时，本轮循环中后面的语句不再执行，开始执行下一个循环；当在循环中遇到“break;”语句时，直接终止整个循环，即不仅当次的循环不执行，之后的所有循环也不执行。

通常使用 continue 语句和 break 语句时会结合 if 语句。

【例 6-16】 创建一个网页，在 for 语句中使用 continue 语句和 break 语句。参考代码如下：

```
<!--example6_16.html-->
<!DOCTYPE html>
<html>
<head>
    <meta charset="utf-8">
    <title>循环控制语句</title>
    <script>
```

```
        var sum=0;
        for (var i=1; i<=10; i++) {
            document.write('开始第' + i + '次循环。' + '<br>');
            if (i==3)
                continue;
            if (i==7)
                break;
            document.write('结束第' + i + '次循环。' + '<br>');
        }
        document.write("循环结束! ");
    </script>
</head>
<body>
</body>
</html>
```

代码分析如下。

（1）在没有 break 语句和 continue 语句时，for 循环输出数字 1～10。

（2）当 i==3 时，if 条件为真，执行 contiue 语句，continue 后面的语句不再执行，重新开始新一轮循环。注意，continue 之前的语句已全部执行。

（3）当 i==7 时，if 条件为真，执行 break 语句，break 后面的语句不再执行，整个循环语句终止。

5. 循环的嵌套

循环语句可以嵌套。在 JavaScript 中，一个循环体内包含一个或多个完整的循环结构，称为循环的嵌套。常用的循环嵌套是二重循环，外层循环称为外循环，内层循环称为内循环。说明如下。

（1）在循环的嵌套中，内层循环和外层循环应该使用不同的循环控制变量。

（2）几种循环控制结构可以相互嵌套，下面是几种常见的二重循环嵌套形式。

形式一：

```
for (var i=…) {
     …
     for (var j=…) {
        …
     }
     …
  }
```

形式二：

```
for (var i=…) {
     …
     while (…) {
        …
     }
     …
  }
```

形式三：

```
while (…) {
    …
    for (var j=…) {
      …
    }
    …
}
```

形式四：

```
do {
   …
   do {
     …
   } while ();
   …
} while ();
```

下面以 for 语句的嵌套为例进行具体说明，如表 6-9 所示。

表 6-9 for 语句的嵌套

1	for (初始化语句 1；循环条件 1；状态改变 1)
2	{
3	循环体 1;
4	for (初始化语句 2；循环条件 2；状态改变 2)
5	{
6	循环体 2;
7	}
8	}

注意：第 4～7 行也属于循环体 1 的一部分，即其中的 for 语句是重复执行多次的。因此，循环体 2 执行的次数为外循环的次数×内循环的次数。

【例 6-17】 求 1!+2!+3!+…+10!的和，用 for 语句实现，并把运行结果输出到控制台。

分析：n!表示 n 的阶乘，即 n!=1×2×…×n。当计算阶乘时，需要注意变量的类型是否合适。因为阶乘的结果值通常很大，这就意味着如果继续使用 int 类型的变量来存放结果，很可能会发生溢出错误（数值超出了变量可以存放的最大范围）。接下来分析如何用循环的嵌套来实现本例。例 6-14 中求的是 1+2+…+10 的累加和，使用一重循环就可以实现。但是，本例中的每一个具体的数字变成了阶乘，这就意味着应先求出阶乘的结果，再进行累加。求阶乘可以使用内循环实现，外循环则实现累加。

参考代码如下：

```
<!--example6_17.html-->
<!DOCTYPE html>
<html>
    <head>
        <meta charset="utf-8">
```

```
        <title>循环嵌套</title>
        <script>
            var sum=0, fac;
            for (var i=1; i<=10; i++) {
                /*求 i 的阶乘*/
                fac=1;
                for (var j=1; j<=i; j++) {
                    fac*=j;        /*通过把 j 累乘到 fac 上来求 i 的阶乘*/
                }
                sum+=fac;          /*把 i 的阶乘累加到 sum 上*/
            }
            document.write("1!+2!+…+10!=" + sum);
        </script>
    </head>
    <body>
    </body>
</html>
```

6. for…in 语句

for…in 语句用于对数组或者对象的属性进行循环操作。其语法格式如下：

```
for (var 变量 in  遍历的目标) {
    循环体
}
```

格式说明如下。

（1）for…in 语句可用于遍历数组的元素。注意，使用 for…in 语句遍历数组元素时，遍历出来是数组的下标。例如：

```
<script>
    var arr=[12, 13, 19, 15, 16];
    for (var index in arr) {
        document.write(arr[index] + ",");
    }
</script>
```

程度运行结果如下：

```
12, 13, 19, 15, 16,
```

（2）for…in 语句可以遍历对象的所有属性数据。注意，使用 for…in 语句遍历对象的属性时，遍历出来的是对象的属性名。例如：

```
<script>
    function Person(id, name) {
        this.id=id;
        this.name=name;
    }
    /*创建一个对象*/
    var p=new Person(110, "张三");
    for (var property in p) {
```

```
        document.write(p[property] + ",");
    }
</script>
```

6.4 JavaScript 函数

JavaScript 函数是完成特定任务的可重复调用的代码段，是 JavaScript 组织代码的单位。函数只需定义一次，就可以被多次使用，从而提高程序代码的复用率，既减轻开发人员的负担，又降低代码的重复度。JavaScript 函数会在某代码调用它时被执行。开发者能够多次向同一函数传递不同的参数，以产生不同的结果。事实上，函数总是会返回一个值，因此如果不指定返回值，JavaScript 函数将返回 undefined。

6.4.1 系统函数

JavaScript 中有许多预先定义的系统函数，包括全局函数和对象定义的函数。

全局函数不属于任何一个内置对象，使用时不需要加任何对象名称，直接调用，如 eval()、escape()、unescape()、parseFloat()、parseInt()、isNaN()等。常用的全局函数及其描述如表 6-10 所示。

表 6-10 常用的全局函数及其描述

函数	描述
decodeURI()	解码某个编码的 URI
decodeURIComponent()	解码一个编码的 URI 组件
encodeURI()	把字符串编码为 URI
encodeURIComponent()	把字符串编码为 URI 组件
escape()	对字符串进行编码
eval()	计算 JavaScript 字符串，并将其作为脚本代码来执行
isFinite()	检查某个值是否为有穷大的数
isNaN()	检查某个值是否是数字
Number()	把对象的值转换为数字
parseFloat()	解析一个字符串并返回一个浮点数
parseInt()	解析一个字符串并返回一个整数
String()	把对象的值转换为字符串
unescape()	对由 escape()函数编码的字符串进行解码

对象定义的函数依赖于对象，使用时需要加对象名称（顶层对象 window 除外），如 alert()、confirm()、prompt()等函数是 window 对象定义的函数，document.write()是 document 对象的函数。关于对象定义的函数，将在第 8 章中做详细解释。

只有熟练使用这些函数，才能充分发挥 JavaScript 的强大功能，简洁、高效地完成程序设计任务。

在 JavaScript 中总有一些函数不属于任何一个对象或者类，这样的函数称为全局函数。

全局函数直接通过方法访问，具体用法如下。

1. isNaN()函数

JavaScript 中 isNaN()函数的作用是检查一个参数是否是非数字值。例如：

```
document.write(isNaN(123));            /*返回 false*/
document.write(isNaN("Hello"));        /*返回 true*/
```

2. Number()函数

JavaScript 中 Number()函数的作用是把对象的值转换为数字。例如：

```
var test1=new Boolean(true);
var test2=new Boolean(false);
document.write(Number(test1));         /*返回 1*/
document.write(Number(test2));         /*返回 0*/
```

3. String()函数

JavaScript 中 String()函数的作用是把对象的值转换为字符串。例如：

```
var test1=new Boolean(1);
var test2=new Boolean(0);
document.write(String(test1));         /*返回 true*/
document.write(String(test2));         /*返回 false*/
```

4. encodeURI()函数

JavaScript 中 encodeURI()函数的作用是把字符串作为 URI 进行编码。对以下在 URI 中具有特殊含义的 ASCII 标点符号，encodeURI()函数不会进行转义：,、/、?、:、@、&、=、+、$、#。encodeURI()函数中，参数 uri 是必需的，类型为一个字符串，含有要编码的 URI 或其他要编码的文本。例如：

```
var uri="my test.php?name=stale&car=saab";
document.write(encodeURI(uri));
```

5. decodeURI()函数

JavaScript 中 decodeURI()函数的作用是对 encodeURI()函数编码过的 URI 进行解码。其中，参数 uri 是必需的，类型为一个字符串，含有要解码的 URI 或其他要解码的文本。例如：

```
var test1="http:/*www.baidu.com"
document.write(encodeURI(test1)+ "<br/>")
document.write(decodeURI(test1))
```

6. decodeURIComponent()函数

JavaScript 中 decodeURIComponent()函数的作用是对 encodeURIComponent()函数编码的 URI 进行解码。其中，参数 uri 是必需的，类型为一个字符串，含有要解码的 URI

或其他要解码的文本。例如：

```
var uri="http:/*www.baidu.com";
var uri_encode=encodeURIComponent(uri);
document.write(uri_encode);
document.write("<br>");
```

7. encodeURIComponent()函数

JavaScript 中 encodeURIComponent()函数的作用是把字符串作为URI组件进行编码。encodeURIComponent()函数不会对 ASCII 字母和数字进行编码，也不会对如下 ASCII 标点符号进行编码：-、_、.、!、~、*、'、()。对于其他字符（如;、/、?、:、@、&、=、+、$、,、#这些用于分隔 URI 组件的标点符号），则都由一个或多个十六进制的转义序列替换。例如：

```
var uri="http:/*www.baidu.com";
document.write(encodeURIComponent(uri));
```

8. eval()函数

JavaScript 中 eval()函数的作用是计算某个字符串，并执行其中的 JavaScript 代码。例如：

```
eval("x=10; y=20; document.write(x*y)");      /*返回 200*/
document.write(eval("2+2"));                  /*返回 4*/
var x=10
document.write(eval(x+17));                   /*返回 27*/
```

9. isFinite()函数

JavaScript 中 isFinite()函数的作用是检查其参数是否是无穷大。例如：

```
document.write(isFinite(0)+"<br>");           /*返回 true*/
document.write(isFinite("Hello")+"<br>");     /*返回 false*/
```

10. parseFloat()函数

JavaScript 中 parseFloat()函数的作用是解析一个字符串，并返回一个浮点数。例如：

```
document.write(parseFloat("10.00"));          /*返回 10.00*/
document.write(parseFloat("10.33"));          /*返回 10.33*/
document.write(parseFloat("34 45 66"));       /*返回 34*/
```

11. parseInt()函数

JavaScript 中 parseInt()函数的作用是解析一个字符串，并返回一个整数。例如：

```
document.write(parseInt("10")+"<br>");              /*返回 10*/
document.write(parseInt("10.33")+"<br>");           /*返回 10*/
document.write(parseInt("34 45 66")+"<br>");        /*返回 34*/
```

6.4.2　自定义函数

虽然 JavaScript 自带大量的系统函数，满足了很多编程需求，但有时需要将不同功能的函数组合成另一个具有更强大功能，或功能更加专业，在处理某方面的数据方面更加精简细化的函数。例如，JavaScript 自带大量处理字符串的函数，但系统函数并没有定义清除字符串两端空格的函数，这时就需要根据 JavaScript 已有的系统函数和 JavaScript 语法创建功能更加细化的函数，让处理字符串的函数更加专业。

1. 函数的定义

自定义函数的基本语法格式如下：

```
function 函数名([ 参数1, 参数2, 参数N ]) {
    语句块                        /*用来完成函数所表示的功能*/
    return [表达式];              /*用来返回计算结果*/
}
```

格式说明如下。

（1）function：必选项，定义函数用的关键字，表示定义新函数的开始。无论何时调用该函数，函数的大括号中所定义的代码都将被执行。function 不能写成 Function，Function 表示一个对象。

（2）函数名：必选项，合法的 JavaScript 标识符。函数的命名原则与变量的命名原则相同，但尽量不要将函数和变量取相同的名字。如果因为实际情况需要将函数和变量定义为相近的名字，也尽量给函数加上可以清楚辨别的字符（如前缀 func 等）以示区别。另外需要注意的是，函数的命名尽量与实现的功能相关，如此可直接从函数的名字就知道函数的功能。

（3）参数：可选项，合法的 JavaScript 标识符。在调用目标函数时，需要将实际数据传递给参数列表，以完成函数特定的功能。参数列表中可定义一个或多个参数，各个参数之间以“,”分隔。当然，参数列表也可为空，但函数名后的圆括号不能省略。

（4）语句块：可选项，JavaScript 程序语句，当为空时函数没有任何动作。

（5）return：可选项，遇到 return 关键字并返回函数值后，将停止函数后面代码的执行并退出函数。因此，一般将 return 语句放在函数体的最后，用于返回函数值；或者在函数体内需要经过条件判定是否跳出该函数时调用该语句。

（6）表达式：可选项，其值作为函数返回值。

2. 函数的调用

函数被定义后，并不会自动执行。要执行一个函数，需要在特定的位置处调用该函数。调用函数需要创建调用语句，调用语句包含函数名称、参数具体值等。

定义函数后，即可在文档中的任意位置调用该函数。

（1）在调用函数时，函数名后面必须紧跟圆括号。即使没有传入的参数，函数名后面的圆括号也不能省略。圆括号有两个作用：一是告知程序需要执行该函数；二是提供传递给函数的数据，即参数。不是每个函数都需要传递参数，但在调用函数时必须使用圆括号。

（2）若目标函数需要使用参数，则需要在圆括号内添加传递参数。调用函数时，传递的参数个数必须与定义函数时定义的参数个数相同。

（3）如果函数有返回值，可将最终结果赋值给一个变量。例如：

```
function sum(x, y) { return x+y; }
var result=sum(1, 2)                    /*result 的结果为 3*/
```

（4）可将函数作为一个参数传递给另外一个函数，但在参数列表中函数不能有圆括号。这是因为圆括号的第一个作用是执行该函数，此时需要将该函数作为参数变量传递到另一个函数体内，就不能立即执行该函数。在另一个函数执行该函数时，只需要在传入的参数变量名后加上圆括号“()”对即可执行该函数。如果有参数，则须在圆括号中加入相应数量的参数。例如：

```
function sum(x, y) { return x+y; }       /*定义作为参数传入的函数*/
function sumDemo(func) { var x=1; var y=2; return func(x,y); }
var result=sumDemo (sum);      /*调用 sumDemo()函数，result 的结果为 3*/
```

函数调用有多种形式，下文介绍基本方法和示例。

1）简单调用

JavaScript 自定义函数一般定义在 HTML 文件的<head>标签或外部 JavaScript 文件中，而函数的调用通常被放在<body>标签中的任何位置。如果在函数定义之前调用该函数，执行将会出错。

【例 6-18】 定义一个函数 showImage()，该函数的功能是在页面的 div 图层中显示一张图片，通过调用该函数实现图片的输出。参考代码如下：

```
<!--example6_18.html-->
<!DOCTYPE html>
<html>
   <head>
      <meta charset="utf-8">
      <title>简单调用</title>
      <style>
         #div1 { width: 170px; height: 170px; margin: 0 auto; }
      </style>
      <script>
         /*定义函数*/
         function showImage() {
               document.getElementById('div1').innerHTML='<img
                src="images/js1.jpg">';
         }
      </script>
   </head>
   <body>
      <div id="div1"></div>
      <script>
```

```
            showImage();  /*调用函数*/
        </script>
    </body>
</html>
```

在上述代码中，函数的定义放在<head>标签中。当文档加载<head>标签时，函数内部的代码不会执行；当文档加载<body>标签时，其中有函数的调用，此时函数内部的代码才会被执行。

2）在事件响应中调用函数

当用户单击某个按钮或选中某个复选框时，将触发事件，编写程序对事件做出反应的行为称为响应事件。在 JavaScript 语言中，将函数与事件相关联，即可完成响应事件的过程。例如，当用户单击某个按钮时，会执行相应的函数。

【例 6-19】 编写求 n～m（n<m）累加和的函数 sumNtoM()，输入、输出都在单行文本框中，单击按钮时调用该函数。参考代码如下：

```
<!--example6_19.html-->
<!DOCTYPE html>
<html>
    <head>
        <meta charset="utf-8">
        <title>在事件响应中调用函数</title>
        <style>
            * { margin: 10px; }
            input[type=text], textarea { width: 200px; height: 20px; }
        </style>
        <script>
            function sumNtoM() {
                var n=parseInt(document.getElementById('n').value);
                var m=parseInt(document.getElementById('m').value);
                var sum=0;
                for (var i=n; i<=m; i++) {
                    sum+=i;
                }
                document.getElementById('result').value=sum;
            }
        </script>
    </head>
    <body>
        <table>
            <tr>
                <td>n: </td>
                <td><input type="text" id="n"/></td>
            </tr>
            <tr>
                <td>m: </td>
                <td><input type="text" id="m"/></td>
            </tr>
            <tr>
                <td colspan="2" align="center">
```

```
                    <input type="button" value="累加和"
                    onclick="sumNtoM()"/></td>
            </tr>
            <tr>
                <td>结果：</td>
                <td><input type="text" id="result"/></td>
            </tr>
        </table>
    </body>
</html>
```

程序运行结果如图 6-17 所示。

n:	4
m:	20
	累加和
结果:	204

图 6-17　例 6-19 程序运行结果

程序执行过程如下：网页文档加载完毕后，等待用户输入合适的数据，即 n 和 m 的值。用户分别输入 4 和 20，单击“累加和”按钮，这时 onclick 事件被激发，马上调用 sumNtoM()函数，代码转到 sumNtoM()函数定义的语句中，函数内部代码被执行。

3）通过超链接调用函数

在网页开发中，常常需要用到超链接来实现网页间跳转，而 href 是最常见的实现方式。但是，在某些情况下需要实现一些更复杂的交互效果，如单击一个超链接弹出一个提示框或者实现表单提交等，此时就需要在 href 属性中使用 JavaScript 函数。在 href 属性中使用 JavaScript 函数，可以让超链接链接到一个 JavaScript 函数或代码片段，从而实现更为灵活的网页交互效果。

单击超链接，调用 JavaScript 函数的一般语法格式如下：

```
<a href="javascript:function();">
```

例如：

```
<script>
    function test() {                                /*定义函数*/
        alert('hello world!');
    }
</script>
<a href="javascript:test()">test</a>     /*在超链接中调用自定义函数*/
```

在上面的代码中，单击超链接时，网页并不是跳转到另外一个网页，而是弹出一个警告框，显示字符串“hello world!”。需要注意的是，上述使用 href 属性调用 JavaScript 函数的方法在现代浏览器中使用已经很广泛，然而某些旧版浏览器或者特定的浏览器配置可能会影响这些方法的正常使用，因此需要在实际应用中仔细测试兼容性。例如，在某些浏览器中，为了防止脚本注入攻击，可能会禁止执行带有“javascript:”前缀的 href 属性值，此时需要将代码片段移动到 onclick 事件中，或者使用其他方法来实现相应的交互效果。

总之，在使用 href 属性调用 JavaScript 函数时，须谨慎对待兼容性和安全问题，避免出现不可预料的错误。

6.4.3 函数的参数

在 6.4.2 小节中提到了函数可以使用参数。参数可以将数据传递给函数，通过传递的数据影响函数执行结果。函数的参数能够增加函数的通用性，使函数更灵活，适应更多的数据。

函数的参数会出现在两个位置，分别是函数定义处和函数调用处，这两个位置的参数是有区别的。

1. 形参

可以将函数定义中出现的参数看作一个占位符，该参数没有数据，只能等函数被调用时接收传递进来的数据，所以称为形式参数，简称形参。例如：

```
<script>
    function add(a, b) {
        alert(a+b);
    }
</script>
```

在上面的代码中，a 和 b 即为形参，不需要在 a 和 b 的前面添加 var 就能把它们当作变量使用，并且在函数内也不能再声明与它们同名的其他变量。

2. 实参

函数被调用时给出的参数包含实实在在的数据，其会被函数内部的代码使用，所以称为实际参数，简称实参。

形参和实参的功能是传递数据，发生函数调用时，实参的值会传递给形参。例如：

```
<script>
    add(1, 4);
</script>
```

在上面的代码中，将 1 和 4 作为实参传递给 add()函数，函数将这两个数字相加并弹出警告框，显示结果。

3. 形参和实参的区别和联系

形参和实参的区别和联系如下。

（1）形参只有在函数被调用时才会分配内存，调用结束后立刻释放内存，所以形参只有在函数内部有效，不能在函数外部使用。

（2）实参可以是常量、变量、表达式、函数等，无论实参是何种类型的数据，在进行函数调用时，它们都必须有确定的值，以便把这些值传送给形参。所以，应该提前用赋值、输入等办法使实参获得确定值。

（3）JavaScript 函数定义不会为形参规定数据类型。JavaScript 函数不会对所传递的实参进行类型检查和数量检查。如果调用函数时省略了实参（少于被声明的数量），则丢失的值被设置为 undefined。有时这是可以接受的，但是最好给参数指定默认值。例如：

```
<script>
    function add(a, b) {
        if (a===undefined)
            a=0;
        if (b===undefined)
            b=0;
        alert(a+b);
    }
    add();
</script>
```

程序运行结果是 0。

（4）函数调用中发生的数据传递是单向的，只能把实参的值传递给形参，而不能把形参的值反向传递给实参。换句话说，一旦完成数据的传递，实参和形参就再也没有联系。所以，在函数调用过程中，形参的值发生改变并不会影响实参。

（5）形参和实参虽然可以同名，但它们之间是相互独立的，互不影响，因为实参在函数外部有效，而形参在函数内部有效。

（6）如果函数调用的参数太多（超过声明），则可以使用 arguments 对象得到这些参数。JavaScript 函数有一个名为 arguments 的内置对象，arguments 对象包含函数调用时使用的参数数组。例如，使用函数查找数字列表中的最高值：

```
<script>
    function findMax() {
        var i;
        var max=-Infinity;
        for (i=0; i<arguments.length; i++) {
            if (arguments[i]>max) {
                max=arguments[i];
            }
        }
        alert(max);
    }
    findMax(1, 123, 500, 115, 44, 88);
</script>
```

或创建一个函数，求所有输入值的和：

```
<script>
    function sumAll() {
        var i, sum=0;
        for (i=0; i<arguments.length; i++) {
            sum+=arguments[i];
```

```
        }
        alert(sum);
    }
    sumAll(1, 123, 500, 115, 44, 88);
</script>
```

6.4.4 return 语句

当调用一个函数时，JavaScript 程序的控制从调用语句转移到被调用函数，而 return 语句将控制权返回到调用它的语句，从暂停的地方继续执行。被调用函数通常会计算出返回值，通过 return 语句，该返回值也会返回给调用函数者，调用函数者可以使用变量接收函数的返回结果。

例如，计算两个数之和，并返回结果。参考代码如下：

```
<script>
    function add(a, b) {
        if (a===undefined)
            a=0;
        if (b===undefined)
            b=0;
        return a+b;             /*函数返回 a 和 b 之和*/
    }
    var s=add(1, 4)             /*调用函数，返回值被赋值给 s*/
</script>
```

程序运行结果是 5。

【例 6-20】 改写例 6-19，用两个函数完成相同的功能。其中，sumNtoM (n,m)函数求 n～m 的累加和并返回该值，show()函数完成输入、调用函数和输出功能。参考代码如下：

```
<!--example6_20.html-->
<!DOCTYPE html>
<html>
        <head>
            <meta charset="utf-8">
            <title>参数、返回值</title>
            <style>
                * { margin: 10px; }
                input[type=text], textarea { width: 200px; height: 20px; }
            </style>
            <script>
                function sumNtoM(n, m) {
                    var sum=0;
                    for (var i=n; i<=m; i++) {
                        sum+=i;
                    }
                    return sum;
                }
```

```
                function show() {
                    var n=parseInt(document.getElementById('n').value);
                    var m=parseInt(document.getElementById('m').value);
                    var s=sumNtoM(n, m);
                    document.getElementById('result').value=s;
                }
            </script>
        </head>
        <body>
            <form>
                <table>
                    <tr>
                        <td>n: </td>
                        <td><input type="text" id="n"/></td>
                    </tr>
                    <tr>
                        <td>m: </td>
                        <td><input type="text" id="m"/></td>
                    </tr>
                    <tr>
                        <td colspan="2" align="center">
                            <input type="button" value="累加和"
                             onclick="show()"/></td>
                    </tr>
                    <tr>
                        <td>结果: </td>
                        <td><input type="text" id="result"/></td>
                    </tr>
                </table>
            </form>
        </body>
    </html>
```

6.4.5 函数表达式

JavaScript 函数也可以使用表达式来定义，其语法格式如下：

```
var functionName=function(arg) { 函数体 };
```

这种形式看起来与常规的变量赋值语句类似，即创建一个函数并将其赋值给变量functionName。这种情况下创建的函数称为匿名函数，因为 function 关键字后面没有标识符。可以使用变量名调用匿名函数。例如：

```
/*在变量 x 中保存函数表达式之后，此变量可用作函数*/
var x=function (a, b) { return a*b };
var z=x(4, 3);
```

存放在变量中的函数不需要函数名，它们总是使用变量名调用。上面代码中的函数之所以使用分号结尾，是因为其是可执行语句的一部分。

6.4.6 变量的作用域

变量的作用域是指变量的作用范围。JavaScript 中的变量分为全局变量和局部变量。

1. 全局变量

全局变量是在函数之外定义的变量，为整个页面公用，函数内部、外部都可以访问。例如：

```
<script>
    var number;              /*全局变量*/
    function fn1() {
        number=5;
        document.write("number 的值是:"+number+"<br/>");
    };
    function fn2() {
        ++number;
        document.write("number 的值是:"+number+"<br/>");
    }
    fn1();
    fn2();
</script>
```

2. 局部变量

局部变量是在函数内部定义的变量，只能在定义该变量的函数内部访问，外部无法访问。例如：

```
<script>
    /*定义 fn3()函数*/
    function fn3() {
        var a=5;                /*定义局部变量*/
        document.write("a 的值是:"+a+"<br/>");
    }
    /*定义 fn4()函数*/
    function fn4() {
        document.write("a 的值是:"+a+"<br/>");
    }
    fn3();                  /*调用 fn3()函数*/
    fn4();                  /*调用 fn4()函数*/
</script>
```

程序运行结果如图 6-18 所示。

```
a的值是:5
```

```
Uncaught ReferenceError: a is not defined
    at fn4 (变量作用域.html:16:30)
    at 变量作用域.html:19:4
```

图 6-18 局部变量的运行结果

注意：

（1）如果在函数内部定义了与全局变量相同名称的局部变量，那么在函数内部遵循就近原则，即在函数内部局部变量起作用。

（2）如果在定义变量时没有使用 var，那么默认是全局变量，无论是在函数外部还是在函数内部定义变量。例如：

```
<script>
    var x="x 为全局变量";                          /*全局变量 x*/
    function fn5() {
        var x="x 为局部变量";                      /*局部变量 x*/
        y="y 为？变量";
        document.write("函数 fn5 内部:"+x+"<br/>");
        document.write("函数 fn5 内部:"+y+"<br/>");
    }
    fn5();
    document.write("函数外部:"+x+"<br/>");
    document.write("函数外部:"+y+"<br/>");
</script>
```

在本示例中，当使用 var 关键字在函数内部外部分别声明并初始化变量 x 时，在不同作用域内显示为不同的值。相反，如果不使用 var 关键字声明变量 y，会发现域外和域内变量 y 显示相同的值，因为“y = "y 为？变量";”将对变量 y 赋值并且在整个页面中可见。

6.5 应用实例——列表框的常见操作

在 JavaScript 中，可以使用 DOM 操作控制列表框（select）的行为。列表框的常见操作如下。

（1）获取列表框元素 select，代码如下：

```
/* "mySelect"是列表框的 id 属性值*/
var selectElement=document.getElementById("mySelect");
```

（2）添加选项 option 到列表框 select，代码如下：

```
/*创建新的 option 元素并设置其文本内容和 value 属性值*/
var op=new Option("Option Text", "optionValue");
/*将新的 option 元素添加到列表框中*/
selectElement.add(op);
```

（3）移除列表框 select 中的选项 option，代码如下：

```
/*根据索引位置删除指定选项（4）获取列表框 select 中的列表项 option，代码如下*/
selectElement.remove(index);
/*ops 是一个数组，通过遍历数组，可以得到每一个 option*/
var ops=selectElement.getElementsByTagName("option");
```

（4）清空列表框中的所有选项，代码如下：

```
while (selectElement.options.length>0) {
    selectElement.remove(0);
}
```

（5）获取当前被选中的选项，代码如下：

```
/*返回被选中选项的索引位置*/
var selectedIndex=selectElement.selectedIndex;
/*返回被选中选项的显示文本*/
var selectedText=selectElement.options[selectedIndex].text;
/*返回被选中选项的 value 属性值*/
var selectedValue=selectElement.options[selectedIndex].value;
```

（6）修改已存在的选项，代码如下：

```
/*根据索引位置修改指定选项的文本内容和 value 属性值*/
ops[index]=new Option("New Option Text", "newOptionValue");
```

【例 6-21】 编写网页，制作一个简单的选课界面。该网页实现的功能如下：可选课程中将选择的课程添加到已选课程中，也可以将已选课程取消；单击“全选”/“取消选择”按钮，可以将全部课程选中/取消，效果如图 6-19 所示。

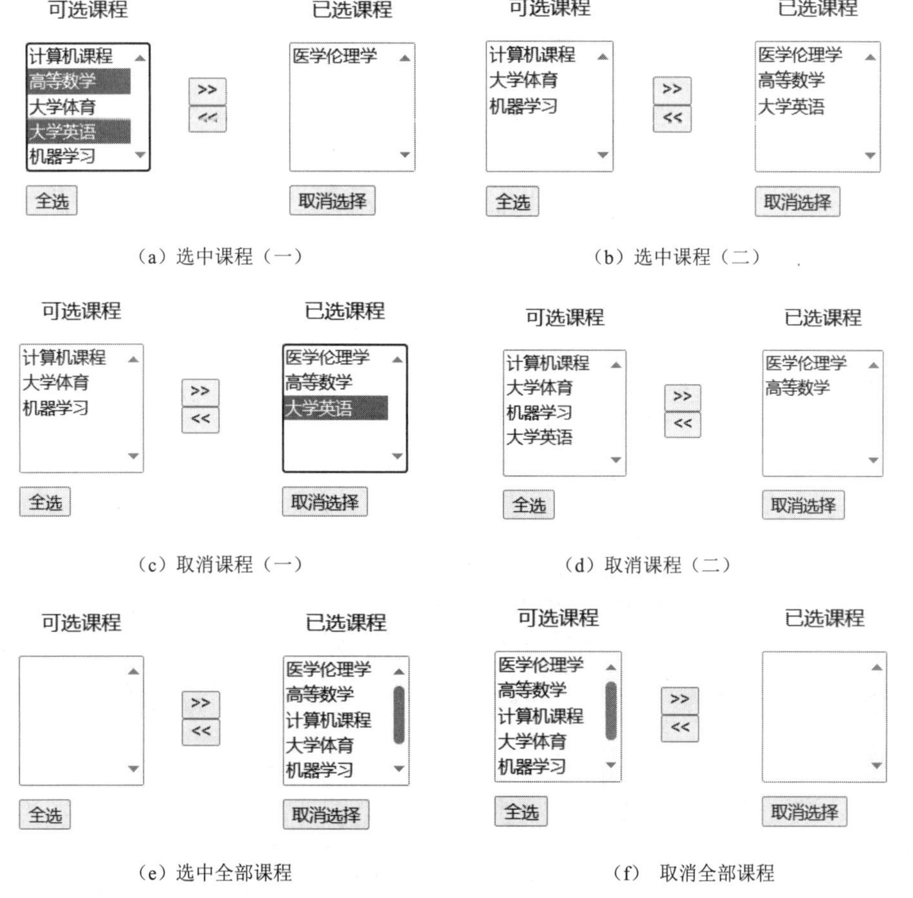

图 6-19　例 6-21 效果图

参考代码如下：

```
<!--example6_21.html-->
<html>
```

```
<head>
    <title>列表框的操作</title>
    <style>
        #content { width: 400px;  height: 120px;  margin: 0 auto; }
        #left { float: left; }
        #right { float: left; }
        #middle { float: left; width: 50px; height: 100px;
                  margin: 80px 30px; }
        .d1{  margin: 10px auto; }
    </style>
</head>
<body>
    <div id="content">
        <div id="left">
            <p align="center">可选课程</p>
            <select id="select1"  multiple="multiple"
                    style="width: 100px; height: 100px">
                <option>计算机课程</option>
                <option>高等数学</option>
                <option>大学体育</option>
                <option>大学英语</option>
                <option>机器学习</option>
            </select>
            <div class="d1">
                <input type="button" value="全选" onclick="selAllRight()" />
            </div>
        </div>
        <div id="middle">
            <input type="button"  value=">>"  onclick="selToRight()"/>
              <br/>
            <input type="button"  value="<<"  onclick="selToLeft()"/>
        </div>
        <div id="right">
            <p align="center">已选课程</p>
            <select id="select2"  multiple="multiple"
                   style="width: 100px; height: 100px">
                <option>医学伦理学</option>
            </select><br/>
            <div class="d1">
                <input  type="button"  value="取消选择"
                        onclick="selAllLeft()"/>
            </div>
        </div>
    </div>
</body>
<script type="text/javascript">
```

```
/*选中添加到右边*/
function selToRight() {
    /*获取左边的 select 对象*/
    var s1=document.getElementById("select1");
    /*获取右边的 select 对象*/
    var s2=document.getElementById("select2");
    /*得到左边 select 对象中的 option 数组*/
    var ops=s1.getElementsByTagName("option");
    /*遍历 ops 数组，得到每一个 option 选中状态*/
    for (var i=0; i<ops.length; i++) {
        op=ops[i];
        /*判断每一个 option 中 selected 属性是否选中*/
        if (op.selected==true) {
            s2.add(op);     /*如果选中,添加到右边的 select 对象中*/
            op.selected=false;
           /*每次添加都会使数组长度减一,i++后长度出现异常,所以应--;*/
            i--;
        }
    }
}
/*选中添加到左边*/
function selToLeft() {
    /*获取左边的 select 对象*/
    var s1=document.getElementById("select1");
    /*获取右边的 select 对象*/
    var s2=document.getElementById("select2");
    /*遍历右边 select 对象中的每一个 option 选中状态*/
    var ops=s2.getElementsByTagName("option");
    for (var i=0; i<ops.length; i++) {
        op=ops[i];
        if (op.selected==true) {
            s1.add(op);
            op.selected=false;
            i--;
        }
    }
}
/*全部添加到左边*/
function selAllLeft() {
    var s1=document.getElementById("select1");
    var s2=document.getElementById("select2");
    var ops=s2.getElementsByTagName("option");
    for (var i=0; i<ops.length; i++) {
        op=ops[i];
        s1.add(op);
        i--;
    }
```

```
        }
        /*全部添加到右边*/
        function selAllRight() {
            var s1=document.getElementById("select1");
            var s2=document.getElementById("select2");
            var ops=s1.getElementsByTagName("option");
            for (var i=0; i<ops.length; i++) {
                op=ops[i];
                s2.add(op);
                i--;
            }
        }
    </script>
</html>
```

本章小结

本章着重介绍了 JavaScript 的基础语法，包括变量和数据类型、运算符、程序控制结构、函数等知识点。运算符的重点是算术运算符、比较运算符、逻辑运算符。程序控制结构的重点是条件语句和循环语句，如 if 语句、switch 语句、for 循环、while 循环等。函数要求掌握的关键点是函数的定义和调用、函数的参数等。

第 7 章　JavaScript 事件分析

事件是指能被 JavaScript 侦测到的行为。在网页中，每个元素（如按钮、输入框、窗口等）都可以触发某些事件，这些事件可以被 JavaScript 捕获并处理，从而实现动态交互。例如，当用户单击按钮时，会触发一个 click 事件，进而执行相应的 JavaScript 代码，使网页能够响应用户的操作。

7.1　事 件 概 述

事件处理是对象化编程的一个很重要的环节，没有事件处理，程序就会缺乏灵活性。事件处理的过程可以这样表示：发生事件→启动事件处理程序→事件处理程序做出反应。其中，要使事件处理程序能够启动，必须先告诉对象如果发生了什么事情，要启动什么处理程序，否则该流程就不能进行下去。事件的处理程序可以是任意 JavaScript 语句，但一般用特定的自定义函数来处理事件。

7.1.1　事件处理与事件句柄

1. 事件

事件的命名通常是描述性的，很容易通过名称猜出其行为。例如，页面加载、鼠标单击、鼠标悬停或键盘按键等行为都会触发相应的事件。

2. 事件处理工作原理

JavaScript 事件处理工作原理如下：当客户端（通常是浏览器）通过用户输入或其他事件（如网页加载或运行脚本）发生某些更改时，事件会被触发；JavaScript 将向相关的元素发送事件，元素可以绑定和处理它们，根据其内部代码执行不同的操作，从而实现动态网页的效果。

3. 事件处理程序

事件处理程序是指 JavaScript 为响应用户行为所执行的程序代码。例如，用户单击 button 按钮，该行为就会被 JavaScript 中的 click 事件侦测到；执行为 click 事件编写的程序代码，如在控制台输出“按钮被单击”。

4. 事件句柄

事件句柄是指在 HTML 元素上绑定事件时，使用 JavaScript 函数或语句作为事件处理程序。每一个事件均对应一个事件句柄。当将相应的函数或语句指定给事件句柄后，事件一发生，浏览器便执行该函数或语句。

事件句柄由两个部分组成，即 on+事件名称。其基本语法格式如下：

```
<标签事件句柄="Javascript 代码">…</标签>
```

例如：

```
<input type="button" value="显示" onclick="show();">
```

语法说明：事件句柄名称与事件属性同名，都作为 HTML 标记的属性；与事件名称略有不同，只是在事件名称前面加上了 on。例如，click 事件的事件句柄为 onclick，该项标记对应的事件属性也为 onclick；blur 事件的事件句柄为 onblur，该项标记对应的事件属性也为 onblur；其他事件的事件句柄以此类推。常用的事件及其描述如表 7-1 所示。

表 7-1 常用的事件及其描述

事件类型	事件	描述
鼠标事件	click	当单击元素时，发生此事件
	contextmenu	当右击某个元素以打开上下文菜单时，发生此事件
	dblclick	当双击元素时，发生此事件
	mousedown	当在元素上单击鼠标按钮时，发生此事件
	mouseenter	当鼠标指针移动到元素上时，发生此事件
	mouseleave	当鼠标指针从元素上移出时，发生此事件
	mousemove	当鼠标指针在元素上方移动时，发生此事件
	mouseout	当鼠标指针移出元素或其中的子元素时，发生此事件
	mouseover	当鼠标指针移动到元素或其中的子元素上时，发生此事件
	mouseup	当在元素上释放鼠标按钮时，发生此事件
	mousewheel	不推荐使用，改用 wheel 事件
	wheel	当鼠标滚轮在元素向上或向下滚动时，发生此事件
键盘事件	keydown	当正在按下键时，发生此事件
	keypress	当按下键时，发生此事件
	keyup	当松开键时，发生此事件
表单事件	blur	当元素失去焦点时，发生此事件
	change	当 form 元素的内容、选择的内容或选中的状态发生改变时，发生此事件
	focus	当元素获得焦点时，发生此事件
	focusin	当元素即将获得焦点时，发生此事件
	focusout	当元素即将失去焦点时，发生此事件
	input	当元素获得用户输入时，发生此事件
	invalid	当元素无效时，发生此事件
	paste	当将一些内容粘贴到元素中时，发生此事件
	reset	重置表单时，发生此事件
	search	当在搜索字段中输入内容时，发生此事件
	select	选择文本后（对于<input>和<textarea>），发生此事件
	submit	当提交表单时，发生此事件

续表

事件类型	事件	描述
窗口事件	beforeunload	在文档即将被卸载之前，发生此事件
	error	当加载外部文件时发生错误后，发生此事件
	load	当对象已加载时，发生此事件
	pagehide	当离开某个网页进行导航时，发生此事件
	pageshow	当导航到某个网页时，发生此事件
	resize	当调整文档视图的大小时，发生此事件
	scroll	当滚动元素的滚动条时，发生此事件
	unload	页面卸载后（对于<body>），发生此事件
打印事件	afterprint	当页面开始打印或者关闭打印对话框时，发生此事件
	beforeprint	即将打印页面时，发生此事件
动画事件	animationend	CSS 动画完成时，发生此事件
	animationiteration	重复 CSS 动画时，发生此事件
	animationstart	CSS 动画开始时，发生此事件
多媒体事件	abort	图片/媒体加载中止时，发生此事件
	canplay	当浏览器可以开始播放媒体时，发生此事件
	canplaythrough	当浏览器可以在不停止缓冲的情况下播放媒体时，发生此事件
	durationchange	媒体时长改变时，发生此事件
	ended	媒体播放到尽头时，发生此事件
	loadeddata	媒体数据加载后，发生此事件
	loadedmetadata	加载元数据（如尺寸和持续时间）时，发生此事件
	loadstart	当浏览器开始查找指定的媒体时，发生此事件
	pause	当媒体被用户暂停或以编程方式暂停时，发生此事件
	play	当媒体已启动或不再暂停时，发生此事件
	playing	在媒体被暂停或停止以缓冲后播放时，发生此事件
	progress	当浏览器正处于获得媒体数据的过程中时，发生此事件
	ratechange	媒体播放速度改变时，发生此事件
	seeked	当完成移动/跳到媒体中的新位置时，发生此事件
	seeking	当开始移动/跳到媒体中的新位置时，发生此事件
	stalled	当浏览器尝试获取媒体数据但数据不可用时，发生此事件
	suspend	当浏览器有意不获取媒体数据时，发生此事件
	timeupdate	当播放位置更改时，发生此事件
	volumechange	当媒体的音量已更改时，发生此事件
	waiting	当媒体已暂停但预期会恢复时，发生此事件
编辑事件	copy	当复制元素的内容时，发生此事件
	cut	当剪切元素的内容时，发生此事件
	drag	拖动元素时，发生此事件
	dragend	当完成拖动元素后，发生此事件
	dragenter	当拖动的元素进入放置目标时，发生此事件
	dragleave	当拖动的元素离开放置目标时，发生此事件

续表

事件类型	事件	描述
编辑事件	dragover	当拖动的元素位于放置目标之上时，发生此事件
	dragstart	当开始拖动元素时，发生此事件
	drop	当将拖动的元素放置在放置目标上时，发生此事件
其他事件	fullscreenchange	当元素以全屏模式显示时，发生此事件
	fullscreenerror	当元素无法在全屏模式下显示时，发生此事件
	hashchange	当 URL 的锚部分发生改变时，发生此事件
	message	在通过此事件源接收消息时，发生此事件
	offline	当浏览器开始脱机工作时，发生此事件
	online	当浏览器开始在线工作时，发生此事件
	open	当打开与事件源的连接时，发生此事件
	popstate	窗口的历史记录改变时，发生此事件
	show	当<menu>元素显示为上下文菜单时，发生此事件
	storage	Web 存储区域更新时，发生此事件
	toggle	当用户打开或关闭 <details> 元素时，发生此事件
	touchcancel	在触摸被中断时，发生此事件
	touchend	当手指从触摸屏上移开时，发生此事件
	touchmove	当手指在屏幕上拖动时，发生此事件
	touchstart	当手指放在触摸屏上时，发生此事件
	transitionend	CSS 转换完成时，发生此事件

7.1.2 事件指定的方式

给事件句柄指定事件处理代码，就能够响应事件。事件指定的方式主要有两种：静态指定、动态指定（DOM0 级和 DOM2 级事件绑定）。

1. 静态指定

静态指定是指在 HTML 中分配事件处理程序时，直接在 HTML 标签中添加相应的事件句柄。该方式的优点是比较直观和简单。其语法格式如下：

```
<标签 事件句柄 1="事件处理程序 1"事件句柄 2="事件处理程序 2" …>
```

例如：

```
<body onload="alert('网页读取完成，请慢慢欣赏!')" >
```

上述的<body>标记，能使文档读取完毕时弹出一个警告框，内容为“网页读取完成，请慢慢欣赏!”。

2. 动态指定

动态指定通常在 JavaScript 代码中执行，即在页面加载完成后，通过 JavaScript 操作 DOM 来绑定事件处理器。这种方式更加灵活，可以在页面加载后再动态添加元素时也能绑定事件。

DOM0 级事件绑定：在 JavaScript 代码中，为需要事件处理的 DOM 元素对象（在本小节中，可以简单地理解为 HTML 元素）添加事件句柄与事件处理程序。

其语法格式如下：

```
<事件对象>.<事件句柄>=<事件处理程序（通常为一个匿名函数）>;
```

注意：上述语句添加在<script>标签中。

例如：

```
<script>
    window.onload=function() {
        alert('网页读取完成，请慢慢欣赏!');
    }
</script>
```

上述代码的运行结果与静态指定的示例一样。需要注意的是，在 JavaScript 中 HTML 代码中的<body>标签可通过 document.body 直接访问，通过 window.onload 事件注册的函数，可在页面完全加载后直接操作 document.body 或其他 DOM 元素，无须通过 id 获取对象再绑定事件句柄。

在动态指定时，经常会用到 event 对象。event 对象是事件匿名函数的一个形参，每个事件的匿名函数都携带该形参，即 event 对象是响应事件时默认传递过来的。对于开发者而言，只需要掌握 event 对象的使用方法即可。

event 对象的形参名可以自定义，但是建议不修改，因为使用 event 作为形参名可以做到见名知意。event 属性用来记录事件发生时产生的一些相关信息，如表 7-2 所示。

表 7-2 常用 event 属性

event 属性	描述
event.type	事件类型，如 click
event.target	触发事件的源头。通俗理解：单击谁触发了事件，target 就是谁
event.currentTarget	包含事件的元素。通俗理解：事件绑定在谁身上，currentTarget 就是谁
event.preventDefault()	阻止默认行为，如阻止<a>标签的链接跳转
event.stopPropagation()	阻止事件冒泡和事件捕获
clientX/clientY	触发事件时鼠标指针位于浏览器窗口的固定 X/Y 轴坐标，不受滚动条影响
pageX/pageY	触发事件时鼠标指针位于浏览器窗口的 X/Y 轴坐标，受滚动条影响
screenX/screenY	触发事件时鼠标指针位于屏幕的 X/Y 轴坐标

【例 7-1】 编写 JavaScript 代码，实现图像跟随鼠标指针的移动而在网页中移动。

分析：要实现图像的移动，可以修改图像的 top 属性和 left 属性。参考代码如下：

```
<!--example7_1.html-->
<!DOCTYPE html>
<html>
    <head>
        <meta charset="UTF-8">
        <title>动态指定</title>
        <style>
            img { position: absolute; top: 0px; left: 0px; }
        </style>
```

```
        </head>
        <body>
            <img id="flight" src="images/flight.png">
            <script>
                /*定义 moveFlight 函数，实现图片跟随鼠标移动*/
                function moveFlight(event) {
                    /*获取 HTML 对象*/
                    var imgobj=document.getElementById('flight');
                    var x=event.clientX;
                    var y=event.clientY;
                    imgobj.style.top=y+"px";
                    imgobj.style.left=x+"px";
                }
                /*移动图片，因为是在网页里面移动鼠标，所以事件对象是 document*/
                document.onmousemove=moveFlight;
            </script>
        </body>
    </html>
```

DOM2 级事件绑定：使用 addEventListener 方法（在 IE9 及以上浏览器支持，IE8 及以下使用 attachEvent）来绑定事件。这种方式允许为一个元素的同一个事件绑定多个处理函数，并且可以指定事件捕获或冒泡阶段。

其语法格式如下：

```
<事件对象>.addEventListener("事件", 事件处理函数);
```

例如，改写例 7-1 的代码，能够实现相同的功能。

```
document.addEventListener('mousemove', moveFlight);
```

注意：动态指定时，函数名没有引号和小括号。

3. 静态指定与动态指定的区别

（1）动态指定可以向函数传入一个 event 对象，并读取其相应属性，而静态指定不可以。在例 7-1 中，如果采用静态指定的方式，会发现用鼠标移动图片无法实现，因为不能使用 event 对象的属性。

（2）静态指定不利于将 HTML 对象与事件分离，也不能使用 event 对象的相关内容。

（3）在静态指定中，onclick 大小写均可；但动态指定中，onclick 必须小写。这是因为 HMTL 对大小写不敏感，而 JavaScript 则会区分大小写。

（4）在动态指定中，指定函数名时没有双引号；静态指定作为一个 HTML 属性，需要使用双引号。

7.2 鼠 标 事 件

在 JavaScript 中，鼠标事件是 Web 开发中最常用的事件类型。

7.2.1　鼠标点击

鼠标点击事件包括四个：click（单击）、dblclick（双击）、mousedown（按下）和 mouseup（释放）。其中，click 事件类型比较常用，而 mousedown 和 mouseup 事件类型多用在鼠标拖放、拉伸操作中。当这些事件处理函数的返回值为 false 时，会禁止绑定对象的默认行为。这些事件支持绝大多数的 HTML 标签，除了<base>、<bdo>、
、<head>、<html>、<iframe>、<meta>、<param>、<script>、<style>及<title>外。

【例 7-2】 编写网页代码，实现功能如下：当用鼠标双击网页中大小为 200px 的黑色图层时，图层大小变成 300px 且背景色为黄色。参考代码如下：

```
<!--example7_2.html-->
<!DOCTYPE html>
<html>
    <head>
        <meta charset="utf-8">
        <title>dblclick 事件</title>
        <style>
            #div1 { width: 200px; height: 200px; margin: 0 auto;
                    background-color: black; }
        </style>
        <script>
            /*定义函数*/
            function changeColorSize() {
                document.getElementById('div1').style.backgroundColor=
                    'yellow';
                document.getElementById('div1').style.width='300px';
                document.getElementById('div1').style.height='300px';
            }
        </script>
    </head>
    <body>
        <div id="div1" ondblclick="changeColorSize()"></div>
    </body>
</html>
```

注意：当在某个元素上方单击鼠标时，会激发一连串的事件，它们相关的顺序（针对鼠标左键/中键）是 onmousedown→onmouseup→onclick。

7.2.2　鼠标移动

鼠标移动包括移入（mouseover）、移出（mouseout）和移动（mousemove）三个事件类型。

当移动鼠标指针到某个元素上时，将触发 mouseover 事件；当把鼠标指针移出某个元素时，将触发 mouseout 事件。如果从父元素中移到子元素中，也会触发父元素的 mouseover 事件。在发生 mouseover 和 mouseout 事件时，会涉及把鼠标指针从一个元素的边界之内移动到另一个元素的边界之内。

mouseover 事件的主要目标是获得光标的元素，而相关元素就是失去光标的元素；mouseout 事件的主要目标是失去光标的元素，而相关元素则是获得光标的元素。

mousemove 事件是一个实时响应事件，当鼠标指针的位置发生变化时（至少移动一个像素），就会触发 mousemove 事件。该事件响应的灵敏度主要参考鼠标指针移动速度的快慢及浏览器跟踪更新的速度。

【例 7-3】 编写网页代码，实现功能如下：鼠标指针移到图像 bulbon.gif 上方时，变成另一个图像 bulboff.gif；鼠标指针移出时，又恢复原来的图像 bulbon.gif。

分析：结合鼠标指针移入、移出事件，利用 JavaScript 代码修改图像元素的 src 属性。参考代码如下：

```
<!--example7_3.html-->
<!DOCTYPE html>
<html>
    <head>
        <meta charset="utf-8">
        <title>鼠标移动事件</title>
        <style>
            img { display: block; width: 100px; height: auto;
                  margin: 0 auto; }
        </style>
     </head>
     <body>
        <img id="light" src="images/bulbon.gif" onmouseover=
           "changeImgOff()" onmouseout="changeImgOn()">
        <script>
             imgobj=document.getElementById('light');
             function changeImgOff() {
                imgobj.src="images/bulboff.gif";
             }
             function changeImgOn() {
                imgobj.src="images/bulbon.gif";
             }
        </script>
     </body>
</html>
```

代码分析：在<img>标签中，通过设置 src 来指定图像的 URL。在 JavaScript 代码中，也可以通过“元素对象.src=URL”的方式来更新<img>标签中的图像。

7.3 键 盘 事 件

在 JavaScript 中，当用户操作键盘时，会触发键盘事件。键盘事件主要包括三种类型：keydown 事件、keypress 事件和 keyup 事件。

7.3.1 keydown 事件

在键盘上按下某个键时，触发 keydown 事件。如果按住某个键，会不断触发该事件，但 Opera 浏览器不支持这种连续操作。该事件处理函数返回 false 时，会取消默认的动作（如输入的键盘字符，在 IE 和 Safari 浏览器中还会禁止 keypress 事件响应）。keydown 事件常用于实现以下场景。

（1）捕获用户的按键操作：通过监听 keydown 事件来捕获用户按下的键，并执行相应的操作。例如，可以通过监听 keydown 事件来检测用户按下了特定的快捷键，并执行相应的功能。

（2）控制表单输入：利用 keydown 事件对用户的输入进行控制。例如，可以监听 keydown 事件，判断用户按下的键是否是数字键或字母键，以限制输入内容只能是数字或字母。

例如：

```
<script>
    document.onkeydown=function(event) {
        /*判断按下的键是否是 Enter 键*/
        if (event.key=='Enter') {
            /*执行相应的操作，如提交表单或执行搜索功能*/
            alert("Enter key pressed!");
        }
    }
</script>
```

7.3.2 keypress 事件

在键盘上按下某个键并释放时，触发 keypress 事件。如果按住某个键，会不断触发该事件。该事件处理函数返回 false 时，会取消默认的动作（如输入的键盘字符）。keypress 事件常用于实现以下场景。

（1）监听用户的实时输入：通过监听 keypress 事件来获取用户实时输入的内容，并进行处理。例如，在一个即时聊天应用中，可以利用 keypress 事件实时获取用户输入的内容，并将其显示在聊天窗口中。

（2）实现快捷键操作：利用 keypress 事件捕获用户按下特定的快捷键，执行相应的操作。例如，在一个文本编辑器中，可以使用 keypress 事件监听用户按下 Ctrl+S 组合键，实现快速保存文档的功能。

需要注意的是，keypress 事件在一些特定的情况下可能无法捕获到所有的按键，如功能键和组合键。在这些情况下，可能需要结合其他事件（如 keydown 或 keyup）来实现完整的键盘操作。

例如：

```
<div id="user-input"></div>
<script>
    document.onkeypress=function(event) {
        /*捕获按下的键*/
        var char=event.key;
```

```
        /*显示用户的输入内容*/
        var userInput=document.getElementById("user-input");
        userInput.textContent+=char;
    }
</script>
```

7.3.3 keyup 事件

释放某个键盘键时，触发 keyup 事件。keyup 事件仅在松开键盘时触发一次，不是一个持续的响应状态。

keyup 事件常用于实现以下场景。

（1）捕获用户的键盘释放操作：通过监听 keyup 事件来捕获用户释放的键，并执行相应的操作。例如，在游戏开发中，可以利用 keyup 事件来检测玩家释放了特定的按键，然后更新游戏状态或执行相应的动作。

（2）控制表单输入：利用 keyup 事件对用户的输入进行实时控制和验证。例如，可以监听 keyup 事件，检测用户在输入框中释放键后的输入内容，并进行输入合法性检查或实时搜索等操作。

例如：

```
<script>
    document.onkeyup=function(event){
        /*判断按下的键是否是 Enter 键*/
        If (event.key=='Enter') {
            /*执行相应的操作，如提交表单或执行搜索功能*/
            alert("Enter key released!");
        }
    }
</script>
```

7.3.4 键盘事件常用属性

键盘事件定义了很多属性，如表 7-3 所示。利用这些属性，可以精确控制键盘操作。键盘事件属性一般只在键盘相关事件发生时才会存在于事件对象 event 中，但是 ctrlKey 和 shiftKey 属性除外，因为它们也可以在鼠标事件中存在。

表 7-3　键盘事件定义的属性

属性	说明
key	返回一个字符串，表示用户输入的字符或按键的名称
code	返回一个字符串，表示物理按键的标识，与键盘布局相关
target	发生事件的节点（包含元素），仅 DOM 支持
srcElement	发生事件的元素，仅 IE 支持
shiftKey	是否按下 Shift 键，如果按下则返回 true，否则为 false
ctrlKey	是否按下 Ctrl 键，如果按下则返回 true，否则为 false
altKey	是否按下 Alt 键，如果按下则返回 true，否则为 false
metaKey	是否按下 Mtea 键，如果按下则返回 true，否则为 false，仅 DOM 支持

【例 7-4】 编写代码，监测 Ctrl 和 Shift 键是否被同时按下。如果 Ctrl 和 Shift 键同时按下，且鼠标单击某个页面元素，则会把该元素从页面中删除。参考代码如下：

```
<!--example7_4.html-->
<!DOCTYPE html>
<html>
    <head>
        <meta charset="utf-8">
        <title>鼠标结合键盘事件</title>
        <style>
            #div1 { width: 200px; height: 200px; margin: 0 auto;
                    background-color: black; }
        </style>
        <script>
            function deleteDiv() {
                var e=window.event;
                /*获取发生事件的元素，兼容 IE 和 DOM */
                var t=e.target||e.srcElement;
                if (e.ctrlKey&&e.shiftKey) {/*如果同时按下 Ctrl 和 Shift 键*/
                    t.parentNode.removeChild(t);    /*删除当前元素*/
                }
            }
        </script>
    </head>
    <body>
        <div id="div1" onclick="deleteDiv()"></div>
    </body>
</html>
```

在 JavaScript 的键盘事件中，key 和 code 是 KeyboardEvent 对象的两个重要属性，它们用于标识被按下的按键，但有不同的含义和用途。

key 属性返回的是与按键相关的字符或按键名称，反映的是在当前键盘布局和输入状态下按键所代表的语义化结果。它更侧重于用户输入或按键操作在当前环境下的意义。例如，按下 A 键，key 值为"A"；按下回车键，key 值为"Enter"。

code 属性返回的是触发事件的物理按键的标识。它基于键盘的硬件布局，无论操作系统语言设置、键盘布局或输入法如何，只要按下同一个物理按键，code 的值始终保持不变。例如，所有键盘上对应字母 A 的物理按键，按下时 code 值通常都是"KeyA"。表 7-4 是一些常见按键的 key 和 code 属性返回值示例。

表 7-4 key 和 code 属性返回值

按键	key 返回值	code 返回值
字母 A	"A"	"KeyA"
数字 1	"1"	"Digit1"
回车键	"Enter"	"Enter"
左箭头键	"ArrowLeft"	"ArrowLeft"
Command 键（Mac）	"Meta"	"MetaLeft" 或 "MetaRight"

7.4 表单事件

表单事件是指对表单或表单元素操作时发生的事件。在 JavaScript 中，常用的表单事件有四种：获得焦点与失去焦点事件、失去焦点修改事件、onselect 事件。

7.4.1 获取焦点与失去焦点事件

onfocus 表示获取焦点时触发的事件，onblur 表示失去焦点时触发的事件，两者是相反操作。onfocus 和 onblur 这两个事件往往都是配合使用的。例如，用户准备在文本框中输入内容时，文本框会获得光标，触发 onfocus 事件；当文本框失去光标时，就会触发 onblur 事件。

并不是所有的 HTML 元素都有焦点事件，具有“获取焦点”和“失去焦点”特点的元素只有两种，即表单元素（单选按钮、复选框、单行文本框、多行文本框、下拉列表框）和超链接。判断一个元素是否具有焦点的方法如下：打开一个页面后按 Tab 键，能够选中的就是具有焦点特性的元素。在实际开发中，焦点事件（onfocus 和 onblur）一般用于单行文本框和多行文本框，其他地方比较少用。

【例 7-5】 编写网页代码，实现登录界面。当用户激活某个文本框时，改变文本框的背景颜色；当选择其他文本框时，把失去焦点的文本框背景颜色恢复为原始状态。参考代码如下：

```
<!--example7_5.html-->
<!DOCTYPE html>
<html>
   <head>
   <meta charset="utf-8">
   <title>获得/失去焦点事件</title>
   <style>
      input[type=text], input[type=password] { width: 150px;
           height: 20px; border: 1px solid gray; }
   </style>
   <script>
         function myFocusFunction(id) {
            document.getElementById(id).style.backgroundColor=
              "gainsboro";
      }
      function myBlurFunction(id) {
         document.getElementById(id).style.backgroundColor = "white";
      }
   </script>
   </head>
   <body>
   <form id="myForm">
      <table>
```

```
            <tr>
             <td>用户名</td>
             <td><input type="text" id="name" onfocus= "myFocusFunction
                 ('name')" onblur="myBlurFunction('name')"></td>
            </tr>
          <tr>
             <td>密码</td>
             <td><input type="password" id="psw" onfocus= "myFocusFunction
                 ('psw')" onblur="myBlurFunction('psw')"></td>
          </tr>
          <tr>
          <td colspan="2" align="center">
          <input type="button" value="登录"/></td>
          </tr>
        </table>
      </form>
    </body>
</html>
```

程序运行结果如图 7-1 所示。

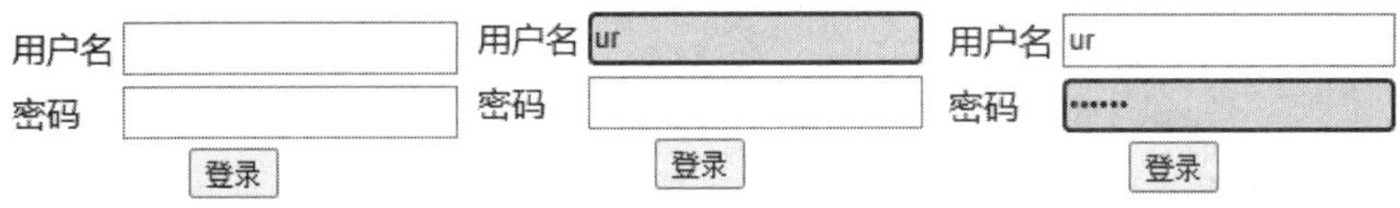

图 7-1　例 7-5 程序运行结果

7.4.2　失去焦点修改事件

失去焦点修改事件（onchange）在元素失去焦点且内容发生改变后触发。对于单选按钮和复选框，在被选择的状态改变时，触发 onchange 事件。

在 JavaScript 中，onchange 事件常用于“具有多个选项的表单元素”，具体如下。

（1）单选按钮选择某一项时触发。

（2）复选框选择某一项时触发。

（3）下拉列表框选择某一项时触发。

（4）当文本框或<textarea>元素的值发生改变，并且失去焦点时触发。

对于 select 元素来说，可以使用 obj.options[n]的方式得到某一个列表项，该列表项也是一个 DOM 对象。另外，还可以使用 obj.selectedIndex 获取所选择的这个列表项的下标。这两个都是下拉列表框所独有的也是经常使用的方法。根据索引获得该选项的 value 值“var s=obj.options[index].value;”或者直接获取选中项的 value 值“var s=obj.value”。

【例 7-6】 失去焦点修改事件。参考代码如下：

```
<!--example7_6.html-->
<!DOCTYPE html>
<html>
    <head>
```

```
        <meta charset="utf-8">
        <title>失去焦点修改事件</title>
        <script>
            function changeColor() {
                var sObj=document.getElementById('menu');
                document.getElementById('poem').style.color=sObj.value;
            }
        </script>
    </head>
    <body>
        <select onchange="changeColor()" id="menu">
            <option value="green">绿色</option>
            <option value="yellow">黄色</option>
            <option value="red">红色</option>
        </select>
        <div id="poem">
            江雪<br/>
            唐·柳宗元<br/>
            千山鸟飞绝，<br/>
            万径人踪灭。<br/>
            孤舟蓑笠翁，<br/>
            独钓寒江雪。<br/>
        </div>
    </body>
</html>
```

程序运行结果如图 7-2 所示。

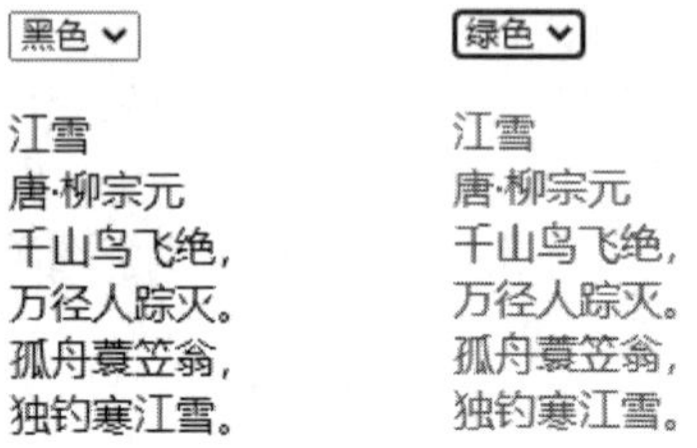

黑色
江雪
唐·柳宗元
千山鸟飞绝，
万径人踪灭。
孤舟蓑笠翁，
独钓寒江雪。

绿色
江雪
唐·柳宗元
千山鸟飞绝，
万径人踪灭。
孤舟蓑笠翁，
独钓寒江雪。

图 7-2　例 7-6 程序运行结果

7.4.3 onselect 事件

onselect 事件发生在元素中的文本被选中之后。onselect 事件主要用于<input type="text">或<textarea>元素。例如：

```
<input type="text" onselect="foo()" value="this is a test.">
    <script>
        function foo() {
            alert('你选中了某些文本。');
        }
    </script>
```

7.5 窗口事件

7.5.1 onload 事件和 onunload 事件

当页面/图像完全加载之后触发加载（onload）事件。onload 事件通常用于数据的初始化。当页面完全卸载之后触发卸载（unload）事件。unload 事件可以用来释放资源、保存数据等，也可以理解为页面关闭前的一个回调函数。

例如，在 HTML 页面中有一张大图片，想要在图片显示出来后提示一个消息框“图片加载完成”，如果直接使用 JavaScript 代码“function(){alert("图片加载完成");}”，因为代码是从上到下依次执行，图片还没完成加载时函数已经执行，因此不合理，利用 onload 事件，可以在页面的东西都加载完才执行后续语句。例如：

```
<script>
        function loadImage() {
           alert("Image loaded successfully");
        }
</script>
<img src="images/flight.png" onload="loadImage()">
```

7.5.2 onscroll 事件

onscroll 事件会在窗口或元素被滚动时触发。onscroll 事件可以用于实现各种各样的效果，如用户向下滚动页面时加载更多内容、悬浮导航栏的显示与隐藏等。

onscroll 事件有以下几个常用属性。

（1）document.documentElement.scrollTop：获取或设置页面顶部滚动的像素值。在 Opera 浏览器中可以使用 document.body.scrollTop 获取。

（2）window.innerHeight：获取窗口的视口高度。

（3）element.offsetHeight：获取元素的高度。

例如：

```
window.onscroll=function() {
        console.log("滚动");
        var h = document.documentElement.scrollTop || document.body.scrollTop;
        console.log(h);
    }
```

document.documentElement.scrollTop 和 document.body.scrollTop 还可以用来设置滚动条的高度。上述代码的功能是显示滚动条的高度，但当滚动条滚动到底部时，想要返回最上面，应怎么办呢？此时可以在底部设置一个按钮，并指定事件句柄及下面的事件处理程序：

```
function func() {
        document.documentElement.scrollTop=0;
        document.body.scrollTop=0;
}
```

将其滚动条设置为 0 即可。

onscroll 事件有以下两个常用方法。

（1）window.scrollBy(x,y)：相对于当前位置，将窗口滚动到指定的像素值。

（2）window.scrollTo(x,y)：将窗口滚动到指定的像素值。

7.5.3 onresize 事件

onresize 事件是指当窗口或框架大小发生变化时触发的事件。onresize 事件可以应用于任何元素上，但通常用于 window 对象。使用 onresize 事件，可以在页面大小发生变化时做出响应，重新计算元素尺寸、调整布局等。

例如，可以在窗口大小发生变化时重新计算元素大小和位置，并实现响应式布局。参考代码如下：

```
<style>
    #myElement {
        margin: 0 auto;
        width: 500px;
        height: 500px;
        background-color: black;
    }
</style>
<div id="myElement"></div>
   <script>
      window.onresize=function() {
         var element=document.getElementById("myElement");
         var width=window.innerWidth;
         If (width>768) {
            element.style.width="100%";
         } else if (width>392) {
            element.style.width="50%";
         } else {
            element.style.width="30%";
         }
      }
</script>
```

7.6 应用实例

7.6.1 选项卡切换

单击选项卡或滑动鼠标切换到对应选项卡的相应内容，其实就是单击按钮/滑动鼠标把内容通过 display(block none)来实现切换的。其基本的操作步骤如下。

（1）获取元素。

（2）给充当选项卡的元素添加 onclick 或者 onmouseover 事件。

（3）因为激活选项卡时选项卡会以高亮状态显示，所以要事先把除默认列表外剩下的所有 ul 的 display 设置为 none。

（4）通过 JavaScript 给当前选项卡添加样式，显示对应的 ul，即将 display 设置为 block。

【例 7-7】 制作网页，完成选项卡切换功能。参考代码如下：

```
<!--example7_7.html-->
<html>
    <head>
        <meta charset="utf-8">
        <title>选项卡切换</title>
        <style>
            * { margin: 0px; padding: 0px; }
            div { width: 600px; margin: 150px auto; }
            span { float: left; text-align: center; width: 200px;
                   background: #000; color: #fff; }
            span:hover { background: #aaa; }
            ul { list-style-type: none; }
            li { text-indent: 20px; border-bottom: 0.5px dashed gray;
                 line-height: 30px; }
            #news3, #news2 { display: none; }
        </style>
    </head>
    <body>
        <div>
        <!--使用 span 为选项卡-->
            <span id="sp1" onmouseover="show(1)">JavaScript 入门</span>
            <span id="sp2" onmouseover="show(2)">JavaScript 程序控制结构
              </span>
            <span id="sp3" onmouseover="show(3)">JavaScript 函数</span>
            <!--在网页上添加了三个列表，默认只显示 news1 列表（display 为 block）
                其他两个列表设置 display 为 none-->
            <ul id="news1">
                <li>JavaScritp 程序</li>
                <li>JavaScript 的使用方法</li>
                <li>JavaScritp 标识符和变量</li>
                <li>运算符和表达式</li>
            </ul>
            <ul id="news2">
                <li>顺序结构</li>
                <li>分支结构</li>
                <li>循环结构</li>
            </ul>
            <ul id="news3">
```

```
                <li>系统函数</li>
                <li>自定义函数</li>
                <li>函数的参数</li>
                <li>return 语句</li>
                <li>变量的作用域</li>
            </ul>
        </div>
        <script>
            /*通过参数 num 确定显示哪一个列表，并设置 display 的值*/
            function show(num) {
                var news1=document.getElementById("news1");
                var news2=document.getElementById("news2");
                var news3=document.getElementById("news3");
                If (num==1) {
                    news1.style.display="block";
                    news2.style.display="none";
                    news3.style.display="none";
                } else if (num==2) {
                    news1.style.display="none";
                    news2.style.display="block";
                    news3.style.display="none";
                } else if (num==3) {
                    news1.style.display="none";
                    news2.style.display="none";
                    news3.style.display="block";
                }
            }
        </script>
    </body>
</html>
```

程序运行结果如图 7-3 所示。

JavaScript入门	JavaScript程序控制结构	JavaScript函数
JavaScript程序		
JavaScript的使用方法		
JavaScript标识符和变量		
运算符和表达式		

JavaScript入门	JavaScript程序控制结构	JavaScript函数
顺序结构		
分支结构		
循环结构		

图 7-3　例 7-7 程序运行结果

7.6.2 表单验证

表单验证是 JavaScript 的高级应用之一。JavaScript 可在大数据被送往服务器前对 HTML 表单中的某些输入数据进行验证。这样做，一是减轻服务器的压力。如果没有表单验证，那么用户输入的账号和密码就要先发送到服务器进行验证。如果有多个设备同时发送请求，必然会影响性能。二是保证输入的数据符合要求。如果在用户输入时就开始验证，若符合规则就可以将数据直接发送到服务器，这样服务器就不需要验证，可以直接接收。

【例 7-8】 编写网页，制作一个图 7-4 所示的注册表单。使用 JavaScript 代码对该表单进行输入验证，要求：用户名长度在 6～18 位，且以英文字母开头；密码长度不少于 6 位。验证发生的时间是用户完成输入，离开输入框后。

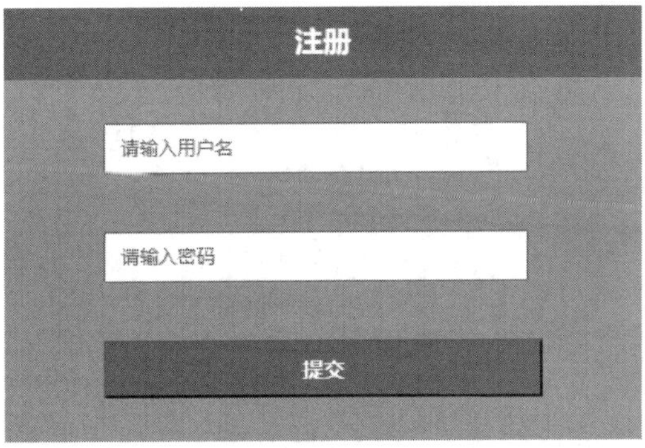

图 7-4 注册表单

参考代码如下：

```
<!--example7_8.html-->
<html>
    <head>
        <meta charset="UTF-8">
        <title>表单验证</title>
        <style>
            form {
                position: absolute;
                left: 35%; top: 10%;
                width: 450px; height: 300px;
                background-color: #00CCFF; }
            .toplable {
                width: 450px; height: 40px;
                text-align: center;
                font-size: 20px; font-weight: bold;
                color: #fff; background-color: #0099CC;
                padding-top: 10px;  }
            .box { height: 300px; padding-left: 70px;  padding-top: 30px;}
            input { height: 35px; width:300px;  padding-left: 10px; }
```

```
            #alert1 { color: red; font-size: 15px; }
            #alert2 { color: red; font-size: 15px; }
            .warnbox { margin: 10px; height: 20px; }
            button {
                height: 40px; width: 310px;
                background-color: #0099CC; color: #fff;
                font-size: 15px; font-weight: bold; }
        </style>
    </head>
    <body>
        <form action="">
            <div class="toplable"><a id="lable">注册</a></div>
            <div class="box">
                <input type="text"
                        id="username"
                        placeholder="请输入用户名"
                        onblur="checkUsername()">
                <div id="alert1" class="warnbox"></div>
                <input type="password"
                        id="password"
                        placeholder="请输入密码"
                        onblur="checkPassword()">
                <div id="alert2" class="warnbox"></div>
                <button id="btn" value="提交">提交</button>
            </div>
        </form>
    </body>
    <script>
        /*检查用户名，要求用户名长度在 6～18 位，且以英文字母开头*/
        function checkUsername() {
            /*1.使用 getElementById()方法获取对应的元素*/
            var un=document.getElementById('username');
            /*2. 用“对象名.属性”获得 value 值，从而获得用户在文本框中输入的内容*/
            var alt1=document.getElementById('alert1');
            /*3.charCodeAt(index)返回字符串第 index 个字符的 Unicode 编码*/
            var firstchar=un.value.charCodeAt(0);
            if(un.value.length<6||un.value.length>18) {
                alt1.innerHTML='用户名长度必须为 6～18 位！'
            } else if (firstchar<65||firstchar>90&&firstchar<97||
                        firstchar>122) {
                alt1.innerHTML='用户名必须以英文字母开头！';
            } else {
                alt1.innerHTML='';
            }
```

```
        }
        /*检查密码，要求密码长度不少于 6 位*/
        function checkPassword() {
            var pw=document.getElementById('password');
            var alt2=document.getElementById('alert2');
            if (pw.value.length<6) {
                alt2.innerHTML='密码不能小于 6 位';
            } else {
                alt2.innerHTML='';
            }
        }
    </script>
</html>
```

程序运行结果如图 7-5 所示。

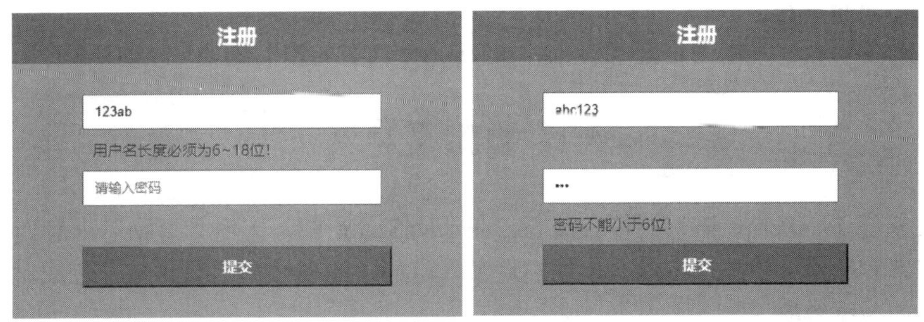

图 7-5　程序运行结果

本 章 小 结

本章介绍了 JavaScript 脚本的事件处理概念、方法和常用的事件句柄，并介绍了如何将事件和页面元素绑定，以便获得预期的交互效果。

本章重点介绍了 Web 开发中常用的鼠标事件、键盘事件、表单事件、窗口事件等，如鼠标的 onclick 事件和移动事件、键盘的 keydown 事件和 keypress 事件、表单的失去焦点事件和 onselect 事件，以及窗口的 onload 事件、onscroll 事件和 onresize 事件。通过本章的学习，读者可以初步掌握 JavaScript 的事件概念、事件类型及处理事件方式，可以开发出具有交互性、动态性的页面效果。

第 8 章　JavaScript 对象

JavaScript 语言提供了不同类型的对象，也可以自定义对象类型，以满足 Web 前端设计的需要。JavaScript 的对象可以分成如下三种。

（1）自定义对象：由开发人员创建的自定义对象。

（2）内置对象：由 JavaScript 核心（ECMAScript）提供的基本对象，如 Number、Boolean、Math、Array 等基本对象，是用户不需要创建即可使用的对象。

（3）宿主对象：由 JavaScript 的运行环境提供的对象，主要由浏览器提供，如 DOM 和 BOM。通过它们提供的对象来与文档和浏览器环境进行交互，这些对象有 window、history、navigator、screen、location 等。

本章主要介绍常用的自定义对象、JavaScript 内置对象、DOM 和 BOM 的使用。

8.1　自定义对象

对象是 JavaScript 语言的核心概念。在 JavaScript 中，大多数事物可以看作对象，如字符串和数组；用户也可以自己创建对象，将相关的属性和函数封装打包成对象，成为便捷的数据容器。

8.1.1　创建对象

简单地说，对象是一个包含属性和方法的集合，对象的属性是一个键值对，属性名是键名。方法是一个函数，由 function()定义。

创建对象的语法格式如下：

```
var 变量对象名={ 属性名: 属性值, 属性名: 属性值, … }
```

【例 8-1】 创建一个 obj 对象和 person 对象。参考代码如下：

```
<script>
    var obj={}
    var person={
        name: "Teddy",
        age: 20,
        gender: "Male",
        displayName: function() {
            document.write(this.name);
        }
    };
</script>
```

在上面示例中，创建了一个空对象 obj 和一个名为 person 的对象。其中，person 对象包含三个属性成员 name、age、gender 和一个方法成员 displayName。displayName 用 function()函数定义，允许对该对象的属性做一些操作。document.write()方法中的

this.name 表示访问此对象的 name 属性，会被 JavaScript 解析为 person.name。

创建对象的说明如下。

（1）以“{}”为边界，属性与属性之间用“,”分开，属性和属性值之间使用“:”隔开。

（2）属性名可以用加引号，也可以不加引号。如果属性名包含空格或其他特殊名称，则使用引号。

（3）属性的值并无固定的类型，可以是普通变量类型，也可以是对象类型。例如，person 对象的 name 属性可以定义为一个集合类型：

```
name: { first: 'Bob', last: 'Smith' }
```

8.1.2　访问对象

1. 小圆点表示法

可以用小圆点“.”访问对象的属性和方法。例如，person. age 表示访问 person 对象的 age 属性；person. displayName()表示访问 person 对象的 displayName()方法，也称为方法的调用。

如果属性的值是一个对象集合类型，则可以链式地使用点表示法，如上述代码中的对 name 的访问：person.name.first、person.name.last。

2. 中括号表示法

使用中括号可以访问对象的属性。例如，person 对象的属性可以用 person['name']、person['age']进行访问。这种方式与访问数组类似，对象通过键名查找键值，而数组通过索引访问数组元素。

在访问对象属性时，使用“对象名.属性名”的形式更易于代码的编写，但并不是所有情况下都可以使用。如果属性名中包含空格或者特殊字符，则不能使用“对象名.属性名”的形式访问对象属性，而必须使用对象名["属性名"]的形式。

8.1.3　设置对象成员

通过对对象成员赋值来修改该成员的值。例如：

```
person.age=45;
person['name']['last']='Cratchit';
```

但是，设置成员的值并不意味着只更新成员的值，也可以给对象增加新成员。例如，给 person 对象新增 country 属性和 bye()方法：

```
person.country='China';
person.bye=function() {
    alert("Bye everybody!");
}
```

8.1.4　删除对象属性

可以使用 delete 语句删除对象中的属性。

【例 8-2】 删除 person 对象的成员。参考代码如下：

```
<script>
    var person={
        name: "Teddy",
        age: 20,
        gender: "Male",
        phone: "18024681234"
    };
    delete person.gender;                       /*删除 gender 属性*/
    delete person["phone"];                     /*删除 phone 属性*/
    for (var key in person) {
          document.write(key + ": " + person[key] + "<br>");
    }
</script>
```

程序运行结果如下：

```
name: Teddy
age: 20
```

8.2　JavaScript 内置对象

JavaScript 中的内置对象通常指的是那些由 ECMAScript 标准定义的、不需要额外创建就可以直接使用的对象，如 Number、String、Math、Array、Date 等。内置对象提供了基础的数据操作和算法，是构建更复杂应用的基础，可以帮助开发人员快速地进行开发。本节主要介绍几个常用对象的使用。

8.2.1　Number 对象

在 JavaScript 中，数字是一种基本数据类型。数字可以写成带小数形式，也可以写成不带小数形式，超大或超小的数字可以用科学记数法表示。Number 对象是对原始数字的一种包装，并提供对数字操作的方法和属性。

构造函数 Number()可以不与运算符 new 一起使用，而是转换为函数来使用。以函数方式使用时，其会把自己的参数转换为一个数字，并返回转换后的原始数值（或 NaN）。例如：

```
var  n=Number(100);          /*转换为函数，返回数字 100*/
var  m=new Number(100);      /*使用 new 操作符，返回数字 100，效果同上*/
```

Number 对象的常见方法及描述如表 8-1 所示。

表 8-1　Number 对象的常见方法及描述

方法	描述
isFinite()	检查值是否是有限数

续表

方法	描述
isInteger()	检查值是否为整数
isNaN()	检查值是否为 Number.NaN
parseFloat(x)	把以数字开头的字符串转换为浮点数
parseInt(x)	把以数字开头的数字字符串转换为整数
toExponential(x)	将数字以指数计数法表示
toFixed(x)	把数字转换为字符串，结果的小数点后有指定位数的数字
toString()	把数字转换为字符串
valueOf()	返回数字的原始值（基本数字值）

说明：数字方法返回的结果是新值，不会改变原始变量。上表中，静态方法表示可以直接使用，不需要用数字变量来引用该方法。其他方法为实例方法，需要使用数字变量来引用。

【例 8-3】 在页面中输入数字，转换为浮点数后在控制台输出。参考代码如下：

```
<body>
    <h3>Number 对象</h3>
    <input type="text" id="a"/>
    <input type="button" value="确定" onclick="func()"/>
    <script type="text/javascript">
        function func() {
            var n=document.getElementById("a").value;
            var m=parseFloat(n);                /*转换为浮点数*/
            console.log(m);                     /*在控制台输出 m*/
        }
    </script>
</body>
```

8.2.2　String 对象

String 对象是 JavaScript 的核心对象之一，其提供了很多方法来实现字符串的检查、连接、分割、取子串、大小写转换等操作。可以通过以下两种方式得到字符串对象：

```
var  str1="hello world!";                    /*声明字符串类型变量 str1*/
var str2= new String("hello world");         /*创建字符串对象 str2*/
```

不论是创建字符串对象还是直接声明字符串类型变量，都可以直接使用字符串对象中提供的方法和属性。

1. String 对象长度属性

length 是 String 对象提供的长度属性，返回字符个数。例如：

```
var str1="hello world!";
var len=str1.length;                         /*变量 len 返回 12*/
```

2. String对象常用方法

表8-2所示为String对象常用方法及其描述。

表8-2 String对象常用方法及其描述

方法	描述
charAt(index)	返回在指定位置index索引号处的字符
concat(str1,str2,…)	拼接字符串，等效于“+”，“+”更常用
indexOf(str,start)	从start位置开始，获取给定字符串str在字符串对象中首次出现的位置
lastIndexOf()	获取给定字符串在字符串对象中最后出现的位置，从后往前找
slice(start,end)	从start位置到end位置截取子字符串，并将其返回，不包含end位置的字符
split()	根据给定字符将字符串分割为字符串数组
substr()	从指定索引位置截取指定长度的字符串
substring(start,end)	截取字符串中两个指定索引之间的字符，不接收负索引值
toLocaleLowerCase()	把字符串转换为小写
toLocaleUpperCase()	把字符串转换为大写
toLowerCase()	把字符串转换为小写
toUpperCase()	把字符串转换为大写
toString()	返回字符串
valueOf()	返回某个字符串对象的原始值

下面通过例8-4演示String对象的使用方法。

【例8-4】 String对象的使用。参考代码如下：

```
<script>
    var str=new String('JavaScript教程');
    document.write(str.charAt(10)+"<br>");  /*第11个字符，输出：教*/
    /*输出：JavaScript教程String*/
    document.write(str.concat("String")+"<br>");
    document.write(str.indexOf("Script")+"<br>");     /*输出：4*/
    document.write(str.lastIndexOf("a")+"<br>");      /*输出：3*/
    /*获取str中第7～11个字符*/
    document.write(str.slice(6,11)+"<br>");        /*输出：ript教*/
    /*以"a"为界，将字符串str拆分为数组*/
    document.write(str.split("a")+"<br>");  /*输出：J,v,Script教程*/
    /*从第4个字符开始，向后截取 7 个字符*/
    document.write(str.substr(3,7)+"<br>");        /*输出：aScript*/
    /*截取字符串（获取str中第4～7个字符）*/
    document.write(str.substring(3,7)+"<br>");    /*输出：aScr*/
    /*返回：javascript教程*/
    document.write(str.toLocaleLowerCase()+"<br>");
    document.write(str.toLowerCase()+"<br>");/*返回：javascript教程*/
    document.write(str.toString()+"<br>");   /*返回：JavaScript教程*/
</script>
```

8.2.3 Array 对象

在 JavaScript 中，可以使用 Array 对象定义数组。数组是有序的集合，每个数据元素在数组中有一个索引位置，索引从 0 开始。Array 对象提供了数组的各种属性和操作方法。

1. 创建数组

数组有两种创建方式，一种是采用中括号的文本定义法，另一种是采用 new Array()方法动态创建数组。例如：

```
var arr1=[];                /*创建空数组*/
var arr2=new Array();       /*创建空数组*/
var arr2=new Array(2);      /*创建长度为 2 的数组，且数组元素为空*/
var cars=["Saab", "Volvo", "BMW"];
var arr3=new Array(2, 3); /*等价于[2,3]，表示创建元素分别为 2 和 3 的数组*/
```

2. 访问数组元素

通过引用索引号（下标号）引用某个数组访问数组元素。例如：

```
var name=cars[0];           /*数组元素赋值*/
cars[0]="Opel";             /*改变数组元素*/
document.getElementById("demo").innerHTML=cars[0]; /*输出数组元素*/
```

说明：数组下标从 0 开始。

3. 访问完整数组

可通过引用数组名访问完整数组。例如：

```
var cars=["Saab", "Volvo", "BMW"];
document.getElementById("demo").innerHTML=cars;
document.write(cars);       /*数组当作字符串输出*/
```

4. 数组长度

length 属性用于返回数组的长度（数组元素的个数）。例如：

```
var fruits=["Banana", "Orange", "Apple", "Mango"];
document.getElementById("demo").innerHTML=fruits.length;
```

另外，第一个数组元素用“数组名[0]”表示，最后一个数组元素可以用“数组名[数组.length-1]”表示。

5. 遍历数组

遍历数组的最安全的方法是使用 for 循环。

【例 8-5】 使用 document.write()输出数组元素。参考代码如下：

```
<script>
    var a=['Apple', 'banana', 'pear', 'grape'];
    for (var i=0; i<a.length; i++)
         document.write(a[i]+'<br>');
</script>
```

程序运行结果如图 8-1 所示。

apple
banana
pear
grape

图 8-1 输出数组元素

【例 8-6】 用 ul 列表输出数组元素。参考代码如下：

```
<script>
    var fruits=['Apple', 'banana', 'pear', 'grape'];
    text='<ul>';
    for (var i=0; i<fruits.length; i++)
        text=text+'<li>'+fruits[i]+'</li>';
        text=text+'</ul>';
        document.write(text);
</script>
```

程序运行结果如图 8-2 所示。

- Apple
- banana
- pear
- grape

图 8-2 用 ul 列表输出数组元素

【例 8-7】 将数组元素输出在表格中。参考代码如下：

```
<script>
    var fruits=['apple', 'banana', 'pear', 'grape'];
    var text='<table>';
    for (var i=0;i<fruits.length;i++)
         text+='<tr><td>'+fruits[i]+'</td></tr>';
         text+='</table>';
         document.write(text);
<script>
```

程序运行结果如图 8-3 所示。

apple
banana
pear
grape

图 8-3 将数组元素输出在表格中

6. 常见的数组方法

常见的数组方法如下。

（1）数组名.sort()：数组排序，对一维数组有效。

（2）数组名.reverse()：反转数组，即逆序。

（3）数组名.push（"字符串"）：添加数组元素。

（4）数组名.pop()：删除最后一个数组元素。

（5）数组名.splice（接入下标，删除个数）：删除指定数组元素。

（6）数组名.unshift()：返回新数组的长度。

（7）数组名.toString()：把数组转换为数组值（逗号分隔）的字符串。

【例 8-8】 增加和删除数组元素。首先在文本框输入水果名称，如果单击“增加水果”按钮，则增加水果，并显示在下方的列表中；如果单击“删除水果”按钮，则删除水果，并显示删除后的水平列表。参考代码如下：

```
<body>
    <label>输入水果名称：</label><input type="text" name="" id=
      "newfruit" value=""/>
    <button type="button" onclick="addFruit('show')">增加水果</button>
    <button type="button" onclick="delFruit('show')">删除水果</button>
    <div class="bg" id="show"></div>
    <script>
        var fruitList=[];     /*声明一个空的水果列表数组*/
        function addFruit(showArea) {
            /*获取水果名称*/
            var newfruit=document.getElementById('newfruit').value;
            /*加入水果数组*/
            if (newfruit!='') {
                fruitList.push(newfruit);  /*推入项目*/
                /*清空输入框*/
                document.getElementById('newfruit').value='';
            }
            showf(fruitList, showArea); /*调用显示函数，显示水果*/
        }
        function delFruit(showArea) {
          /*获取要删除的水果名称*/
          var fname=document.getElementById('newfruit').value;
          console.log(fname);
          /*查找该名称所在的位置下标*/
          for (var i=0;i<fruitList.length; i++)
            if (fname==fruitList[i])
                break;
          /*删除找到的水果名称*/
          fruitList.splice(i, 1);/*从下标i介入，删除一个数组元素，不留空洞*/
          showf(fruitList, showArea);     /*显示删除后的水果列表*/
      }
      function showf(data, showArea){
          text='<ul>';
          for (var i=0; i<data.length; i++)
                text=text+'<li>'+data[i]+'</li>';
                text=text+'</ul>';
                document.getElementById(showArea).innerHTML=text;
```

```
    }
  </script>
</body>
```

8.2.4 Math 对象

Math 是一个内置对象，其具有数学常数和数学函数的属性和方法。与其他全局对象不同，Math 对象不是一个构造函数，其所有属性和方法都是静态的，不需要使用 new 来创建。

1. Math 对象的属性

Math 对象的属性包括很多数学常数，如表 8-3 所示。

表 8-3 Math 对象的属性及其描述

属性	描述
E	返回算术常量 e，即自然对数的底数（约等于 2.718）
LN2	返回 2 的自然对数（约等于 0.693）
LN10	返回 10 的自然对数（约等于 2.302）
LOG2E	返回以 2 为底的 e 的对数（约等于 1.443）
LOG10E	返回以 10 为底的 e 的对数（约等于 0.434）
PI	返回圆周率 π（约等于 3.14159）
SQRT1_2	返回 2 的平方根的倒数（约等于 0.707）
SQRT2	返回 2 的平方根（约等于 1.414）

2. Math 对象的方法

表 8-4 所示为 Math 对象的方法及其描述。

表 8-4 Math 对象的方法及其描述

方法	描述
abs(x)	返回 x 的绝对值
cbrt(x)	返回 x 的立方根
ceil(x)	对 x 向上取整，即返回大于 x 的最小整数
clz32(x)	返回将 x 转换为 32 位无符号整型数字的二进制形式后，开头 0 的个数
cos(x)	返回 x 的余弦值
cosh(x)	返回 x 的双曲余弦值
exp(x)	返回算术常量 e 的 x 次方，即 e^x
expm1(x)	返回 exp(x)−1 的值
floor(x)	对 x 向下取整，即返回小于 x 的最大整数
fround(x)	返回最接近 x 的单精度浮点数
hypot([x, [y, [...]]])	返回所有参数平方和的平方根
imul(x, y)	将参数 x、y 分别转换为 32 位整数，并返回它们相乘后的结果
log(x)	返回 x 的自然对数
log1p(x)	返回 x 加 1 后的自然对数

续表

方法	描述
log10(x)	返回 x 以 10 为底的对数
log2(x)	返回 x 以 2 为底的对数
max([x, [y, [...]]])	返回多个参数中的最大值
min([x, [y, [...]]])	返回多个参数中的最小值
pow(x,y)	返回 x 的 y 次幂
random()	返回一个 0～1 的随机数
round(x)	返回 x 四舍五入后的整数
sign(x)	返回 x 的符号，即一个数是正数、负数还是 0
toSource()	返回字符串"Math"
trunc(x)	返回 x 的整数部分
valueOf()	返回 Math 对象的原始值

【例 8-9】 猜数字游戏。打开页面后，在对话框中输入数字，根据用户输入的数字进行提示，直到输入正确数字后退出程序。参考代码如下：

```
<script type="text/javascript">
    function getRandom(max, min) {
        return Math.floor(Math.random()*(max-min+1))+min; }
    let random=getRandom(1, 10);
    while (true) { /*这是一个死循环*/
        let num=prompt('请输入 1～10 的一个数');
        If (num>random) {
            alert('猜大了');
        } else if (num<random) {
                alert('猜小了');
        } else {
            alert('对了');
            break;
        }
    }
</script>
```

8.2.5　Date 对象

Date 对象和 Math 对象不同，Data 对象是一个构造函数，需要先实例化后才能使用。Date 实例主要用来处理日期和时间，其提供了很多关于日期和时间的管理与格式化操作方法。

1. 创建日期对象

例如：

```
let date=new Date();
let date2=new Date(2013, 11, 1);
console.log(date2.getFullYear());    /*控制台输出 2014*/
```

2. 日期格式化方法

Date 对象有几个专门用于格式化日期的方法，返回类型是字符串，显示格式与特定区域的时间显示格式有关，具体如下。

（1）toDateString()：显示格式为“星期几、月、日、年”。

（2）toTimeString()：显示格式为“时、分、秒、时区”。

（3）toLocaleDateString()：显示格式为“年、月、日”。

（4）toLocaleTimeString()：显示格式为“时、分、秒”。

（5）toUTCString()：显示 UTC 日期。

3. 日期/时间方法

Date 对象提供了丰富的方法，可以从日期实例对象中提取出年、月、日、时、分、秒等信息。Date 对象的方法及其描述如表 8-5 所示。

表 8-5 Date 对象的方法及其描述

方法	描述
getFullYear()	获取当年（减 1）
getMonth()	获取当月（0～11）
getDate()	获取当天日期
getDay()	获取星期几[周日（0）到周六（6）]
getHours()	获取当前小时
getMinutes()	获取当前分钟
getSeconds()	获取当前秒钟

【例 8-10】 获取日期对象的信息。参考代码如下：

```
<script type="text/javascript">
    /*格式化日期*/
    let date=new Date();
    console.log(date.getFullYear());   /*返回当前日期的年份*/
    /*返回当前日期的月份，返回的月份要小一个月 故月份应加 1*/
    console.log(date.getMonth()+1);
    console.log(date.getDate()); /*返回今天是几号*/
    console.log(date.getDay());  /*返回今天是星期几。星期日返回的是 0*/
</script>
```

在浏览器的 Console 控制台中的运行结果如图 8-4 所示。

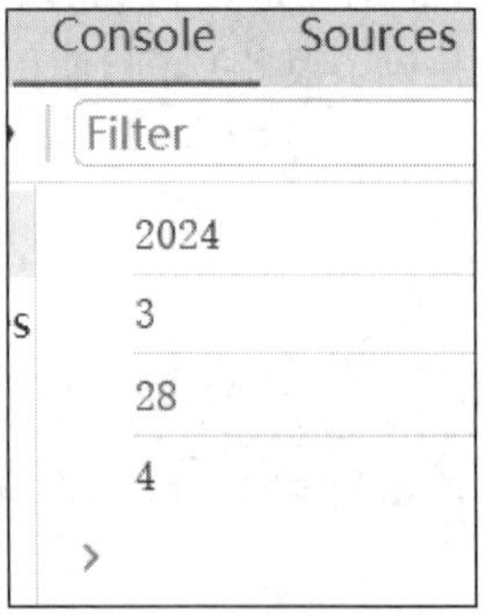

```
Console    Sources
  Filter
  2024
  3
  28
  4
  >
```

图 8-4 Data 对象的应用

8.3　DOM

DOM 是一种与平台和语言无关的模型，用来表示 HTML 或 XML 文档。DOM 中定义了文档的逻辑结构，以及程序访问和操作文档的接口方法。通过可编程的 DOM，开发者可以使用 JavaScript 来访问、修改、删除或添加 HTML 文档中的内容、结构和样式。

8.3.1　节点结构

当加载网页时，浏览器会自动创建当前页面的 DOM。在 DOM 中，文档的所有部分（如元素、属性、文本等）都会被组织成一个逻辑树结构（类似于族谱），树中每一个分支的终点称为一个节点，每个节点都是一个对象。以 HTML 为例：

```
<html>
    <head>
       <title>文档标题</title>
    </head>
    <body>
        <a href="#">我的链接</a>
        <h1>我的标题</h1>
    </body>
</html>
```

该文档形成的 DOM 节点树结构如图 8-5 所示。

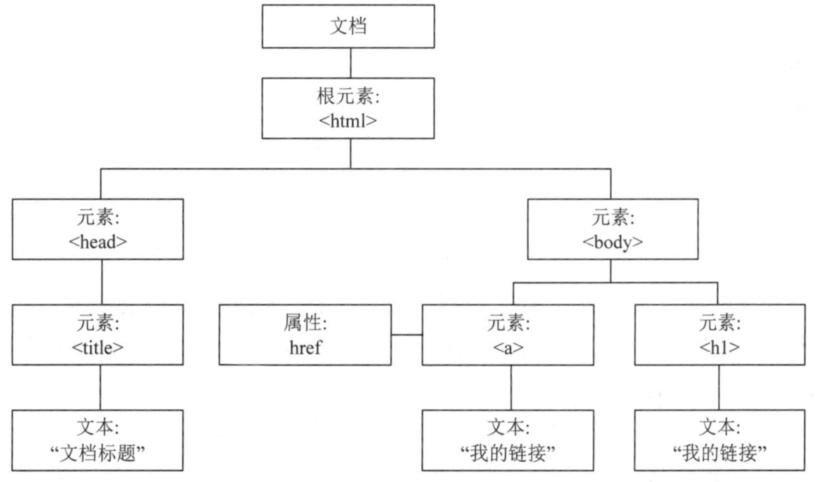

图 8-5　DOM 节点树结构

图 8-5 所示的文档结构中，根节点是文档(document)对象。document 对象是 window 对象的一部分，通过 document 对象可以访问文档中的任何一个节点，进而访问节点的内容、结构和样式。

整个文档是一个文档节点，每个 HTML 元素是元素节点，HTML 元素内的文本是文本节点，每个 HTML 属性是属性节点，注释是注释节点。

1. 节点类型

在 DOM level1 中定义了 12 种节点类型，其中常用的节点类型是元素节点、文本节点、属性节点、注释节点和文档节点，如表 8-6 所示。

表 8-6　DOM 节点类型

节点类型	nodeType 值	数值常量	说明
Element	1	Node.ELEMENT_NODE	元素节点，表示文档中的所有 HTML 元素
Attr	2	Node.ATTRIBUTE_NODE	属性节点，表示每个 HTML 元素的属性
Text	3	Node.TEXT_NODE	文本节点，表示每个 HTML 元素的文本内容
Comment	8	Node.COMMENT_NODE	注释节点，表示文档中的注释内容
Document	9	Node.DOCUMENT_NODE	文档节点，表示当前文档

通过 nodeType 属性，可以判断节点的类型。例如：

```
if (someNode.nodeType==Node.ELEMENT_NODE)
   alert('someNode is  an element.');
```

2. 节点关系

文档中所有的节点与其他节点都有关系，这些关系可以用家族的关系来形容。以上述 HTML 代码为例，如果将其表示为层级关系，则如图 8-6 所示。

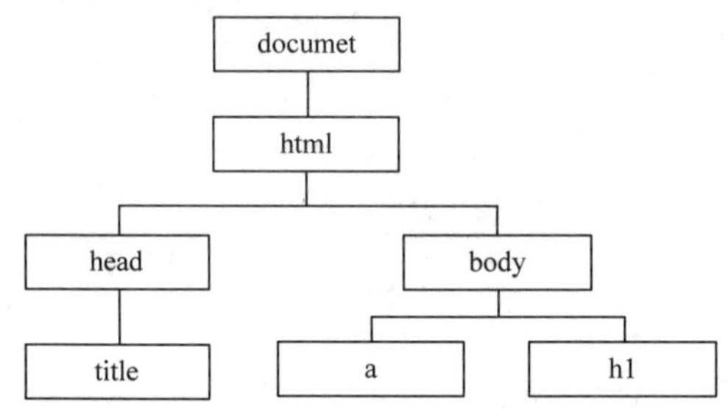

图 8-6　节点的层级关系

根节点 document 只有唯一的子节点<html>元素，<html>是<head>和<body>的父节点，<head>和<body>互为同胞元素。<a> 元素是 <body> 元素的首个子节点，<h1> 元素是 <body> 元素的最后一个子节点。

树中节点彼此拥有层级关系和顺序关系，可以用父（parent）、子（child）和同胞（sibling）等术语描述这些关系。父节点拥有子节点，同级的子节点称为同胞。

此外，还有前一个（previousSibling）、后一个（nextSibling）、首个（firstChild）和最后一个（lastChildren）等属性关系，这些关系为在文档树的节点之间进行导航提供了便利。

每个节点还拥有一个 childNodes 子节点集属性，其是一个类数组的对象，可以用数组的方式访问。

下面的示例展示如何使用数组的中括号方式和 item()方法来访问某个节点的子节点

列表的元素。

```
var firstChild=someNode.childNodes[0];
var secondChild=someNode.childNodes.item(1);
var count=someNode.childNodes.length;
```

说明：使用中括号和 item()方法都可以访问节点列表的元素。

8.3.2　节点方法

1. 查找节点元素

DOM 提供了四个查找节点元素的方法，如表 8-7 所示。

表 8-7　查找节点元素的方法及其描述

方法	描述
getElementById()	返回带有指定 id 名称的第一个元素
getElementsByName()	返回带有指定名称的元素集合
getElementsByTagName()	返回带有指定标签名的元素集合
getElementsByClassName()	返回带有指定 class 属性的元素集合，该方法属于 HTML5 DOM

这四个方法用于查找 HTML 元素。除了 getElementById()方法外，其他三个方法都返回数组对象，需要用数组的方式来访问。

此外，DOM 还提供了 document.forms 来获取当前页面的所有表单对象，返回值为数组对象，并通过数组下标的形式来访问某个表单对象。如果没有表单，则返回 null。例如：

```
var loginform=document.forms[0];
var username=loginform.elements[0];
var password=loginform.elements[1];
```

2. 操纵节点

DOM 提供了一些操作节点的方法，最常用的是增加节点方法 appendChild()，用于在 childNodes 列表末尾添加节点。添加节点后会更新相关的关系指针，包括父节点和之前的最后一个子节点。操纵节点的常见方法及其描述如表 8-8 所示。

表 8-8　操纵节点的常见方法及其描述

方法	描述
createElement（tagname）	创建标签为 tagname 的节点元素
document.createTextNode(text)	创建内容为 text 的文本节点
document.createAttribute(name)	创建属性名为 name 的属性节点
document.createComment（text）	创建内容为 text 的注释节点
appendChild(node)	添加一个名为 node 的节点
removeChild(node）	删除一个名为 node 的节点
insertBefore(nodeB,nodeA)	在 nodeA 之前插入 nodeB 节点

续表

方法	描述
replaceChild(nodeB,nodeA)	用 nodeB 代替 nodeA
cloneNode(Boolean)	克隆一个节点。接收一个 Boolean 参数，参数为 true 表示该节点带文字，参数为 false 表示该节点不带文字

【例 8-11】 在 ul 列表中增加列表项。参考代码如下：

```
<body>
    <a href="#" id="alink">我的链接</a>
    <ul id="mylist">
        <li>item1</li>
    </ul>
    <script>
        var list=document.getElementById('mylist')
        var item_li=document.createElement('li')
        item_li.innerHTML="<strong>item2</strong>"
        list.appendChild(item_li)
    </script>
</body>
```

程序运行结果是将 item2 添加到列表项中。

分析：先创建一个<li>元素节点 item_li，li 包含文本，故也要先创建文本节点 text_node；然后将 text_node 加入 item_li，并把 item_li 加入 list 列表中。

3. 节点的 innerText 和 innerHTML 属性

在例 8-11 中，添加一个节点的操作步骤较多。在 DOM 中还有两个重要的属性：innerText 和 innerHTML，可以使添加节点更加方便。

在例 8-11 中，给<li>节点添加文本的代码如下：

```
var text_node=document.createTextNode("item2");
    item_li.appendChild(text_node);
```

这两条语句可以用“item_li.innerText= "item2"”来代替，可以看到代码更简洁。

另外，innerHTML 属性可以直接给元素分配 HTML 字符串，而不用考虑使用 DOM 方法创建节点。例如，加入的字符串 item2 是加粗显示，可以用 innerHTML 属性来实现：

```
item_li.innerHTML="<strong>item2</strong>";
```

【例 8-12】 页面加载时，将数组元素加载到下拉列表框中。参考代码如下：

```
<body>
    <select id="dropChoice">
        <option selected="selected">请选择</option>
    </select>
    <script>
        var data=['北京', '上海', '广州', '深圳', '成都']
        var select=document.getElementById('dropChoice')
        for (var i=0; i<data.length; i++) {
            var op=document.createElement("option")
```

```
                op.innerText=data[i]
                op.setAttribute('name', data[i]);
                op.setAttribute('value', i);
                select.appendChild(op)
            }
        </script>
    </body>
```

程序运行结果如图 8-7 所示。

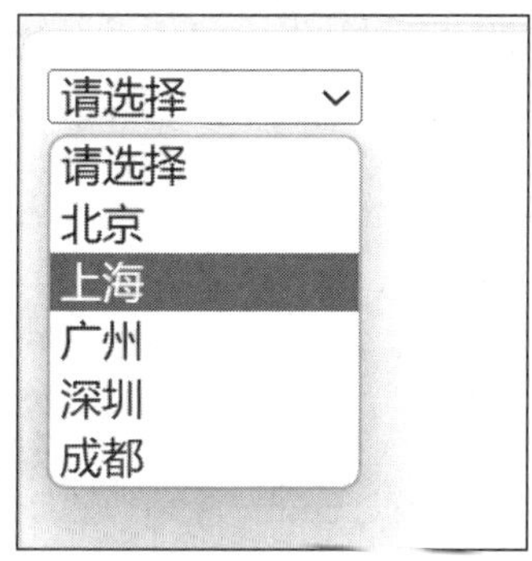

图 8-7　将数组元素加载到下拉列表框中

4. 访问节点属性

每个元素都有零个或多个属性，用于为元素附加更多的信息。与属性相关的 DOM 方法主要有三个，具体如表 8-9 所示。

表 8-9　访问节点属性的方法及其描述

方法	描述
getAttribute(name)	获取属性名为 name 的属性值
setAttribut(name,value)	为属性名为 name 的属性设置属性值 value
removeAttribute(name)	从元素中删除指定的属性

说明：传递给属性方法的 name 名称和标签元素的属性名称一致，且书写规范统一为小写形式。

【例 8-13】 单击“切换背景”按钮，可以设置 div 的背景。参考代码如下：

```
<html>
    <head>
        <meta charset="utf-8">
        <title>节点属性——切换背景</title>
        <style type="text/css">
            #myDiv {
                width: 100px; height: 100px;
                border: 1px solid rebeccapurple;
            }
            .bgRed { background-color: red; }
```

```
            .bgBlue { background-color: blue; }
        </style>
        <script type="text/javascript">
            var i=0;
            function switchBg() {
                i++;
                var id=document.getElementById("myDiv");
                if (i%2==0) {
                    id.setAttribute('class', 'bgRed');
                } else {
                    id.setAttribute('class', 'bgBlue');
                }
            }
        </script>
    </head>
    <body>
        <div id="myDiv" class=" bgRed "></div> <br>
        <button onclick="switchBg()">切换背景</button>
    </body>
</html>
```

【例 8-14】 实现级联菜单。参考代码如下：

```
<!DOCTYPE html>
<html>
    <head>
        <meta charset="utf-8">
        <title></title>
        <style type="text/css">
            select { width: 100px; font-size: 18px; }
        </style>
    </head>
    <body>
        <select id="first">
            <option selected="selected">请选择...</option>
        </select>
        <select id="second">
            <option selected="selected">请选择...</option>
        </select>
        <script type="text/javascript">
            var one=['aa', 'bb', 'cc', 'dd', 'ee'];
            var two=[];
            two[1]=['a1', 'a2', 'a3', 'a4'];
            two[2]=['b1', 'b2', 'b3', 'b4'];  /*联动列表项数组 2*/
            two[3]=['c1', 'c2', 'c3', 'c4'];  /*联动列表项数组 3*/
            two[4]=['d1', 'd2', 'd3', 'd4'];  /*联动列表项数组 4*/
            two[5]=['e1', 'e2', 'e3', 'e4'];  /*联动列表项数组 5*/
            var first=document.getElementById('first');
```

```
            var second=document.getElementById('second');
            function addOption(select, option){
                for (var i=0; i<option.length;i++) {
                      var op=document.createElement('option');
                      op.innerText=option[i];
                      op.setAttribute('name',option[i]);
                      op.setAttribute('value', i);
                      select.appendChild(op);
                }
            }
            addOption(first, one)
            /*显示菜单联动*/
            document.getElementById('first').addEventListener
              ('change', function(){
                /*删除第二个列表项*/
                for (var i=second.length-1; i>=0;i--){
                    second.remove(i);
                }
                /*获取第一个列表的选中的下标*/
                var index=first.selectedIndex;
                addOption(second, two[index]);
            });
        </script>
    </body>
</html>
```

程序运行结果如图 8-8 所示。

图 8-8　级联菜单

当选择“aa”时，出现“aa”的级联菜单；选择“bb”时，出现“bb”的级联菜单。

8.4　BOM

BOM 是 JavaScript 的组成部分之一，BOM 赋予了 JavaScript 程序与浏览器交互的能力。BOM 由多个对象组成，其中代表浏览器窗口的 window 对象是 BOM 的顶层对象，其他对象都是该对象的子对象。

8.4.1　window 对象

window 对象是 BOM 的核心，用来表示当前浏览器窗口，其中提供了一系列操作或访问浏览器的方法和属性。另外，JavaScript 中的所有全局对象、函数及变量也都属于 window 对象，甚至前面介绍的 document 对象也属于 window 对象。

注意：如果 HTML 文档中包含框架（<frame>或<iframe>标签），浏览器为 HTML 文档创建一个 window 对象的同时，也为每个框架创建一个额外的 window 对象。

1. window 对象的属性

表 8-10 所示为 window 对象的常见属性及其描述。

表 8-10　window 对象的常见属性及其描述

属性	描述
top	返回最顶层的父窗口
parent	返回父窗口
self	返回对当前窗口的引用，等价于 window
screenLeft | screenX	返回窗口相对于屏幕的 X 坐标
screenTop | screenY	返回窗口相对于屏幕的 Y 坐标
outerWidth	设置或返回一个窗口的外部宽度，包括所有界面元素（如工具栏、滚动条）
outerHeight	设置或返回一个窗口的外部高度，包括所有界面元素（如工具栏、滚动条）
innerWidth	返回窗口的文档显示区的宽度
InnerHeight	返回窗口的文档显示区的高度
height	设置新窗口的高度
width	设置新窗口的宽度，不能小于 100px
top	数值，设置新窗口的 Y 坐标，不能为负值
left	数值，设置新窗口的 X 坐标

2. window 对象的方法

表 8-11 所示为 window 对象的常用方法及其描述。

表 8-11　window 对象的常用方法及其描述

方法	描述
resizeTo()	缩放窗口
moveTo()	移动窗口
setTimeout（function(),1000）	超时调用函数。1000ms=1s
setIntervale（function(),1000）	每隔 1000ms（1s）调用函数
clearTimeout()	清除定时器
open（url,self|-black,特性字符串）	打开一个新窗口
close()	关闭当前网页
alert（“提示信息”）	警告对话框
confirm（“确认信息”）	确认对话框
prompt()	提示对话框

下面通过一些示例展示 window 对象的方法的使用。

（1）打开新窗口，指定新窗口的大小和位置，代码如下：

```
window.open("https:/*www.163.com" , self , "width=400, height=400,
```

```
    top=10, left=20");
```

程序运行结果是指定在有窗口名称的窗口或窗格中打开新窗口。

```
window.open("https:/*www.163.com/", self);
window.open("https:/*www.163.com/", "mainframe");
```

（2）设置超时任务，代码如下：

```
let timeId=setTimeout(()=>alert("hello world!"), 1000);
```

这里，setTimeout()为箭头函数。

（3）取消超时任务，代码如下：

```
clearTimeout(timeId);
```

【例 8-15】 编写一个定时任务，每 0.5s 变量 num 递增一次，当达到最大值 10 时，循环定时取消。参考代码如下：

```
<script>
    let num=0
    let max=10
    let incrementNum=function() {
        num++
        if (num<max)
            setTimeout(incrementNum, 500)
        else
            alert('Done')
        console.log(num)
    }
    setTimeout(incrementNum, 500)
</script>
```

3. window 对象的事件

1）window.onload 事件

window.onload 是窗口（页面）加载事件，当文档内容完全加载后会触发该事件。文档内容完全加载指加载脚本文件、CSS 文件和图像等全部内容。有了 window.onload 对象，就可以把 JavaScript 代码写到页面元素上方。window.onload 是传统注册事件方式，只能写一次，如果存在多个 window.onload 事件，应以最后一个为准。如果使用 addEventListener 来加载函数，则没有个数限制。例如：

```
window.onload=function() {
        /*编写函数*/
}
```

2）addEventListener 事件

addEventListener 监听事件接收两个参数。例如：

```
window. addEventListener('DOMContentLoaded',function(){} )
```

DOMContentLoaded 事件在 DOM 加载完成时就触发，不需要等待其他页面元素的加载（如样式表、图片、Flash 等）。当图片比较多，加载时间长，需要提高用户体验效果时，使用 DOMcontentLoaded 事件比较好，因为其加载速度比 load 事件快。

【例 8-16】 window 对象监听事件。参考代码如下：

```
<!DOCTYPE html>
<html>
    <head>
        <meta charset="utf-8">
        <title>window 对象监听事件-load</title>
        <script>
            window.addEventListener('load', function() {
                var btn=document.querySelector('button');
                btn.addEventListener('click', function() {
                    alert('单击我');
                })
            })
            window.addEventListener('load', function() {
                alert(22);
            })
            document.addEventListener('DOMContentLoaded', function() {
                alert(33);
            })
        </script>
    </head>
    <body>
        <button>window 事件</button>
    </body>
</html>
```

上述代码中，script 脚本放在<head>标签中，先于 body 加载。运行该程序，可以看到先弹出两个 alert 窗口，这表示使用 DOMContentLoaded 事件可以一次执行多个加载事件；单击“单击我”按钮，可以正确执行，说明 load 事件可以等页面元素加载以后再执行函数，没有出现元素找不到的错误。

3）window.onresize 事件

window.onresize 是调整窗口大小加载事件，只要窗口大小发生像素变化，就会触发该事件。

【例 8-17】 当改变窗口大小时，若窗口内部宽度小于 800px，则红色的 div 消失；当宽度大于 800px 时，则出现红色 div。参考代码如下：

```
<!DOCTYPE html>
<html>
    <head>
        <meta charset="utf-8">
        <title></title>
        <style>
            div {
                width: 200px; height: 200px;
                background-color: red;
            }
        </style>
```

```
        <script>
            window.addEventListener('load', function() {
                var div=document.querySelector('div');
                /*注册调整窗口大小事件*/
                window.addEventListener('resize', function() {
                    /*window.innerWidth 获取窗口大小*/
                    console.log('变化了');
                    if (window.innerWidth<=800) {
                        div.style.display='none';
                    } else {
                        div.style.display='block';
                    }
                });
            })
        </script>
    </head>
    <body>
        <div></div>
    </body>
</html>
```

8.4.2　location 对象

location 对象用于提供当前窗口或指定框架的 URL 地址。URL 是互联网上标准资源的地址。互联网上的每个文件都有一个唯一的 URL，其包含的信息指出了文件的位置及浏览器应如何处理它。

URL 的一般语法格式如下：

```
protocol://host[:port]/path/[?query]#fragment
```

说明如下。

（1）protocol：通信协议，如 HTTP、FTP、mailto 等协议。

（2）host：主机（域名），如 www.163.com。

（3）port：端口号，可选。HTTP 默认的端口号是 80。

（4）path：路径，由 0 个或多个“/”符号隔开的字符串，表示主机上的一个目录或文件地址。

（5）query：参数，以键值对的形式表示，多个参数间用“&”隔开。

（6）fragment：片段，用#+锚点名称表示，表示链接到锚点。

例如，http://www.itcast.cn/index.html?name=apple&age=18#link。

1. location 对象的属性

表 8-12 所示为 location 对象的常见属性及其描述。

表 8-12　location 对象的常见属性及其描述

属性	描述
location.href	获取或设置整个 URL 地址
location.host	返回主机名

续表

属性	描述
location.port	返回端口号
location.pathname	返回路径名
location.search	返回参数
location.hash	返回片段

2. location 对象的方法

表 8-13 所示为 location 对象的常用方法及其描述。

表 8-13 location 对象的常用方法及其描述

方法	返回值
location.assing()	与 href 一样，可以跳转页面（也称重定向页面）
location.replace()	替换当前页面，因为不记录历史，所以不能后退页面
location.reload()	重新加载页面，单击打印属性按钮或按 F5 键，如果参数为 true，则强制刷新页面

【例 8-18】 定时跳转页面。<body>参考代码如下：

```
<body>
    <button>单击</button>
    <div></div>
    <script>
        var btn=document.querySelector('button');
        var div=document.querySelector('div');
        btn.addEventListener('click', function() {
            location.href='http://www.itcast.cn';})
        var timer=5;
        setInterval(function() {
            if (timer==0) {
                location.href='http://www.itcast.cn';
            } else {
                div.innerHTML='您将在' + timer + '秒钟之后跳转到首页';
                timer--;
            }
        }, 1000);
    </script>
</body>
```

8.4.3 navigator 对象

navigator 对象包含有关浏览器的信息，其有很多属性，其中最常用的是 userAgent。userAgent 属性可以返回由客户机发送给服务器的 user-agent 头部的值。

下述前端代码可以判断用户用哪个终端打开页面，实现跳转：

```
if (navigator.userAgent.match(/(phone|pad|pod|iPhone|iPod|ios|iPad
|Android|Mobile|BlackBerry|IEMobile|MQQBrowser|JUC|Fennec|wOSBrowser
```

```
    |BrowserNG|WebOS|Symbian|Windows Phone)/i)) {
            window.location.href = "";      /*跳转到手机页面*/
    } else {
             window.location.href = "";     /*跳转到计算机页面*/
    }
```

8.4.4　screen 对象

screen 对象用于获取与屏幕设置相关的信息，主要包括显示尺寸和可用颜色的数量信息。表 8-14 所示为 screen 对象的常用属性及其描述，大部分浏览器支持这些属性。

表 8-14　screen 对象的常用属性及其描述

属性	描述	属性	描述
height	返回屏幕的显示高度	availHeight	返回屏幕的可用高度
width	返回屏幕的显示宽度	availWidth	返回屏幕的可用宽度

【例 8-19】 screen 对象的应用。参考代码如下：

```
<script type="text/javascript">
    document.write("<h3>screen 对象的信息</h3>");
    document.write("<p>屏幕总高度" + screen.height + "</p>");
    document.write("<p>屏幕总宽度" + screen.width + "</p>");
    document.write("<p>屏幕可用高度" + screen.availHeight + "</p>");
    document.write("<p>屏幕可用宽度" + screen.availWidth + "</p>");
</script>
```

程序运行结果如图 8-9 所示。

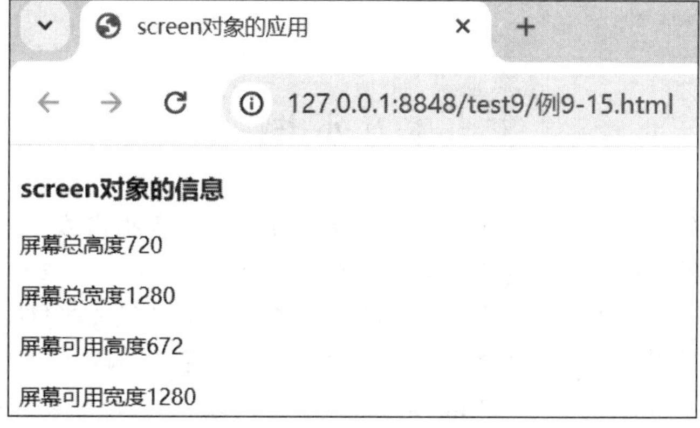

图 8-9　screen 对象的应用

8.4.5　history 对象

history 对象提供了与浏览器历史记录交互的功能。通过 history 对象，可以实现页面的前进、后退，以及跳转到历史记录中的特定页面。

表 8-15 所示为 history 对象的主要方法和属性。

表 8-15 history 对象的主要方法和属性

方法或属性	返回值
history.back()	加载历史记录列表中的前一个 URL
history.forward()	加载历史记录列表中的下一个 URL
history.go(n)	加载历史记录列表中的某个具体页面，其中 n 是一个整数，表示相对于当前页面的偏移量。例如，history.go(−1)等同于 history.back()，history.go(1)等同于 history.forward()
history.length	返回浏览器历史记录列表中的 URL 数量

【例 8-20】 history 对象的简单示例。body 部分参考代码如下：

```
<body>
    <h3>JavaScript 对象测试</h3>
    <p><a href="ch8-19.html">go screen 对象</a></p><hr/>
    <button onclick="goBack()">返回上一页</button>
    <button onclick="goForward()">前进到下一页</button>
    <button onclick="goToPage(-2)">跳转到前两页</button>
    <p>当前历史记录中的页面数量: <span id="historyCount"></span></p>
    <script>
        /*显示当前历史记录中的页面数量*/
        document.getElementById('historyCount').textContent=
            history.length;
        function goBack()
            history.back();
        function goForward()
            history.forward();
        function goToPage(n)
            history.go(n);
    </script>
</body>
```

本章小结

本章主要介绍了 JavaScript 对象的函数和使用方法，包括内置对象、DOM 对象、BOM 对象及自定义对象的创建和使用。对象是一个包含属性和方法的集合，属性是一个键值对；方法是一个函数，由 function()定义。本章从对象定义的角度出发，介绍了如何创建对象、访问对象及删除对象等知识。内置对象为存储和访问数据提供了便利，常用内置对象包括 Number 对象、String 对象、Array 对象、Math 对象和 Date 对象，本章详细描述了它们的相关用法。

DOM 中定义了 HTML 或 XML 文档的逻辑结构，以及程序访问和操作文档结构的接口方法。通过 DOM 模型，可以使用 JavaScript 来访问、修改、删除或添加文档中的内容、结构和样式。

BOM 提供了 JavaScript 程序与浏览器交互的能力，本章主要介绍了 window 对象及其子对象 location 对象、navigator 对象、screen 对象的属性和方法，并简单展示了这些对象的使用。

第 9 章 HTML5 高级应用

HTML5 作为新一代的网页标准，其高级应用为网页开发带来了前所未有的创新和可能性。

HTML5 的本地存储和离线应用功能使网页能够在没有网络连接的情况下仍然正常运行，保存用户数据并提供基本的服务。Web Storage 为 Web 应用提供了一种更便捷、高效的数据存储方式，有助于提升用户体验和应用的功能性。

在多媒体领域，HTML5 高级应用支持无须插件即可直接在网页中嵌入高清视频和音频，为用户带来流畅的视听体验。通过先进的媒体控制功能，开发者能够定制播放器的外观和行为，满足各种独特的设计需求。

在图形和动画方面，Canvas 和 SVG 技术使复杂的图形绘制和动态效果的实现变得更加轻松。无论是创建精美的图表、游戏界面还是引人入胜的动画场景，HTML5 都提供了强大的工具和灵活的编程接口。

地理位置定位功能是 HTML5 高级应用的另一个亮点。网页可以获取用户的地理位置信息，为基于位置的服务和应用提供支持，如地图导航、本地搜索和个性化推荐。

总的来说，HTML5 的高级应用为创建功能丰富、交互性强、用户体验出色的网页和 Web 应用开辟了广阔的空间，正在重塑互联网的未来。

9.1 HTML5 Web Storage

9.1.1 Web Storage 概述

Web Storage 是一项非常重要且实用的技术，已经被大多数现代浏览器（包括 IE8）广泛支持。在 HTML4 时代，虽然 cookie 无处不在，但是其仍然有自己的硬伤，具体如下。

（1）cookie 的大小是受限制的，一个 cookie 只能设置 4KB 的数据。另外，大多数浏览器只允许每个站点存储 20 个 cookie。

（2）cookie 保存的数据，无论服务器端是否需要，每次请求都会被发送到服务器端，浪费网络资源。

（3）cookie 数据一般是非加密传输，存在安全隐患。

（4）cookie 缺少操作数据的 API，需要开发者自己封装接口，使用起来极不方便。

为了解决 cookie 的不足，HTML5 提出了 Web Storage 方案。简单来说，Web Storage 是网页存储的总称，其能够让 Web 页面把数据存储在客户端的计算机中。Web Storage 具有以下优势。

（1）存储空间大，默认为 5MB。

（2）数据存储在客户端，可以直接获取，不会发送到服务器，既节省网络资源，又安全可靠。

（3）这种机制是 Web 浏览器原生提供的，所以不需要第三方插件的支持。

（4）Web Storage 提供了操作数据的 API，开发人员只需调用 API 即可操作数据，简单易用。

HTML5 的 Web Storage 提供了两种对象：localStorage（本地存储）和 sessionStorage（会话存储）。Web Storage API 及其功能描述如表 9-1 所示。

表 9-1 Web Storage API 及其功能描述

API	功能描述
setItem(key,value)	将 value 存储到 key 字段中
getItem(key)	获取指定 key 的本地存储值
removeItem (key)	删除指定 key 的本地存储值
key(key)	获取指定索引对应的 key，索引号从 0 开始
length()	获取对象中所存储的键-值对的数目
clear()	删除本地存储的全部数据

此外，Web Storage 还提供了一个 storage 事件，当存储区域的内容发生改变时，就会自动触发该事件，并将其发送给所有感兴趣的监听者。

localStorage 对象和 sessionStorage 对象所提供的 API 和事件机制完全相同，它们之间的唯一不同就是数据的生命期，一个是持久化存储，一个是临时存储。

9.1.2 localStorage 对象

localStorage 是持久化的本地存储，除非主动对其进行增加、删除、修改操作，否则 localStorage 不会发生变化。数据存储完成后，它们就一直保存在用户的计算机中，永不过期，即使关闭网页或浏览器后再打开，或计算机关机后再开机，这些数据依然存在。另外，任何窗口的任何页面都可以访问这些数据。

localStorage 对象的获取方式：localStorage 或者 window.localStorage。

localStorage 对象的应用场景：常用于长期登录（+判断用户是否已登录），适合长期保存在本地的数据。

【例 9-1】 使用 localStorage 对象实现一个简易的通讯录，要求包含添加、查询、删除、重填及清空等功能。参考代码如下：

```
<!--example9_1.html-->
<!DOCTYPE html>
<html>
    <head>
        <meta charset="UTF-8">
        <title>简易手机通讯录</title>
        <style>
            header h3 { background: #ededed; padding: 10px auto; }
            article { width: 350px; height: 400px; text-align: center;
```

```
            border: 12px groove #0099cc; margin: 0 auto;
            padding: 20px; }
        #form1 { width: 90%; text-align: center; }
        #displayallinfo { width: 100%; height: 50%;
                          background-color: #ededed; }
        #displayallinfo p { font-size: 14px; padding: 5px; }
        footer { background: #ededed; height: 40px;
                 line-height: 40px;}
    </style>
    <script>
        function $(id) {
            return document.getElementById(id);
        }
        /*添加一条信息到通讯录中，并且更新通讯录的显示*/
        function saveInfo() {
            var name1=$("username").value;          /*取姓名*/
            var phone1=$("userphone").value;        /*取电话*/
            if (name1 != "" && phone1 != "") {
                localStorage.setItem(name1, phone1);
                loadAllInfo();
                alert("添加成功");
                $("username").value = "";    /*添加成功后置空*/
                $("username").focus();       /*获得焦点*/
                $("userphone").value = "";   /*添加成功后置空*/
            }
            else { /*姓名或电话为空，告警并获得焦点*/
                alert("请输入姓名和电话！");
                $("username").focus();
            }
        }
        /*以姓名查找通讯录信息*/
        function findForName() {
            var searchname=$("username").value;
            /*取电话*/
            var searchphone=localStorage.getItem(searchname);
            $("userphone").value=searchphone;    /*填充电话*/
        }
        /*从localStorage中取出所有通讯录中的信息，并展现到界面上*/
        function loadAllInfo() {
            var result="";
            if (localStorage.length>0) {
                for (var i=0; i<localStorage.length; i++) {
                        var name=localStorage.key(i);
                        var phone=localStorage.getItem(name);
                        result+=name+"   ---   "+phone+"\n";
                }
```

```
                $("phoneset").innerHTML=result;
            } else {
                $("phoneset").innerHTML="通讯录为空……";
            }
        }
        /*删除某一条通讯信息*/
        function deleteName() {
            $("userphone").readonly="readonly";
            /*按姓名删除通讯录*/
            localStorage.removeItem($("username").value);
            $("userphone").value="";               /*填充电话*/
            $("username").value="";                /*填充电话*/
            $("username").focus();                 /*填充电话*/
            loadAllInfo();
        }
        /*删除全部通讯信息*/
        function deleteAll() {
            localStorage.clear()
            loadAllInfo();
        }
    </script>
</head>
<body onload="loadAllInfo()">
    <article>
        <header>
            <h3>手机通讯录管理器</h3>
        </header>
        <form>
            <fieldset id="form1">
                <legend>简易手机通讯录</legend>
                <label for="name">姓名：</label>
                <input type="text" id="username" name="username"
                    required/><br/>
                <label for="telphone">电话：</label>
                <input type="text" id="userphone" name="userphone"
                    required/><br/>
                <br><input type="button" onclick="saveInfo()" value=
                  "添加"/>
                <input type="button" onclick="findForName()" value=
                  "查询"/>
                <input type="button" onclick="deleteName()" value="
                  删除"/>
                <input type="reset" value="重填">
                <input type="button" onclick="deleteAll()" value="
                  清空"/>
        </form>
```

```
            <div id="displayallinfo">
                <p>姓名-------------------电话</p>
                <textarea name="" rows="5" cols="30" id="phoneset">
                  </textarea>
            </div>
            </fieldset>
            <footer>
                <p><strong>广州医科大学</strong></p>
            </footer>
        </article>
    </body>
</html>
```

程序运行结果如图 9-1 所示。

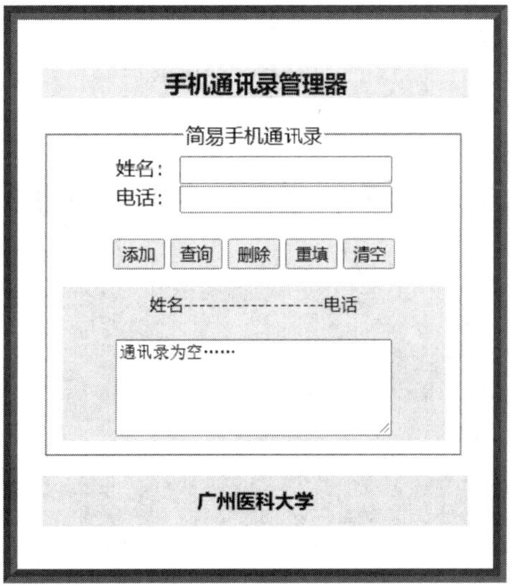

图 9-1 手机通讯录界面

9.1.3 sessionStorage 对象

sessionStorage 的特点是临时存储，用来保存一个会话（session）中的数据。只有同一个会话中的页面才能访问这些数据，当会话结束后，数据也随之自动销毁。也就是说，只要浏览器窗口（或标签）不关闭，数据就一直存在；一旦关闭窗口或浏览器，数据将被清除。

sessionStorage 对象的获取方式：sessionStorage 或者 window.sessionStorage。

sessionStorage 对象的应用场景：敏感账号一次性登录。

【例 9-2】 使用 sessionStorage 实现单击票数的统计，要求重新打开网页之后会重新统计。参考代码如下：

```
<!--example9_2.html-->
<!DOCTYPE html>
<html>
```

```
        <head>
            <meta charset="utf-8">
            <title>sessionStorage 对象</title>
        </head>
        <body>
            <script>
                function clickCounter() {
                    if (window.sessionStorage) {
                        var c=sessionStorage.getItem('clickcount');
                        if(c) {
                            c=Number(c)+1;
                        } else {
                            c=1;
                        }
                        sessionStorage.setItem("clickcount", c);
                        document.getElementById("result").innerHTML = "你已
                            经单击了按钮" + "次";
                    } else {
                        document.getElementById("result").innerHTML = "对不
                            起，您的浏览器不 web 存储。";
                    }
                }
            </script>
            <p><button onclick="clickCounter()" type="button">点我!</button>
    </p>
            <div id="result"></div>
        </body>
    </html>
```

9.1.4 浏览器检测

在使用 Web Storage 前，应先检测浏览器是否支持 Web Storage。

在 Web Storage 中，可以直接使用 window 对象访问特定域下存储的数据。因此，只需检测浏览器是否支持 window.localStorage 或 window.sessionStorage，就能确定其他是否支持 Web Storage。例如，以下代码可以检测浏览器是否支持 localStorage：

```
if (typeof(Storage) !== "undefined") {
    alert("浏览器支持 localStorage");
} else {
    alert("浏览器暂不支持 localStorage");
}
```

如果浏览器不支持 localStorage，就要使用其他本地存储技术，如 cookie，因为所有浏览器都支持 cookie。

9.2 HTML5 Canvas

9.2.1 Canvas 概述

<canvas>是 HTML5 新增的 HTML 标签，其可以使用脚本（通常为 JavaScript）在其中绘制图形图像。Canvas 可以用来制作照片集或者制作简单的动画，甚至可以进行实时视频处理和渲染。Canvas 由 HTML 代码结合高度和宽度属性定义出可绘制区域，JavaScript 代码可以访问该区域，类似于其他通用的二维 API，通过一套完整的绘图函数来动态生成图形图像。

9.2.2 <canvas>标签

1. 基本语法

<canvas>标签的语法格式如下：

```
<canvas id="" width="" height=""></canvas>
```

<canvas>标签与<img>标签类似，只是<canvas>标签没有 src、alt 属性，只有两个可选的 width、heigth 属性。

如果不给<canvas>标签设置 width、height 属性，则默认 width 为 300px、height 为 150px。也可以使用 css 属性设置宽、高，但是如果宽、高属性和初始比例不一致，就会出现扭曲。所以，不建议使用 css 属性设置<canvas>标签的宽、高。

2. 替换内容

当浏览器不支持 HTML 的<canvas>标签时，应该展示替换内容。这样，支持<canvas>标签的浏览器会只显示 <canvas>标签，而忽略其中的替换内容；不支持<canvas>标签的浏览器则会直接显示替换内容。

可以用文本替换，代码如下：

```
<canvas>
    <p>您的浏览器不支持 HTML5 canvas 标签。</p>
</canvas>
```

也可以用<img>标签替换，代码如下：

```
<canvas>
    <img src="images/logo.jpg">
</canvas>
```

结合 JavaScript 代码，那么支持<canvas>的浏览器会执行绘图操作并显示绘制的矩形，而忽略<canvas>标签内的替换内容。不支持<canvas>的浏览器则会直接显示替换内容。

注意：结束标签</canvas>不可省略。

3. 创建一个画布

下面通过一个简单的示例来说明画布的创建。参考代码如下：

```
<style>
    #myCanvas {
        border: 1px solid #000000;
    }
</style>
<canvas id="myCanvas" width="200" height="200"></canvas>
```

代码分析默认情况下，<canvas>标签没有边框和内容。因此，如果想要看到画布，可以通过CSS代码设置边框。<canvas>标签本身没有绘图能力。

9.2.3 使用JavaScript绘制图像

当在网页上的适当位置添加<canvas>标签后，接着创建一个具有绘图功能的环境对象，然后就可以调用HTML5 Canvas API在Canvas中绘图。其具体步骤如下：

第1步：在JavaScript中获取<canvas>标签，代码如下：

```
var objCan=document.getElementById("myCanvas");
```

第2步：创建具有绘图功能的环境对象context，参数为2d或3d。环境对象context又称为渲染上下文（画笔），使用渲染上下文来绘制和处理要展示的内容。本小节只对2D渲染上下文进行介绍。Canvas API定义在context对象上，使用getContext()方法获取该对象，代码如下：

```
var ctx=objCan.getContext("2d");
```

其中，getContext("2d")表示获得平面环境对象，其拥有多种绘制路径、矩形、圆形、字符及添加图像的方法。

1. Canvas坐标

Canvas默认被网格所覆盖。通常来说，网格中的一个单元相当于<canvas>标签中的一个像素。Canvas中，默认的坐标系统以画布的左上角为坐标原点(0, 0)，水平向右为X轴，垂直向下为Y轴。所有元素的位置都相对于原点进行定位，所以图9-2中的方形左上角距离左边x像素，距离上边y像素，坐标为(x,y)。

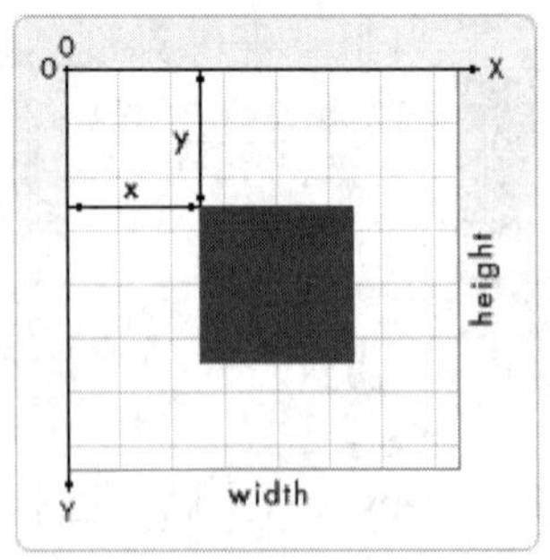

图9-2 Canvas坐标

2. 绘制矩形

矩形是<canvas>标签唯一支持的原生图形。对于其他图形，则需要通过路径（path）

来绘制。Canvas API 绘制矩形的方法及其描述如表 9-2 所示。

表 9-2　Canvas API 绘制矩形的方法及其描述

方法	描述
rect()	创建矩形
fillRect()	绘制被填充的矩形
strokeRect()	绘制矩形的边框（无填充）
clearRect()	在给定的矩形内清除指定的像素

这四种方法的参数都是(x, y, width, height)，其中 x、y 指的是矩形左上角的坐标，width、height 指的是矩形的宽和高。绘制矩形的参考代码如下：

```
function draw() {
    var objCan=document.getElementById('myCanvas');
    if (!objCan.getContext) return;
    var ctx=objCan.getContext('2d');
    ctx.fillRect(10, 10, 100, 50);    /*绘制矩形，填充的默认颜色为黑色*/
    ctx.strokeRect(10, 70, 100, 50); /*绘制矩形边框*/
}
draw();
```

如果想要得到其他颜色的矩形，则需要先设置 fillStyle 属性，其属性值可以是 CSS 颜色、渐变或图案。例如：

```
ctx.fillStyle='blue';                    /*设置填充颜色*/
```

3. Canvas 路径

图形的基本元素是路径。路径是通过不同颜色和宽度的线段或曲线相连形成的不同形状的点的集合。一个路径，甚至子路径，都是闭合的。

使用路径绘制图形的基本步骤如下。

（1）创建路径起始点。

（2）调用绘制方法绘制路径。

（3）封闭路径。

（4）路径生成后，通过描边或填充路径区域来渲染图形。

Canvas API 绘制路径的方法及其描述如表 9-3 所示。

表 9-3　Canvas API 绘制路径的方法及其描述

方法	描述
fill()	填充当前绘图（路径）
stroke()	绘制已定义的路径
beginPath()	起始一条路径，或重置当前路径
moveTo()	把路径移动到画布中的指定点，不创建线条
closePath()	闭合路径，即创建从当前点回到起始点的路径
lineTo()	添加一个新点，并在画布中创建从该点到最后指定点的线条
clip()	从原始画布剪切任意形状和尺寸的区域

续表

方法	描述
quadraticCurveTo()	创建二次贝塞尔曲线（Bézier curve）
bezierCurveTo()	创建三次贝塞尔曲线
arc()	创建弧/曲线（用于创建圆形或部分圆）
arcTo()	创建两切线之间的弧/曲线
isPointInPath()	如果指定的点位于当前路径中，则返回 true，否则返回 false

例如，在画布中绘制一条直线，参考代码如下：

```
function draw(){
    var objCan=document.getElementById('myCanvas');
    if (!objCan.getContext) return;
    var ctx=objCan.getContext('2d');
    ctx.beginPath();      /*新建一条 path*/
    ctx.moveTo(50, 50);   /*把画笔移动到指定的坐标*/
    /*绘制一条从当前位置(50,50)到指定坐标(150,50)的直线*/
    ctx.lineTo(150, 50);
    ctx.stroke();         /*路径着色*/
}
```

程序运行结果如图 9-3 所示。

或者，在画布中绘制三角形，参考代码如下：

```
function draw(){
    var objCan=document.getElementById('myCanvas');
    if(!objCan.getContext) return;
    var ctx = objCan.getContext('2d');
    ctx.beginPath();      /*新建一条 path*/
    ctx.moveTo(50, 50);   /*把画笔移动到指定的坐标*/
    /*绘制一条从当前位置(50,50)到指定坐标(150,50)的直线*/
    ctx.lineTo(150, 50);
    /*绘制一条从当前位置(150,50)到指定坐标(150,150)的直线*/
    ctx.lineTo(150, 150);
    /*闭合路径。会拉一条从当前位置(150,150)到起始点(50,50)的直线*/
    ctx.closePath();
    ctx.stroke();         /*路径着色*/
}
```

程序运行结果如图 9-4 所示。

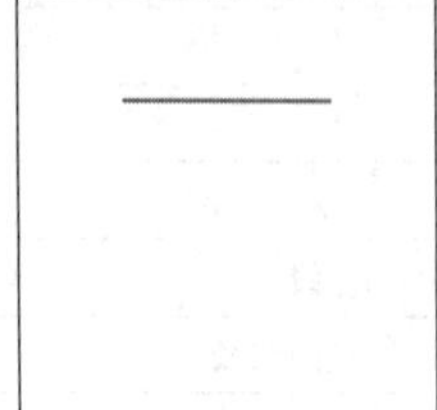

图 9-3　绘制直线

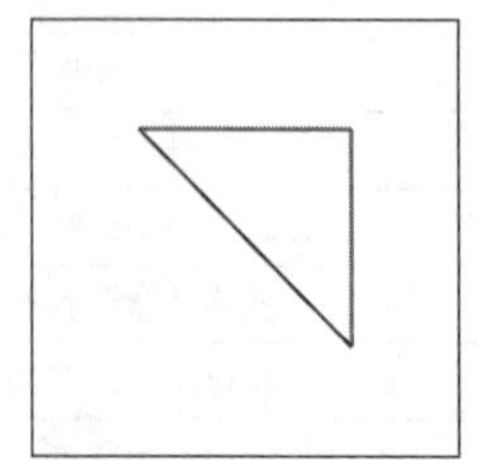

图 9-4　绘制三角形

4. 绘制圆弧

在前面介绍的路径方法中，主要使用如下两个绘制圆弧的方法。

（1）arc(x,y,r,start,stop,anticlosewise)：以(x,y)为圆心，以 r 为半径，从 start 弧度开始，到 end 弧度结束。其中，anticlosewise 是布尔值，true 表示逆时针，false 表示顺时针（默认是顺时针）。

注意： 这里的度数都是弧度。0 弧度是指 X 轴正方向。角度转换为弧度可以通过 radians=(Math.PI/180)*degrees 来实现。

例如，在画布上绘制一条圆弧，参考代码如下：

```
function draw() {
    var objCan=document.getElementById('myCanvas');
    if (!objCan.getContext) return;
    var ctx=objCan.getContext('2d');
    ctx.beginPath();
    ctx.arc(50, 50, 40, 0, Math.PI/2, false);
    ctx.stroke();
}
```

程序运行结果如图 9-5 所示。

（2）arcTo(x1, y1, x2, y2, r)：根据给定的控制点和半径 r 绘制一段圆弧，并以直线连接两个控制点。

说明：绘制的弧形由两条切线所决定，其中第一条切线是由起始点和控制点 1(x1,y1)决定的直线，第 2 条切线是由控制点 1 和控制点 2(x2,y2)决定的直线。

例如：

```
function draw() {
    var objCan=document.getElementById('myCanvas');
    if (!objCan.getContext)
        return;
    var ctx=objCan.getContext('2d');
    ctx.beginPath();
    ctx.moveTo(50, 50);                        /*(50,50)为起始点*/
    /*参数 1、2 为控制点 1 坐标，参数 3、4 为控制点 2 坐标，参数 5 为圆弧半径*/
    ctx.arcTo(150, 50, 150, 150, 100);
    ctx.lineTo(150, 150);
    ctx.stroke();
}
```

程序运行结果如图 9-6 所示。

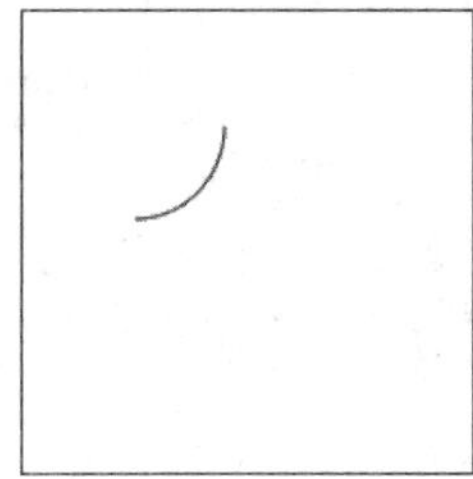

图 9-5 使用 arc()方法绘制的圆弧

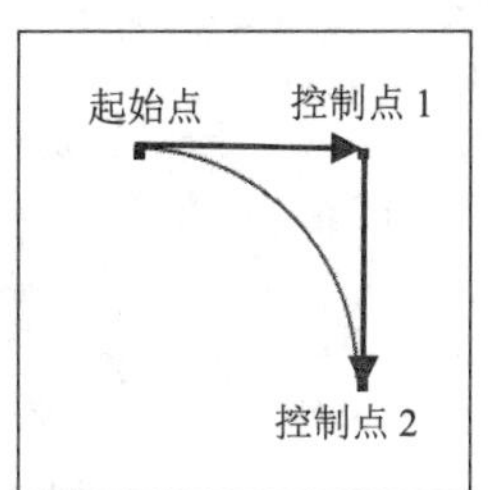

图 9-6 使用 arcTo()方法绘制的圆弧

5. 绘制贝塞尔曲线

贝塞尔曲线又称贝兹曲线或贝济埃曲线，是应用于二维图形应用程序的数学曲线。

一般的矢量图形软件通过贝塞尔曲线精确地绘制曲线。贝塞尔曲线由线段和节点组成，节点是可拖动的支点，线段像可伸缩的皮筋，绘图工具中的钢笔工具即用来绘制这种矢量曲线。

贝塞尔曲线是计算机图形学中相当重要的参数曲线，在一些比较成熟的位图软件中也有贝塞尔曲线工具，如 Photoshop 等。一次贝塞尔曲线其实是一条直线，这里不做详细介绍。

（1）quadraticCurveTo(x1, y1, x2, y2)：绘制二次贝塞尔曲线。

说明：x1 和 y1 为控制点坐标，x2 和 y2 为结束点坐标。

例如：

```
function draw() {
    var objCan=document.getElementById('myCanvas');
    if (!objCan.getContext) return;
    var ctx=objCan.getContext('2d');
    ctx.beginPath();
    ctx.moveTo(10, 150);            /*起始点*/
    var cp1x=40, cp1y = 40;         /*控制点*/
    var x=150, y=150;               /*结束点*/
    /*绘制二次贝塞尔曲线*/
    ctx.quadraticCurveTo(cp1x, cp1y, x, y);
    ctx.stroke();
    ctx.beginPath();
    ctx.rect(10, 150, 5, 5);
    ctx.rect(cp1x, cp1y, 5, 5);
    ctx.rect(x, y, 5, 5);
    ctx.fill();
}
```

绘制二次贝塞尔曲线如图 9-7 所示。

（2）bezierCurveTo(x1, y1, x2, y2, x3, y3)：绘制三次贝塞尔曲线。

说明：x1 和 y1 为控制点 1 的坐标，x2 和 y2 为控制点 2 的坐标，x3 和 y3 为结束点的坐标。

例如：

```
function draw() {
    var objCan=document.getElementById('myCanvas');
    if (!objCan.getContext)
        return;
    var ctx=objCan.getContext('2d');
    ctx.beginPath();
    ctx.moveTo(30, 150);            /*起始点*/
    var cp1x=20, cp1y=50;           /*控制点 1*/
    var cp2x=100, cp2y=80;          /*控制点 2*/
    var x=150, y=150;               /*结束点*/
    /*绘制三次贝塞尔曲线*/
    ctx.bezierCurveTo(cp1x, cp1y, cp2x, cp2y, x, y);
```

```
        ctx.stroke();
        ctx.beginPath();
        ctx.rect(30, 150, 5, 5);
        ctx.rect(cp1x, cp1y, 5, 5);
        ctx.rect(cp2x, cp2y, 5, 5);
        ctx.rect(x, y, 5, 5);
        ctx.fill();
    }
```

绘制三次贝塞尔曲线如图 9-8 所示。

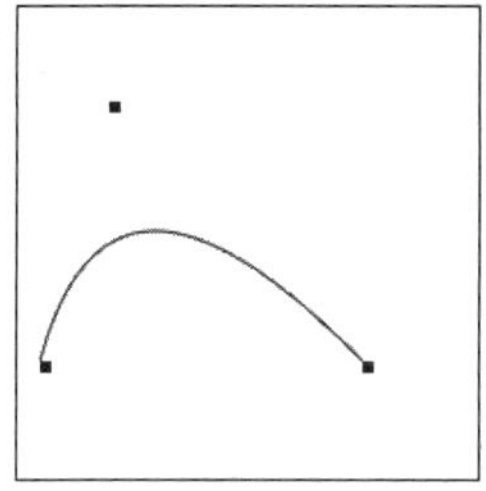

图 9-7 绘制二次贝塞尔曲线

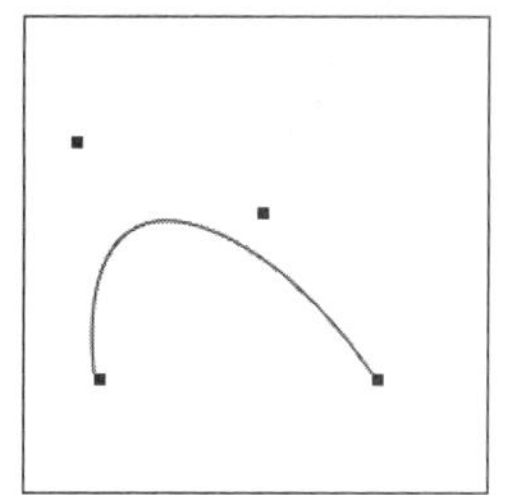

图 9-8 绘制三次贝塞尔曲线

6. 添加样式和颜色

在绘制矩形中只用到了默认的线条和颜色，如果想要给图形上色，则需要使用 fillStyle 属性设置填充图形用的颜色，并使用 fill()方法完成对图形的填充。Canvas API 添加样式和颜色的属性及其描述如表 9-4 所示，添加渐变的方法及其描述如表 9-5 所示。

表 9-4 Canvas API 添加样式和颜色的属性及其描述

属性	描述
fillStyle	设置或返回用于填充的颜色、渐变或模式
strokeStyle	设置或返回用于轮廓的颜色、渐变或模式
shadowColor	设置或返回用于阴影的颜色
shadowBlur	设置或返回用于阴影的模糊级别
shadowOffsetX	设置或返回阴影与形状的水平距离
shadowOffsetY	设置或返回阴影与形状的垂直距离

表 9-5 Canvas API 添加渐变的方法及其描述

方法	描述
createLinearGradient()	创建线性渐变（用在画布内容上）
createPattern()	在指定的方向上重复指定的元素
createRadialGradient()	创建放射状/环形的渐变（用在画布内容上）
addColorStop()	规定渐变对象中的颜色和停止位置

注意：

（1）各种 style 属性可以是表示 CSS 颜色值的字符串、渐变对象或者图案对象。

（2）一旦设置了 strokeStyle 或者 fillStyle 的值，那么该新值就会成为新绘制的图形的默认值。如果要给每个图形填充不同的颜色，需要重新设置 fillStyle 或 strokeStyle 的值。

（3）fill()方法要在 stroke()方法之前执行，否则 fill()方法会覆盖 stroke()方法的一半区域。

例如，在画布上绘制一个填充颜色和轮廓颜色不相同的矩形，部分参考代码如下：

```
function draw() {
    var objCan=document.getElementById('myCanvas');
    if (!objCan.getContext)
        return;
    var ctx=objCan.getContext('2d');
    ctx.beginPath();
    /*设置轮廓线条的粗细*/
    ctx.lineWidth=5;
    ctx.fillStyle="#8ED6FF";
    ctx.strokeStyle="blue";
    ctx.fillRect(20, 20, 150, 100);
    ctx.strokeRect(20, 20, 150, 100);
}
```

程序运行结果如图 9-9 所示。

如果想要得到线性渐变效果填充图形，首先要使用 createLinearGradient()方法从上下文对象中创建线性渐变对象。createLinearGradient()方法的四个参数确定一条虚拟线段，渐变即沿着此条线段的方向进行。然后用 addColorStop()方法为线性渐变对象设置渐变线上的关键点的颜色。其中，offset 表示关键点，即在渐变虚拟线段的什么位置。offset 的取值范围是 0～1，其中 0 表示起始点，1 表示终止点，0～1 的值表示此虚拟线段中间的某一位置。再将此线性渐变对象作为填充类型赋值给上下文对象的 fillStyle 属性，Canvas 将根据渐变虚拟线段上关键点的颜色变化填充图形。例如：

```
function draw() {
    var objCan=document.getElementById('myCanvas');
    if (!objCan.getContext)
        return;
    var ctx=objCan.getContext('2d');
    ctx.beginPath();
    var my_gradient=ctx.createLinearGradient(0, 0, 0, 170);
    my_gradient.addColorStop(0, 'red');
    my_gradient.addColorStop(1, 'yellow');
    ctx.fillStyle=my_gradient;
    ctx.fillRect(20, 20, 150, 100);
}
```

程序运行结果如图 9-10 所示。

图 9-9　纯色填充

图 9-10　渐变填充

7. 绘制文本

Canvas API 绘制文本的属性和方法如表 9-6 和表 9-7 所示。

表 9-6　Canvas API 绘制文本的属性及其描述

属性	描述
font	设置或返回文本内容的当前字体属性
textAlign	设置或返回文本内容的当前对齐方式
textBaseline	设置或返回在绘制文本时使用的当前文本基线

表 9-7　Canvas API 绘制文本的方法及其描述

方法	描述
fillText()	在画布上绘制“实心”文本
strokeText()	在画布上绘制“空心”文本
measureText()	返回包含指定文本宽度的对象

例如，使用 "Arial" 字体在画布上绘制一个高为 30px 的文字（实心与空心），参考代码如下：

```
function draw() {
    var objCan =document.getElementById('myCanvas');
    if (!objCan.getContext)
        return;
    var ctx=objCan.getContext('2d');
    ctx.font="30px Arial";
    ctx.fillText("Hello World", 10, 70);
    ctx.strokeText("Hello World", 10, 150)
}
```

程序运行结果如图 9-11 所示。

Hello World

Hello World

图 9-11　绘制文本

9.3　综合应用实例

购物网站大都有购物车这一功能，方便消费者对商品进行管理，如可以添加、删除商品，选中购物车中的某一项或几项商品计算总价。本节即实现一个购物车实例。

9.3.1 基本功能

购物车应该具有以下基本功能。

（1）添加商品到购物车。

（2）移出购物车中的商品。

（3）选中购物车中的某些商品，动态更新结算价格。

（4）增加与减少商品数量。

（5）全选、反选，动态更新结算价格。

9.3.2 效果图

1. 首页

首页包含商品列表、加入购物车按钮、动态添加商品到购物车，如图 9-12 所示。

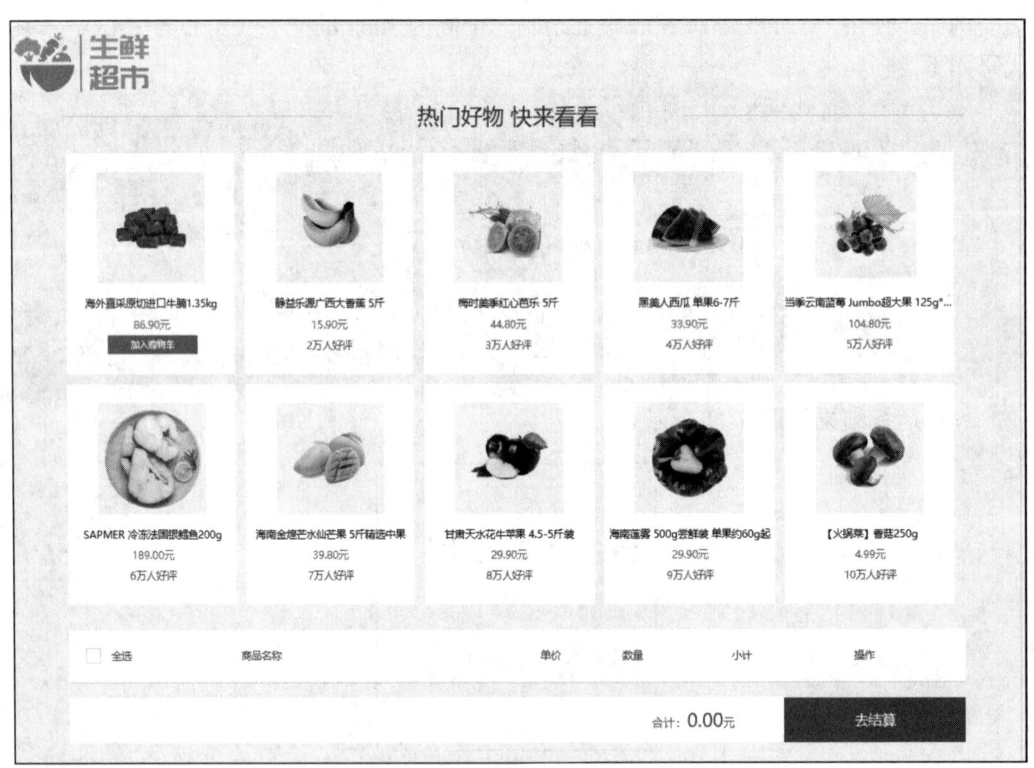

图 9-12 购物车首页

2. 添加购物车

单击商品名称，实现加入购物车功能，商品移入购物车列表项，如图 9-13 所示。

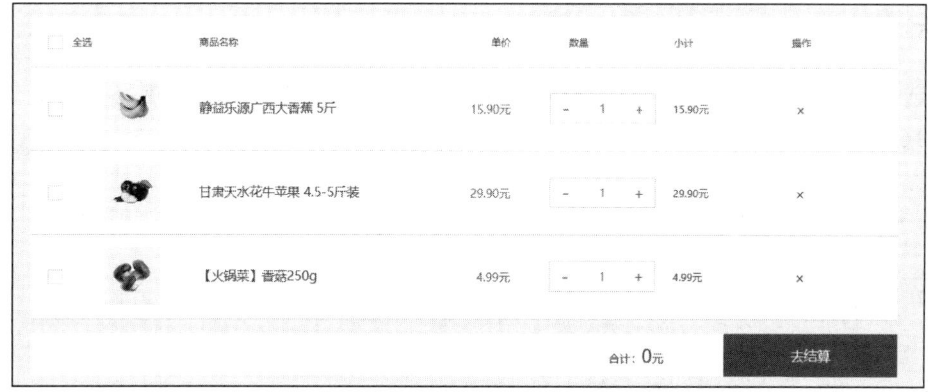

全选		商品名称	单价	数量	小计	操作
☐		静益乐源广西大香蕉 5斤	15.90元	- 1 +	15.90元	×
☐		甘肃天水花牛苹果 4.5-5斤装	29.90元	- 1 +	29.90元	×
☐		【火锅菜】香菇250g	4.99元	- 1 +	4.99元	×

合计：0元　去结算

图 9-13　添加商品进购物车

3. 增加或减少商品

单击增加或减少按钮，动态更新“小计”，如图 9-14 所示。

全选		商品名称	单价	数量	小计	操作
☐		静益乐源广西大香蕉 5斤	15.90元	- 4 +	63.6元	×
☐		甘肃天水花牛苹果 4.5-5斤装	29.90元	- 1 +	29.9元	×
☐		【火锅菜】香菇250g	4.99元	- 2 +	9.98元	×

合计：0.00元　去结算

图 9-14　增加或减少商品

4. 单选或多选商品

选中左侧复选框，选择商品，并动态更新“合计”，如图 9-15 所示。

全选		商品名称	单价	数量	小计	操作
☑		静益乐源广西大香蕉 5斤	15.90元	- 1 +	15.9元	×
☐		甘肃天水花牛苹果 4.5-5斤装	29.90元	- 1 +	29.9元	×
☑		【火锅菜】香菇250g	4.99元	- 1 +	4.99元	×

合计：20.89元　去结算

图 9-15　单选或多选商品

5. 全选或反选

选中/取消选中“全选”复选框，实现全选、反选功能，并动态更新“合计”，如图 9-16 和图 9-17 所示。

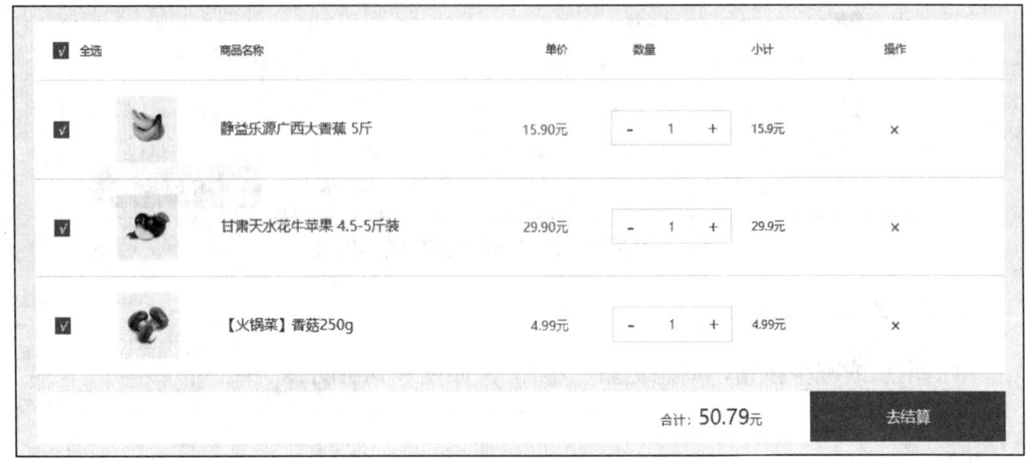

图 9-16 全选

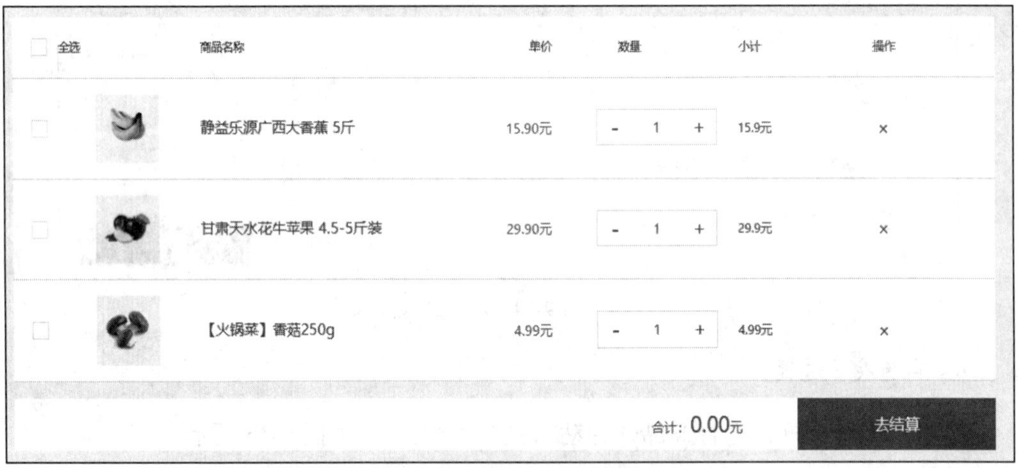

图 9-17 反选

6. 删除商品

单击右侧删除按钮，弹出提示框，单击“确定”按钮，如图 9-18 所示，删除购物车中的商品，并动态更新“合计”，如图 9-19 所示。

9.3.3 实现代码

本实例的实现代码包含三个部分，即 HTML 代码、CSS 代码和 JavaScript 代码。

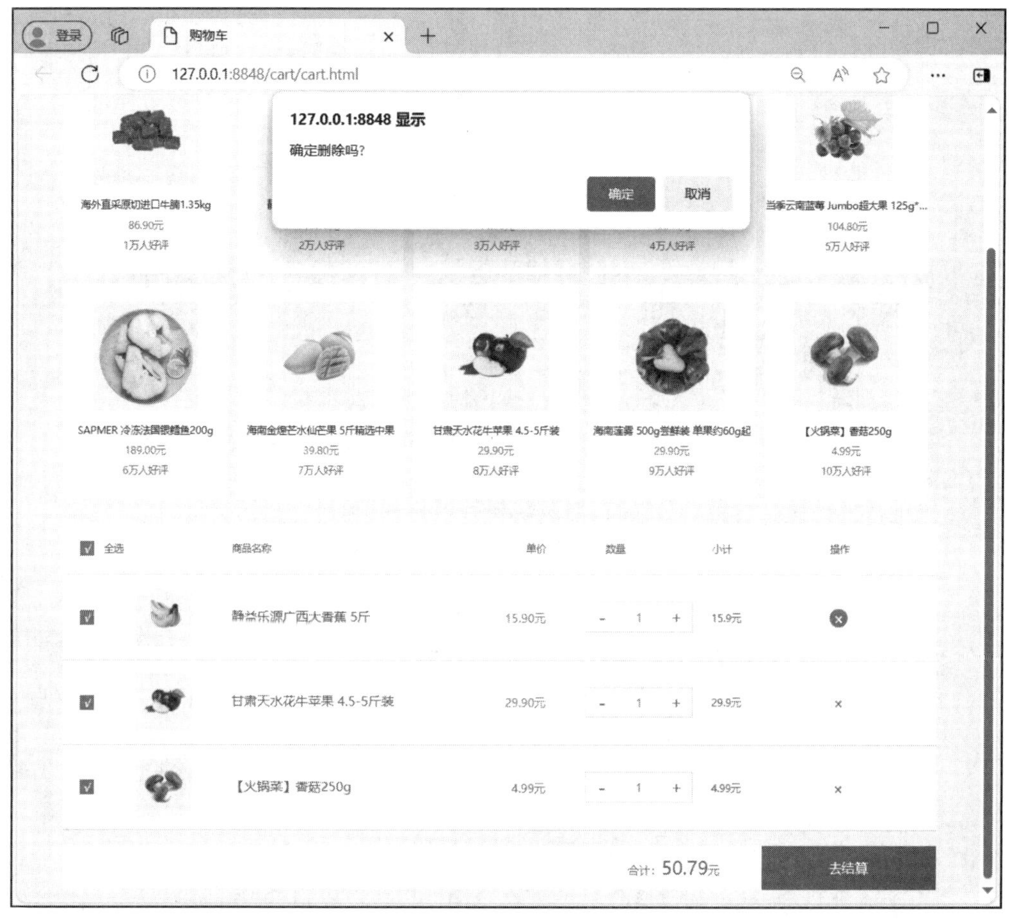

图 9-18　删除商品前

图 9-19　删除商品后

1. HTML 部分代码

```
<!DOCTYPE html>
<html>
    <head>
        <title>购物车</title>
```

```
        <style>
            @import url("css/cssCart.css");
        </style>
    </head>
    <body>
        <img src="img/logo.png" width="200px">
        <div id="box">
            <h2 class="box_head"><span>热门好物 快来看看</span></h2>
            <ul id="box_container"></ul>
        </div>
        <div id="car" class="car">
            <div class="head_row hid">
                <div class="check left"><i id="checkAll" onclick=
                    "checkAll()">√</i></div>
                <div class="img left">  全选</div>
                <div class="name left">商品名称</div>
                <div class="price left">单价</div>
                <div class="number left">数量</div>
                <div class="subtotal left">小计</div>
                <div class="ctrl left">操作</div>
            </div>
            <div id="cart_list"></div>
        </div>
        <div id="sum_area">
            <div id="pay" onclick="checkout()">去结算</div>
            <div id="pay_amout">合计：<span id="price_num">0</span>元
              </div>
        </div>
        <script type="text/javascript">
            function checkout() {
                location.href='order.html'
            }
        </script>
        <script src="js/jsCart.js">
        </script>
    </body>
</html>
```

2. CSS 部分代码

```
* { margin: 0; padding: 0; font-family: "微软雅黑"; list-style: none;
    color: #666; text-decoration: none; font-size: 14px; }
body { background: #f5f5f5; height: 100%; }
.header { font-size: 12px; border-bottom: 2px solid #ff6700;
          background: #fff; color: #b0b0b0; position: relative;
          z-index: 20; height: 100px; }
```

```
.header .container {position: relative; width: 1226px;
                         margin-right: auto; margin-left: auto; }
.header .container .header-logo { width: 93px; margin-top: 26px; }
.header-title { float: left; margin-top: 26px; font-size: 12px; }
.topbar-info { margin-top: 30px; line-height: 40px; }
.link { padding: 0 5px; color: #757575; text-decoration: none; }
.hid { overflow: hidden; }
.left { float: left; }
.box_head { position: relative; margin: 0; height: 50px;
             font-size: 30px; font-weight: 400; color: #757575;
             border-top: 1px solid #e0e0e0; }
.box_head span { position: absolute; top: -20px; left: 372px;
                  height: 40px; width: 482px; line-height: 40px;
                  text-align: center; display: block;
                  background-color: #f5f5f5; font-size: 30px; }
#box { width: 1240px; margin: 20px auto; }
#box ul { margin-right: -14px; overflow: hidden; }
#box li { width: 234px; float: left; margin-right: 14px;
           padding: 24px0 20px; background: #FFF;
           text-align: center; position: relative; cursor: pointer;
           margin-bottom: 14px; }
.pro_img { width: 150px;  height: 150px; margin: 0 auto 18px; }
.pro_name { display: block; text-overflow: ellipsis;
             white-space:nowrap; overflow: hidden; font-weight: 400; }
.pro_name a { color: #333; }
.pro_price { color: #ff6700; margin: 10px; }
.pro_rank { color: #757575; margin: 10px; }
#box li: hover .add_btn { display: block; }
#box li: hover .pro_rank { opacity: 0; }
#box li .add_btn:hover { background-color: #f60; color: white; }
.add_btn { height: 22px; position: absolute; width: 122px;
            bottom: 28px; left: 50%; margin-left: -61px;
            line-height: 22px; display: none; color: #F60;
            font-size: 12px; border: 1px solid #f60; }
.car { width: 1240px; margin: 20px auto; background: #FFF; }
.car .check { width: 50px; }
.car .check i { color: #fff; background-color: #fff;
                 display: inline-block; width: 18px; height: 18px;
                 line-height: 18px; border: 1px solid #e0e0e0;
                 margin-left: 24px; font-size: 16px;
                 text-align: center; vertical-align: middle;
                 position: relative; top:-1px;
                 cursor: pointer; font-family: "iconfont"; }
.i_acity { border-color: #ff6700 !important;
            background-color: #ff6700 !important; }
.car .img { width: 190px; }
```

```
.car .img img { display: block; width: 80px; height: 80px;
                margin: 3px auto; }
.car .name { width: 300px; }
.car .name span { line-height: 1; margin-top: 8px;
                  margin-bottom: 8px; font-size: 18px;
                   font-weight: normal; text-overflow: ellipsis;
                   white-space: nowrap; overflow: hidden; }
.car .price { width: 144px; text-align: right; padding-right: 84px; }
.car .price span { color: #ff6700; font-size: 16px; }
.car .number { width: 150px; }
.car .subtotal { width: 130px; }
.car .ctrl { width: 105px; padding-right: 25px; text-align: center; }
.car .ctrl a { font-size: 20px; cursor: pointer; display: block;
               width: 26px; height: 26px; margin: 30px auto;
               line-height: 26px; }
.car .ctrl a:hover { color: #FFF; background: #ff6700;
                     border-radius: 50%; }
.head_row { height: 70px; line-height: 70px; }
.head_row, .row { border-bottom: solid 1px #e0e0e0; }
.row { height: 86px; line-height:86px; padding: 15px 0; margin: 0px; }
#sum_area { width: 1240px; height: 60px; background: white;
            margin: 20px auto; }
#sum_area #pay { width: 250px; height: 60px; text-align: center;
                 float: right; line-height: 60px; font-size: 19px;
                 background: #FF4B00; color: white; }
#sum_area #pay_amout { width: 250px;  height: 60px;
                       text-align: center; float: right;
                       line-height: 60px;
                       font-size: 16px; color: #FF4B00; }
#sum_area #pay_amout #price_num { width: 100px;  height: 60px;
                                  font-size: 25px; color: #FF4B00; }
.item_count_i { height: 85px; width: 10%; float: left;
                margin-right: 25px; }
.num_count { width: 150px; height: 40px; border: 1.2px solid #E0E0E0;
             float: right; margin-top: 21px; }
.count_i { width: 30%; height: 40px;  line-height: 40px; float: left;
           text-align: center; font-size: 21px; color: #747474; }
.count_i:hover { width: 30%; height: 40px; line-height: 40px;
                 float: left; text-align: center; font-size: 21px;
                 color: #747474;  background: #E0E0E0;
                 cursor: pointer; }
.c_num { width: 40%; height: 40px; line-height: 40px; float: left;
         text-align: center; font-size: 16px; color: #747474; }
.count_d { width: 30%;  height: 40px; line-height: 40px; float: left;
           text-align: center; font-size: 25px; color: #747474; }
.count_d:hover { width: 30%; height: 40px; line-height: 40px;
```

```
                    float: left; text-align: center; font-size: 25px;
                    color: #747474; background: #E0E0E0;
                    cursor: pointer; }
```

3. JavaScript 部分代码

```
/* 1. 使用一个数组来存储商品的信息。该数组可以用一个 JavaScript 对象的数组表示，
     每个对象都有商品的名称、价格和图片 URL 属性*/
var products=[{
        "imgUrl": "img/feature-1.jpg",
        "proName": "海外直采原切进口牛腩 1.35kg",
        "proPrice": "86.90",
        "proComm": "1"
    },
    {
        "imgUrl": "img/feature-2.jpg",
        "proName": "静益乐源广西大香蕉 5 斤",
        "proPrice": "15.90",
        "proComm": "2"
    },
    {
        "imgUrl": "img/feature-3.jpg",
        "proName": "梅时美季红心番石榴 5 斤",
        "proPrice": "44.80",
        "proComm": "3"
    },
    {
        "imgUrl": "img/feature-4.jpg",
        "proName": "黑美人西瓜 单果 6-7 斤",
        "proPrice": "33.90",
        "proComm": "4"
    },
    {
        "imgUrl": "img/feature-5.jpg",
        "proName": "当季云南蓝莓 Jumbo 超大果 125g*2 盒",
        "proPrice": "104.80",
        "proComm": "5"
    },
    {
        "imgUrl": "img/feature-6.jpg",
        "proName": "SAPMER 冷冻法国银鳕鱼 200g",
        "proPrice": "189.00",
        "proComm": "6"
    },
    {
        "imgUrl": "img/feature-7.jpg",
```

```
        "proName": "海南金煌芒水仙芒果 5 斤精选中果",
        "proPrice": "39.80",
        "proComm": "7"
    },
    {
        "imgUrl": "img/feature-8.jpg",
        "proName": "甘肃天水花牛苹果 4.5-5 斤装",
        "proPrice": "29.90",
        "proComm": "8"
    },
    {
        "imgUrl": "img/feature-9.jpg",
        "proName": "海南莲雾 500g 尝鲜装 单果约 60g 起",
        "proPrice": "29.90",
        "proComm": "9"
    },
    {
        "imgUrl": "img/feature-10.jpg",
        "proName": "【火锅菜】香菇 250g",
        "proPrice": "4.99",
        "proComm": "10"
    }
];
/*2. 显示商品列表。使用 JavaScript 循环遍历商品数组，并将每个商品的名称、价格
     和图片添加到 HTML 页面中*/
var productContainer=document.getElementById('box_container');
for (var i=0; i<products.length; i++) {
    var product=products[i];
    var html1='<li><div class="pro_img"><img src="' + product["imgUrl"]
            + '" width="150" height="150"></div>';
    html1 += '<h3 class="pro_name"><a href="#">' + product["proName"]
          + '</a></h3>';
    html1 += '<p class="pro_price">' + product["proPrice"] + '元</p>';
    html1 += '<p class="pro_rank">' + product["proComm"] + '万人好评</p>';
    html1 += '<div class="add_btn" onclick="addToCart(' + i + ')">加
      入购物车</div></li>';
    productContainer.insertAdjacentHTML('beforeend', html1);
}
/*使用一个数组来存储购物车中的物品。该数组可以使用一个对象的数组表示，每个对象
  都有商品的名称、价格和数量属性等*/
var cartItems=[];
/*编写 addToCart()函数。该函数将从商品数组中取出商品，并将其添加到购物车数组中。
  在 addToCart()函数中，首先从商品数组中取出被单击的商品；然后搜索购物车数组，
  看商品是否已经被添加到购物车中，如果是，则增加购物车数组中相应物品的数量；如果不
  是，则将新商品添加到购物车数组中*/
function addToCart(index) {
```

```
    var product=products[index];
    var existingItemIndex=cartItems.findIndex(function(item) {
        return item.proName===product.proName;
    });
    if (existingItemIndex>=0) {
        cartItems[existingItemIndex].quantity++;
    } else {
        cartItems.push( {
            "imgUrl": product.imgUrl,
            "proName": product.proName,
            "proPrice": product.proPrice,
            "quantity": 1,
            "flag": 0 /*0 代表没有选中，1 代表选中
        });
    }
    updateCart();
}
/*更新购物车的 HTML 内容*/
function updateCart() {
    var cartContainer=document.getElementById('cart_list');
    cartContainer.innerHTML='';
    for (var i=0; i<cartItems.length; i++) {
          var data=cartItems[i];
          var html='<div class="row hid"><div class="check left">';
          if (data["flag"]==0)
              html += '<i class="i_check" onclick="iCheck(' + i + ')">√
                </i></div>';
          else
              html += '<i class="i_check i_acity" onclick="iCheck(' + i + ')"
                >√</i></div>';
          html += '<div class="img left"><img src="' + data["imgUrl"]
                + '" width="80" height="80"></div>';
          html += '<div class="name left"><span>' + data["proName"]
                + '</span></div>';
          html += '<div class="price left"><span>' + data["proPrice"]
                + '元</span></div>';
          html+='<div class="item_count_i"><div class="num_count">
         <div class="count_d" onclick="minusItem(' + i + ')">-</div>';
                    html += '<div class="c_num">' + data["quantity"] +
                    '</div><div class="count_i" onclick
                ="addItem(' + i + ')"> + </div></div></div>'
        var sum=data["proPrice"] * data["quantity"];
        html += '<div class="subtotal left"><span>' + sum.toFixed(2)
            + '元</span></div>';
        html += '<div class="ctrl left" onclick="delItem(' + i + ')"
            ><a>×</a></div></div>';
```

```
            cartContainer.insertAdjacentHTML('beforeend', html);
        }
    }
    /*选中或者取消购物车中的商品*/
    function iCheck(index) {
        var data=cartItems[index];
        if (data["flag"]==0)
            data["flag"]=1;
        else
            data["flag"]=0;
        updateCart();
        getAmount();
    }
    /*对选中的商品进行价格合计*/
    function getAmount() {
        var sum=0;
        /*选中框*/
        for (var i=0; i<cartItems.length; i++) {
            var data=cartItems[i];
            if(data["flag"]==1) {
                sum+=data["proPrice"] * data["quantity"];
            }
        }
        document.getElementById("price_num").innerText=sum.toFixed(2);
    }
    /*单击“×”按钮时调用的函数*/
    function delItem(index) {
        var result=confirm("确定删除吗?");
        if (result) {
            cartItems.splice(index, 1);
            updateCart();
        }
        getAmount();
    }
    /*选中/取消选中“全选”复选框，会实现全选或者反选*/
    function checkAll() {
        var check=document.getElementById("checkAll");
        if (check.className=="i_acity") {
            check.classList.remove("i_acity");
            for (var i=0; i<cartItems.length; i++) {
                var data=cartItems[i];
                data["flag"]=0;
            }
        } else {
            check.classList.add("i_acity");
            for (var i=0; i<cartItems.length; i++) {
                var data=cartItems[i];
```

```
                data["flag"]=1;
            }
        }
        updateCart();
        getAmount();
    }
    /*单击“-”按钮时，调用该函数*/
    function minusItem(index) {
        var data=cartItems[index];
        if (data["quantity"]>1) {
            data["quantity"]-=1;
            updateCart();
            getAmount();
        } else
            delItem(index);
    }
    /*单击“+”按钮时，调用该函数*/
    function addItem(index) {
        var data=cartItems[index];
        data["quantity"]+=1;
        updateCart();
        getAmount();
    }
```

本章小结

本章着重介绍了HTML5中的一些需要借助JavaScript脚本来完成的功能，包括Web Storage和Canvas，目的在于引入Web前端设计的最新知识，通过实例展示如何在实际开发中运用各种对象的方法和属性来实现具体功能。

本章还通过一个综合实例，把整本书的知识点进行了串联，希望读者能够达到知识点融会贯通的目标。

参 考 文 献

巴音查汗，廖建尚，张凯，2022．Web 前端应用开发技术[M]．北京：电子工业出版社．

储久良，2023．Web 前端开发技术实验与实践：HTML5、CSS3、JavaScript[M]．4 版．北京：清华大学出版社．

黑马程序员，2017．网页设计与制作项目教程（HTML+CSS+JavaScript）[M]．北京：人民邮电出版社．

胡晓霞，2017．HTML+CSS+JavaScript 网页设计从入门到精通[M]．北京：清华大学出版社．

莫振杰，2019．从 0 到 1 HTML+CSS+JavaScript 快速上手（微视频版）[M]．北京：人民邮电出版社．

未来科技，2019．HTML5+CSS3+JavaScript 从入门到精通（实例版）[M]．北京：中国水利水电出版社．

张颖，2021．Web 前端开发基础入门（微课视频版）[M]．北京：清华大学出版社．

ELIZABETH CASTRO，BRUCE HYSLOP，2014．HTML5 与 CSS3 基础教程[M]．望以文，译．8 版．北京：人民邮电出版社．